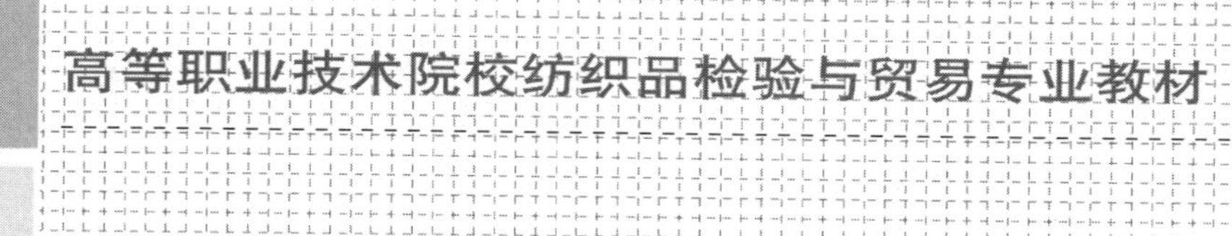

高等职业技术院校纺织品检验与贸易专业教材

纺织品整理基础

FANGZHIPIN ZHENGLI JICHU

耿亮 主编

中国劳动社会保障出版社

图书在版编目（CIP）数据

纺织品整理基础/耿亮主编. —北京：中国劳动社会保障出版社，2016
高等职业技术院校纺织品检验与贸易专业教材
ISBN 978-7-5167-2522-1

Ⅰ.①纺… Ⅱ.①耿… Ⅲ.①纺织品-织物整理-高等职业教育-教材 Ⅳ.①TS195.6

中国版本图书馆 CIP 数据核字（2016）第 128374 号

中国劳动社会保障出版社出版发行
（北京市惠新东街 1 号 邮政编码：100029）
*
北京鑫海金澳胶印有限公司印刷胶订 新华书店经销
787 毫米×1092 毫米 16 开本 13.25 印张 254 千字
2016 年 8 月第 1 版 2024 年 8 月第 5 次印刷
定价：26.00 元

营销中心电话：400-606-6496
出版社网址：http://www.class.com.cn
http://jg.class.com.cn

简介

本书为高等职业技术院校纺织品检验与贸易专业教材。教材重点介绍了纺织品整理的基本术语、整理工艺及所用整理设备。具体内容包括：纺织品整理的基本概念、染整用水及染整助剂的要求、棉纺织品的整理、麻纺织品的整理、毛纺织品的整理、真丝纺织品的整理、化学纤维及混纺产品的整理。

教材不仅结合纺织产品染整工艺及其设备的工艺简图介绍了各类纺织产品前处理、染色、印花及后整理技术，还根据实际工作岗位需要增加了针织产品及绒线的整理工艺。

本教材由成都纺织高等专科学校耿亮任主编；四川出入境检验检疫局孙艳，汉中出入境检验检疫局蓝海啸，成都纺织高等专科学校李颖、葛俊伟、原海波参加编写。

目　录

第一章

纺织品整理概述

第一节　纺织品整理的基本概念

学习目标

纺织品整理的概念、目的及主要内容

纺织品整理的分类

纺织品整理的发展趋势

关键术语

纺织品前处理　染色　印花　一般整理　化学整理　功能整理　暂时性整理　耐久性整理　持久性整理　半耐久性整理　生态标签

一、纺织品整理的概念

狭义上来讲，整理是织物生产的最后一道工序，也是提升产品在消费者心目中价值的最后机会。广义上来讲，从织物离开织机（机织设备或针织设备）后，提升或改善织物外观及用途的任何操作都可称为整理。大多数的整理主要应用于织物，如机织、针织及非织造织物；但是也有其他的整理，如缝纫线的有机硅整理和牛仔的洗水处理等。

纺织品的整理是借助各种专用机械设备，通过物理、化学或物理化学结合的方法，对纺织品进行处理的过程；通过染整加工，可以改善纺织品的外观和服用性能，或使之具有特殊功能，以提高产品的附加值，满足纺织品的使用要求。

我国对纺织品的染色和整理加工已有悠久的历史：在旧石器时代晚期中国人已经知道染

色；夏代至战国期间，矿物颜料品种增多，植物染料也逐渐出现，以手工画绘为主的染色技术已用于生产彩色织物；周代利用草木灰或蜃（即贝壳）灰液内所含碳酸盐类的碱性，对丝绸交替沤晒，以达到精练的目的；春秋时期中国利用漆液在编织物上进行涂层，使其具有遮雨蔽日的功效；秦汉时期开始出现人工炼制的染料，这是中国最早出现的化学颜料；隋唐时期，已普遍使用植物染料，印花织物盛行，工艺不断创新；宋代军需促使练染机构进一步扩充；明清除在南北两京设立织染局外，在江南还设有靛蓝所供应染料；发展至 20 世纪，国内开始建立起机械染色工业。

麻织品的精练也从草木灰、蜃灰和石灰等浓碱液沤练逐渐发展为与砧杵等机械作用相结合的捣练法。宋元时期更发展了漂白法。近代的麻织品练漂，仍用浓碱液沤练，结合草地晒漂或露漂等方式。

发展至今，染整主要以科研、革新与引进国外先进技术相结合，不断提高练漂、印染、整理工艺的技术水平为主要途径来提高纺织品染整加工技术水平。

二、纺织品整理加工的主要内容

纺织品整理的主要内容包括前处理、染色、印花和后整理四个部分。

前处理（亦称练漂）：采用化学方法去除纺织品上的杂质，为后续工艺提供合适的半成品，使纺织品布幅尺寸规格稳定；使后续的染色、印花、整理加工得以顺利进行，获得预期的加工效果。

染色：通过染料和纤维发生物理或化学结合而使纺织品获得所需的色泽。

印花：用染料或颜料在纺织物上印制彩色花纹图案。

后整理：根据纤维结构与性能，采用恰当的物理或化学作用改善织物的外观和手感，提高织物的服用性能或使织物具有抗皱、抗静电、抗起毛起球、拒水拒油等功能性，以满足不同用途需要。

织物整理加工的工艺很多，相应的产品种类也数不胜数。但通常按照加工方式分为漂白布、染色布、印花布和功能整理布四类。

三、纺织品整理的分类

1. 按整理的方法分类

（1）机械—物理整理

机械—物理整理是利用热、湿和机械的作用，达到改善织物外观、手感和某些物理指标的目的。纤维本身不与其他化学试剂发生作用即可达到整理的效果；也可认为是利用机械设备对织物进行的干整理。通常有拉幅定形、手感整理（柔软整理、硬挺整理）、外观整理（轧光、电光、磨绒）等。

（2）化学整理

化学整理是利用纤维高分子与某些化学助剂的结合性，对织物进行化学处理，从而赋予织物特殊的外观、手感及功能性；化学整理也被称为湿整理，通过浸轧方式整理，然后进行烘焙和干燥，如树脂整理和某些功能整理。

在实际生产中机械和化学整理往往结合使用，即水及一些化学物质通常被用于机械整理，而化学整理通常牵涉到使用机械设备。最近新开发的利用具有生物活性的生物酶来对纺织品进行处理的生物化学整理技术，控制难度较大，成本高，且对纺织品的手感、风格特征的影响随生物酶种类的不同而不同。

2. 按整理的目的分类

（1）一般整理

一般整理也称外观整理，是为了使织物恢复原有的尺寸，或在某种程度上使织物品质获得改善和提高，所进行的机械物理性整理。各类织物一般整理要求如下：

棉及棉型织物一般都要进行拉幅整理，此外有些品种还需进行增白处理。

毛型织物要进行柔软、电光、轧纹、起毛、割绒整理等。其中，精纺织物整理后要求织物具有织纹清晰的表面；粗纺织物整理后要求织物表面具有短而平整的绒毛。

丝织物一般要进行定幅、轧光和蒸绸整理，有些品种还需进行增重、硬挺整理等。

（2）功能整理

功能整理也称特殊整理，旨在改变纺织品的内在特性，赋予纺织品某种特殊应用的整理技术；包括易护理（抗皱、防缩）、热湿舒适（防水透湿）、卫生保健（抗菌除臭、远红外）、安全防护（抗静电、阻燃、防辐射）等。

3. 按整理的耐久程度分类

（1）永久性整理

永久性整理通常会使纤维的化学结构发生变化，在纺织品的使用寿命期内不发生变化。

（2）耐久性整理

耐久性整理是指在纺织品正常使用期内保持有效，但每次洗涤后效果减弱，接近纺织品正常使用期终点时，整理效果消失。

（3）半耐久性整理

半耐久性整理是指纺织品能经受几次洗涤，但经受若干次洗涤后，整理效果消失。

（4）暂时性整理

暂时性整理是指纺织品经受一次洗涤后整理效果完全消失或大大减弱。

四、染整加工的发展趋势

1. 自动化、即时化

随着科学技术的不断发展，纺织品作为快速消费品，极大地促进了纺织行业的转变。纺织工业已从过去的劳动力密集型产业，逐步转变成多品种、小批量、精细化、资本密集型产业。同时，随着人们生活水平的提高和生活节奏的加快，对纺织品的需要也从最初的遮体避羞、驱寒避暑向多样化、功能化、生态化、高档次、高品位转移，国际纺织品市场竞争的焦点也集中于此。

由于普遍采用自动化、电脑程序控制，利用各种生产实时监控系统，简称 RPC（Realtime Produce and Supervisory Control System）和计算机 CAD/CAM 的辅助生产手段（如电脑配色、电脑制版、无水激光印花、网络远程通信确认订单等），已从原先一般意义上的小批量多种加工，提升为及时生产 JIT（Just In Time）生产和同序化 JIS（Just In Sequence）生产。因此大大降低了生产成本，缩短了交货周期，减少库存，增强了产品的竞争力。

2. 生态化、环保化

国家强制性标准《国家纺织产品基本安全技术规范》（GB 18401—2010）规定的考核项目为甲醛含量、pH 值、色牢度、异味、可分解致癌芳香胺染料，对纺织生产企业提出了更高的要求。欧盟在纺织品和服装领域主要标示两种绿色标签，即“欧盟生态标签”（Eco - label）和“生态纺织品认证”（Oeko - Tex® Standard 100），如图 1—1、图 1—2 所示。

欧盟生态标签（Eco - label）又名“花朵标志”“欧洲之花”，在纺织品中标准涉及纺织品原料、生产、产品本身和耐用性等多方面。“生态纺织品认证”主要关注纺织品本身，对纺织品安全技术指标进行限定。国内企业得到这两种标签认证，对国内纺织品进入欧洲市场意义重大。

当前国际染整设备和新技术的设计思想已从过去的“三废治理”观念改变为“全过程环保”的观念，即在整个生产过程的每一环节注重生态平衡。如染料商开发了环保型的染化助剂；设备厂商从机械角度出发，减少甚至不用化工助剂（如德国 Ramish 的 Raco - Yet 前处理机组和瑞士 Benninger 的 Injecta 高效冲洗机）；增加上染率（如采用真空吸液系统；以各种传感器监控上染工艺参数，达到最大固色率等）；以及无水加工（如超临界 CO_2 介质染色、低温等离子体处理技术、无制版印花等）。

图 1—1　欧盟生态标签

图 1—2　Oeko－Tex® Standard 100 标签

第二节　水及染整助剂

学习目标

染整用水的要求

各类染整用化学品的作用

表面活性剂的概念、分类、作用

关键术语

染整用水　表面活性剂

纺织用助剂根据化学类型可以分为酸、碱、盐以及氧化剂、还原剂；根据其功能性可以分为胶黏剂、柔软剂、表面活性剂、阻燃剂、漂白剂等。在纺织生产中，很多纺织化学试剂不仅展现出一种功能，如有些物质既是交联剂、固色剂，还是黏合剂，甚至有更多的作用。当然，不同的化学试剂也可能具有相同的作用。在实际应用中，往往将几种化学试剂混合在一起作为整理剂以达到单一物质无法比拟的效果。本节主要介绍纺织染整加工过程中所用到的各类助剂及其作用。

一、水

水是纺织品整理过程中应用最多的化学物质，它不仅是染料、助剂等的溶剂，也是清洗纺织品必要的物质。整个染整加工过程需要消耗大量的水，并会产生大量的印染污水；因此节水减排具有重要的意义；同时，新型生态染整技术的开发也已成为一项热门课题。

水质对染整意义重大，一般以硬度来评价水的质量。水的硬度最初是指水中钙、镁离子沉淀肥皂水化液的能力。水的总硬度指水中钙、镁离子的总浓度，其中包括碳酸盐硬度（即通过加热能以碳酸盐形式沉淀下来的钙、镁离子，故又称暂时硬度）和非碳酸盐硬度（即加热后不能沉淀下来的那部分钙、镁离子，又称永久硬度）。水中 Ca^{2+} 、Mg^{2+} 离子能与阴离子表面活性剂或染料反应生成沉淀，消耗染料及助剂，甚至造成疵点，影响织物的手感、色泽和色牢度；Cl^{-} 在漂白时影响织物的白度；Fe^{2+} 容易使织物泛黄，产生锈斑，也会影响织物的白度。

染整用水要求无色、透明、无臭、pH＝6.5～7.4、铁锰离子含量＜0.1×10^{-6}、硬度＜60×10^{-6}。

二、酸、碱、盐

几乎所有的染整湿加工都需要控制 pH 值，即酸、碱、盐的浓度。生产中酸、碱、盐的使用主要取决于它们的性质和生产成本，包括所用的多种功能性助剂。纺织品经染整加工后，会有酸性或碱性化学助剂残留在面料上，造成纺织品 pH 值过高或过低，对皮肤产生刺激和腐蚀作用，进而损伤皮肤。

生产中，使用酸的目的是使溶液偏酸性即 pH 值小于 7，由于 $pH=-\lg[H^+]$，即溶液中氢离子浓度大于 10^{-7} mol/L。酸一般用于调节或控制 pH 值，如果前处理、印染、后整理等环节使用了碱处理，也需要用酸进行中和。强酸在水里完全电离，如盐酸；而弱酸只能部分电离，如醋酸。

碱溶液的 pH 值大于 7，在实际生产中主要用于 pH 值调节、pH 值控制或者中和各种前处理、印染、后整理等工序中过量的酸。

中性盐是由强酸和强碱反应生成的，其水溶液一般不改变 pH 值；纺织生产中常用的中性盐是氯化钠和硫酸钠。酸式盐或碱式盐有时也作为酸或碱来使用，它们在水里不完全电离。盐在纺织生产中主要作为染整助剂或催化剂组分使用。

三、氧化剂和还原剂

氧化剂是氧化还原反应里得到电子或有电子对偏向的物质，即由高价变到低价的物质。氧化剂从还原剂处得到电子自身被还原变成还原产物，氧化剂和还原剂是相互依存的，氧化剂在反应里表现氧化性。氧化能力的强弱是氧化剂得电子能力的强弱，不是得电子数目的多少，如浓硝酸的氧化能力比稀硝酸强，得到电子的数目却比稀硝酸少。

还原剂是在氧化还原反应里，失去电子或有电子偏离的物质。还原剂具有还原性且被氧化，其产物称氧化产物。还原与氧化反应是同时进行的，也就是说，还原剂在与被还原物进行还原反应的同时，自身也被氧化，而成为氧化物。所含的某种物质的化合价升高的反应物是还原剂。

在实际应用中一些物质既可以作还原剂也可以作氧化剂。如醛类，与氧化剂反应生成羧酸；与还原剂反应生成醇。

纺织染整中的氧化剂主要有过氧化氢、重铬酸钾（钠）、高锰酸钾、次氯酸钠、亚氯酸钠、硼酸钠、碘酸钾、亚硫代硫酸钠等；还原剂主要有保险粉、亚硫酸氢钠、二氧化硫、葡萄糖、甲醛次硫酸氢钠、多硫化钠等。

氧化还原反应涉及无机和有机化合物，在纺织加工工序应用众多，如漂白和染色。同时氧化还原反应也多用于纺织品的分析测试中。

四、表面活性剂

1. 表面活性剂的结构

表面活性剂是一类即使在很低浓度时也能显著降低表（界）面张力的物质。随着对表面活性剂研究的深入，一般认为只要在较低浓度下能显著改变表（界）面性质或与此相关、由此派生的性质的物质，都可以划归表面活性剂范畴。

无论何种表面活性剂，其分子结构均由两部分构成，如图 1—3 所示。分子的一端为非极亲油的疏水基，有时也称为亲油基；分子的另一端为极性亲水的亲水基，有时也称为疏油基或形象地称为亲水头。两类结构与性能截然相反的分子碎片或基团分别处于同一分子的两

图 1—3　表面活性剂分子

端并以化学键相连接，形成了一种不对称的、极性的结构，因而赋予了该类特殊分子既亲水、又亲油，但又不是整体亲水或亲油的特性。表面活性剂的这种特有结构通常称为“双亲结构”，表面活性剂分子因而也常被称作“双亲分子”。

2. 表面活性剂的性质

表面活性剂通过在气液两相界面吸附降低水的表面张力，也可以通过吸附在液体界面间来降低油水界面张力。许多表面活性剂也能在本体溶液中聚集成为聚集体。

囊泡和胶束都是此类聚集体。表面活性剂开始形成胶束的浓度叫作临界胶束浓度(Critical Micelle Concentration，CMC)。如图 1—4 所示，当胶束在水中形成，胶束的尾形成能够包裹油滴的核，而它们的（离子/极性）头能够形成一个外壳，保持与水接触。表面活性剂在油中聚集，聚集体指的是反胶束。在反胶束中，头在核，尾保持与油的充分接触。表面活性剂通常分为四大类：阴离子、阳离子、非离子和两性离子（双电子）。表面活性剂系统的热动力学很重要，不论是理论上还是实践上。因为表面活性剂系统代表的是介于有序和无序物质状态之间的系统。表面活性剂溶液可能含有有序相（胶束）和无序相（自由表面活性剂分子和/或离子）。胶束——表面活性剂分子的亲脂尾端聚于胶束内部，避免与极性的水分子接触；分子的极性亲水头端则露于外部，与极性的水分子发生作用，并对胶束内部的憎水基团产生保护作用。形成胶束的化合物一般为双亲分子，因此一般胶束除可溶于水等极性溶剂以外，还能以反胶束的形式溶于非极性溶剂中。

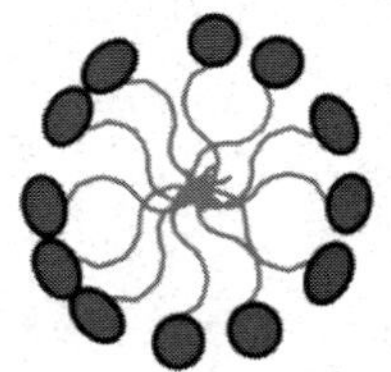

图 1—4　胶束

3. 表面活性剂的分类

表面活性剂的分类方法很多，根据疏水基结构进行分类，分为直链、支链、芳香链、含氟长链等；根据亲水基进行分类，分为羧酸盐、硫酸盐、季铵盐、PEO 衍生物、内酯等；有些研究者根据其分子构成的离子性分成离子型、非离子型等；还有根据其水溶性、化学结构特征、原料来源等各种方法分类。但是众多分类方法都有其局限性，很难将表面活性剂合适定位，并在概念内涵上不发生重叠。因此，采用一种综合分类法，以表面活性剂的离子性划分，同时将一些属于某种离子类型、但不具有其显著的化学结构特征，已发展成表面活性剂一个独立分支的品种单独列出。在基本不破坏分类系统性的前提下，使得分类更明确，并对表面活性剂各个近代发展分支有较为清晰的了解。按极性基团的解离性质可以分为阴离子表面活性剂、阳离子表面活性剂、两性型表面活性剂、非离子表面活性剂。

4. 表面活性剂在纺织行业的应用

（1）洗净剂

洗净剂也称洗涤剂，在纤维纺织过程中应用广泛，如棉布的退浆和煮练、羊毛的脱脂和洗涤、生丝的脱胶、合成纤维的脱油、织物染色和印花后清除未固色的染料等工序，都使用洗净剂。其在水中具有乳化、润湿、起泡、胶溶和悬浮等性能，从而表现出显著的去污能力，且耐硬水，遇到钙、镁离子不会产生沉淀，在水中不产生游离碱，不会损伤丝、毛织物的强度，不仅能在碱性或中性溶液中使用，还可在酸性溶液中使用，洗涤过程快，用量少，低温也可洗涤。

由于阳离子表面活性剂会产生静电吸附，导致表面活性剂的疏水基向着水溶液，分散后的污垢容易再沾污到织物表面，这样对于织物净洗极为不利。因而，作为洗涤用的表面活性剂多用非离子、阴离子和两性离子。其中十二烷基苯磺酸钠（LAS）用得较多，但是由于其泡沫多，刺激性大，有一定致畸性，且耐强碱性差，生物降解性能相对较差，而逐步被脂肪醇聚氧乙烯醚硫酸盐（AES）、仲烷基磺酸盐（SAS）、α-烯烃磺酸钠（AOS）、α-磺基脂肪酸甲酯钠盐（MES）、脂肪醇聚氧乙烯醚羧酸盐（AEC），以及新型产品茶皂素、多肽基表面活性剂代替。

（2）匀染剂和分散剂

避免染色不均匀或染斑，是印染工艺的主要任务之一。匀染剂是指染色中能延缓染料上染纤维速率（缓染），并能使染料在纤维上从高浓度的部位转移到低浓度的部位（移染），从而避免出现深浅不均和色斑现象，并且不降低染色坚牢度的一类助剂。表面活性剂可以增加染料的溶解度，增强其纤维上的渗透力和附着力，增强其色泽和提高纺织品的耐洗度。某些阴离子表面活性剂，如烷基磺酸钠、高级脂肪醇硫酸钠盐等，可用作天然纤维、锦纶纤维的亲纤维型匀染剂。高级脂肪醇聚氧乙烯醚等非离子表面活性剂主要用于还原染色，也可用于分散染料、直接染料的染色。现在匀染效果较好的匀染剂是各种阴离子表面活性剂的复配体系，或阴离子和非离子表面活性剂的复配体系。

分散剂是染料加工和染料应用中不可缺少的助剂，分散剂在染色中具有两个主要特殊作用：一是拆开聚集离子的反絮凝作用；二是保持分散粒子稳定的能力。有的分散剂本身就兼有分散性和移染性等多种作用，既可作为染料加工用扩散剂，又可作为印染中的匀染剂。

当前使用的分散剂中，以阴离子型表面活性剂为主，主要有萘磺酸盐甲醛缩合物和木质素磺酸盐等；其次是壬基酚聚氧乙烯醚等非离子型表面活性剂，后者常与其他类型表面活性剂复配使用。阳离子型和两性型表面活性剂在应用上有一定的局限性。

随着各种新型染色技术的逐步成熟，比如微波染色、泡沫染色、数码印花和超临界流体染色等，对匀染剂和分散剂提出了更高的要求。

（3）柔软剂

织物在印染和整理前，一般需经练漂等前处理，会使织物产生比较粗糙的手感。为使织物具有持久的滑爽柔软手感，就需使用柔软剂，大部分柔软剂属于表面活性剂。

阴离子柔软剂应用较早，但由于纤维在水中带有负电荷，所以不易被纤维吸附，因此柔软效果较弱。对纤维的吸附性弱，易于清洗除去，因此有的品种适用于纺织油剂中的柔软组分，主要有磺基琥珀酸酯和蓖麻油硫酸化物等。

非离子型柔软剂的手感和阴离子近似，不会使染料变色，能与阴离子型或阳离子型柔软剂合用，但对纤维的吸附性不好，耐久性低，并且对于合成纤维几乎没有作用，主要应用于纤维素纤维的后整理和在合成纤维油剂中作柔软和平滑组分。其中以季戊四醇脂肪酸酯和失水山梨糖醇脂肪酸酯这两类最重要，柔软效果在松软和发涩之间，能大大降低纤维素纤维和合成纤维的摩擦因数。阳离子表面活性剂和各种纤维结合的能力强，能耐高温和经受洗涤，耐久性强，用于整理织物可获得丰满的手感和滑爽感，使合成纤维具有一定的抗静电效果和良好的杀菌和消毒能力，并能赋予纤维很好的柔软效果，是目前最为重要、使用最广泛的柔软剂。

（4）抗静电剂

为消除或防止纺织品加工过程中各工序产生的静电或在纺织品整理工序过程中的静电，必须使用抗静电剂。其作用主要在于使纤维的表面具有吸湿性或离子性，从而降低纤维的绝缘性，提高导电度，并能中和电荷，达到消除或防止静电产生的目的。

表面活性剂中，阴离子型抗静电剂的品种是最多的。油脂、脂肪酸和高碳脂肪醇等的硫酸化物，既有抗静电性能，也有柔软、润滑和乳化性能。其中以烷基磺酸，尤其是铵盐、乙醇胺盐等抗静电效力较高。不过，在阴离子型抗静电剂中，以烷基酚聚氧乙烯醚硫酸酯类效果较佳。一般阳离子型表面活性剂不仅是效力较高的抗静电剂，而且具有优良的滑爽柔软性和纤维附着性。其缺点是会使染料变色，耐晒牢度降低，不能和阴离子型表面活性剂合用，腐蚀金属，毒性强，对皮肤有刺激性等，故使用受到限制，很少用于油剂，而主要用于织物的整理。用作抗静电剂的阳离子型表面活性剂主要是季铵盐型化合物和脂肪酸酰胺两大类。甜菜碱型两性表面活性剂除具有良好的抗静电作用外，还有润滑、乳化和分散作用。

非离子表面活性剂吸湿性强，对吸湿性差的纤维有明显改善。它们一般对于染料染色性能不发生影响，可在较宽范围内调整黏度，其毒性小，对皮肤刺激性小，所以被广泛使用，是合成油剂的重要组分。非离子型抗静电剂主要类型是脂肪醇聚氧乙烯醚和脂肪酸聚乙二醇酯等。

（5）渗透剂和润湿剂

渗透剂和润湿剂是促进纤维或织物表面快速地被润湿，并向纤维内部渗透的助剂。能使液体渗透或加速深入孔性固体内的表面活性剂称为渗透剂。渗透的前提是必先润湿且能吸附。

润湿是指液体与固体接触后，液体在固体表面铺展的程度。因此，渗透剂和润湿剂不仅用于退浆、煮炼、丝光和漂白等前处理工序，并且广泛应用于印花和后整理工序。

对于渗透剂和润湿剂的特性要求如下：

1）能耐硬水及碱。

2）渗透性强，能缩短工时。

3）经其处理后的织物毛细管效应改进显著。

阳离子表面活性剂不适于作润湿剂，因为它们会吸附在纤维上阻碍润湿。两性型表面活性剂在应用上有一定的局限性。因而，用作渗透剂与润湿剂的表面活性剂主要有阴离子和非离子表面活性剂。

此外，在纺织工业中，表面活性剂还可用作精练剂、乳化剂、发泡剂、平滑剂、固色剂和防水剂等。

第二章

棉纺织品的整理

棉纤维具有柔软的手感和良好的吸湿性能，成为应用最广泛的纤维之一。在服用、家纺、产业用织物方面都有很广泛的用途，如对吸湿性要求较高的毛圈类浴巾和浴袍，对舒适性要求较高的床上用品、内衣、T恤。此外牛仔裤、工作服、灯芯绒、泡泡纱也大都是棉制品。除了传统的纺织行业，棉花还用于造纸、帐篷、渔网、过滤材料以及消防水管等。

棉纤维经过开清棉、梳棉、(精梳)、并条、粗纱、细纱、络筒、整经、浆纱、织造等工序可制备成织物。未经染整加工的棉织物称为白坯布，很少会直接使用，需要在印染企业进一步加工成漂白布、染色布、印花布等，供消费者或服装加工企业使用。

纯棉织物染整工艺流程的选择，主要是根据织物的品种、规格、成品要求等，常规工序如图2—1所示。

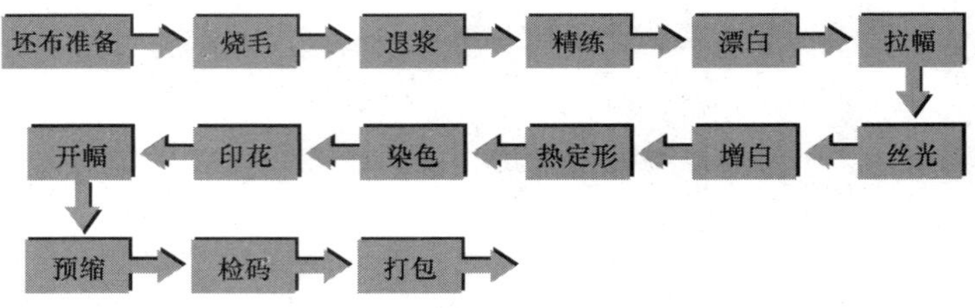

图2—1 棉布染整工艺流程

各类织物加工工艺根据实际情况：产品规格不同、设备不同、生产厂家不同工序又会有所调整。但总的来说，棉织物加工工艺可分为前处理、染色、印花、整理四大步骤。

第一节 棉布的前处理

学习目标

棉织物前处理的目的

棉织物烧毛的原理、工艺、设备及评价指标

棉织物退浆工艺、助剂及评价指标

棉织物煮练的目的、工艺及设备

棉织物漂白的目的、工艺及设备

棉织物丝光的工艺及设备

棉织物整理过程中烘燥处理

关键术语

原布准备　烧毛　退浆　煮练　漂白　丝光

棉纤维的主要成分是纤维素，纤维素是天然高分子化合物，化学结构式由 β - D -吡喃葡萄糖基彼此以（1 - 4）- β -苷键连接而成的线型高分子，其化学式为（$C_6H_{10}O_5$）$_n$（n 为聚合度），其元素质量分数分别为碳 44.44%、氢 6.17%、氧 49.39%。正常成熟的棉纤维中纤维素含量为 93%～95%。此外，棉纤维还附有 5%左右的蜡质、脂肪、糖分、灰分、蛋白质等纤维素伴生物。伴生物对纺纱工艺与漂练、印染加工均有影响，如蜡质、脂肪对棉纤维具有一定保护作用，是棉纤维具有良好纺纱性能的原因之一，但会妨碍棉纤维的毛细管效应，影响棉纤维对染料、助剂等的吸收，经脱脂处理，可使原棉吸湿性增加。

棉纤维中除了纤维素伴生物，棉纤维的生长、采摘过程都会混入一定的非纤维性物质，包括枝叶、棉籽、铃壳、不孕籽、昆虫分泌物等。同时，在纺织加工过程中经纱上浆、纤维跟机件之间接触沾染的油迹和污物等，这些杂质的存在，既妨碍染整加工的顺利进行，也影响成品织物的外观和服用性能。因此，无论是漂白、印染、特殊整理产品一般都需经过前处理工艺。

棉织物前处理加工的主要过程有原布准备、烧毛、退浆、煮练、漂白（增白）、丝光等工序，通过这些工序的加工可以去除棉纤维中的天然杂质以及纺织加工带来的浆料、油污等，为后续印、染、整工序提供合格的半成品。在这些工序中，烧毛、丝光必须以平幅状态处理，其他工序可以用平幅或绳状加工。具体的加工方式还应该根据坯布的状态而定，如轻薄织物以绳状加工为主，厚重及涤棉混纺产品以平幅为佳，以利于后道工序加工。随着科技进步，目前退、煮、漂采用高效短流程一步法或两步法进行。

一、原布准备

原布准备包括原布检验、翻布（分批、分箱、打印）和缝头。

1. 原布检验

原布检验是对纺织厂送来的坯布进行一定比例的抽检，检验率一般在10%左右，也可根据纺织厂一贯品质和具体条件适当增减。抽检的目的是检查坯布质量，发现问题以便及时加以解决，避免后道工序不必要的损失。检验内容包括物理指标和外观疵点两方面。

（1）物理指标检测

物理指标包括匹长、幅宽、克重、经纬纱线密度和织物密度、强力等，原布规格都是和成品织物的规格一一对应的，坯布规格达不到标准，必然影响成品织物的内在质量和使用，如对成品织物的裁剪、拼花、拼幅的影响。

（2）外观疵点检测

外观疵点检测包括缺经、断纬、跳纱、稀弄、双经、双纬、百脚、跳花、破洞及各种外来污渍等，对检测出的可修复疵点要及时予以处理。严重疵点除影响印染效果外，还可能引发生产事故。如严重油污不能加工成漂白布，稀、密路在染色后形成横档，还要检查是否织入或夹入非纤维性物质，清除铜、铁钉等坚硬物质，防止后道工序轧坏印染滚筒，甚至造成连续性破洞。

2. 翻布（分批、分箱、打印）

翻布是针对小批量多品种的生产工艺，为避免品种混乱，把加工工艺相同、规格相同的坯布划为一类并分批、分箱。分批分箱（卷）原则根据设备加工方式而定：

（1）煮布锅煮练品种，以煮布锅的容量分批。

（2）绳状连续练漂品种，按堆布池的容量分批。

（3）平幅连续练漂品种，一般以10箱为一批。

（4）每箱的原布长度，应按不同品种的重量、长度，结合堆布车容量来确定。由于绳状加工是双头加工，分箱为双数，如4件/箱、6件/箱。

（5）卷染品种还应使每箱布能分成若干整卷为宜。分批分箱时应注意不同日期的原布加工次序，一般应以先进坯先加工为原则。

原布分箱时，人工将每匹布翻平摆在堆布板上，如图2—2所示，把每匹布的两端拉出以便缝头。布头不可漏拉，摆布时注意正反面一致，不能颠倒。并在布头上打印，标明品种、加工工艺、批号、箱号、发布日期和翻布人代号，以便于管理。

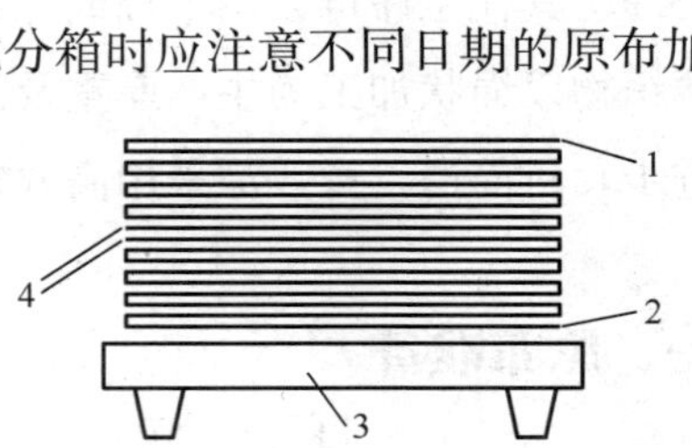

图2—2 翻布示意图

1、2—布头 3—堆布板 4—缝头

3. 缝头

织物缝头是为了适应印染大批量连续加工的需要而设置的工序。缝头要求平直、坚牢、边齐、针脚均匀一致、不漏针跳针，否则由于缝头不良，将在后加工中造成皱条、卷曲、断头等。缝头时还应注意各种织物的规格，正反面不能颠倒，也不能漏缝。缝头密度以 30 针/10 cm 为宜。缝头用线多数为 14.6 tex 左右合股强捻线。缝头共有平缝、假缝和环缝三种方式。

（1）平缝

平缝采用一般家用缝纫机，它的特点是使用灵活、缝头坚牢、用线少，多用于各种机台箱与箱之间的织物缝头，不宜用于轧光、电光和卷染加工，如图 2—3 所示。

（2）假缝

假缝缝接坚牢，适用于稀疏织物、不易卷边、用线较少；没有底线，只用一根线，针脚能自己打圈，扣成链条形。但假缝所缝接的头子处，布要叠成三层，它不适用于轧光、卷染物，如图 2—4 所示。

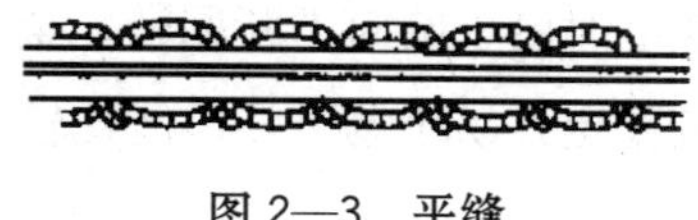

图 2—3 平缝

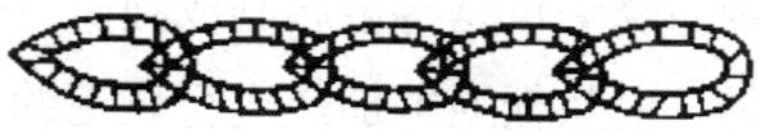

图 2—4 假缝

（3）环缝

环缝式缝纫机又称满罗式缝纫机，它的特点是缝接平整、坚牢，特别适用于卷染、轧光、电光等加工的织物；但环缝用线较多。环缝式也用于每箱布中匹与匹之间的缝头。如图 2—5所示。

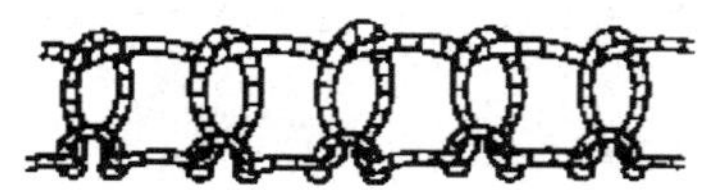

图 2—5 环缝

二、烧毛

1. 烧毛的目的

棉纤维长度较短，在纺纱时必然存在一定的纤维末端伸出纱线表面形成纱线毛羽；此外在络纱、整经、织造等过程中纱线和机件之间的摩擦也会促使毛羽的产生。烧毛的目的在于烧去布面上的绒毛，使布面光洁美观，并防止在染色、印花时因绒毛存在而产生染色不匀及印花疵病。

2. 烧毛原理

织物烧毛是将织物平幅快速通过高温火焰，或擦过赤热的金属表面，这时布面上存在的绒毛很快升温，并发生燃烧，而布身比较紧密，升温较慢，在未升到着火点时，即已离开了火焰或赤热的金属表面，从而达到烧去绒毛，又不损伤织物的目的。烧毛温度和设备运转速度控制不当会对织物产生损伤，甚至点燃织物发生火灾。

3. 烧毛方式及设备

烧毛设备通常有非接触式的气体烧毛机、接触式的铜板烧毛机、圆筒烧毛机、电热板烧毛机。目前气体烧毛机应用较多，圆筒式和电热板式有增多趋势，铜板式应用较少。如图 2—6所示为气体烧毛机原理示意图。

金属板烧毛（铜板烧毛机）采用织物以平幅状态在炽热铜板表面擦过的方式以达到烧毛目的。其适用于组织紧密和厚实的织物，对稀薄或浮纱较长的缎纹结构织物难以取得良好的烧毛效果。圆筒烧毛机是将金属制成圆筒，在圆筒内加热，烧毛时由于圆筒不断回转，金属的磨损比较均匀。电热板通电加热进行烧毛的方法，其温度比较稳定且易于调节，但能耗较高。

4. 烧毛质量的评价

烧毛质量评定主要是以去除绒毛的效果进行评定，但织物不能出现损伤。在一定光照条件下，将已烧毛织物折叠，迎着光线观察凸边处绒毛分布情况，根据下列情况评级：1 级——原坯未经烧毛；2 级——长毛较少；3 级——长毛基本没有；4 级——仅有短毛，且较整齐；5 级——烧毛干净。一般烧毛质量应达到 3～4 级，稀薄织物达到 3 级即可。

三、退浆

1. 概述

纺织厂为了织造环节的顺利进行，在织造前需要对经纱进行上浆处理以提高纱线强力和耐磨性，使浆料渗透到纱线内部，提高纤维抱合并贴伏毛羽，以减少织造过程的断头，提高织造效率和产品质量。

用于棉纤维的浆料可以分为天然浆料、变性浆料、合成浆料三大类。其中天然纤维主要是淀粉、海藻酸类；变性浆料主要有糊精、变性淀粉（氧化淀粉、羧甲基淀粉）、羧甲基纤维素（CMC）等；合成浆料有聚乙烯醇（PVA）、变性 PVA、聚丙烯酸甲酯（PMA）。

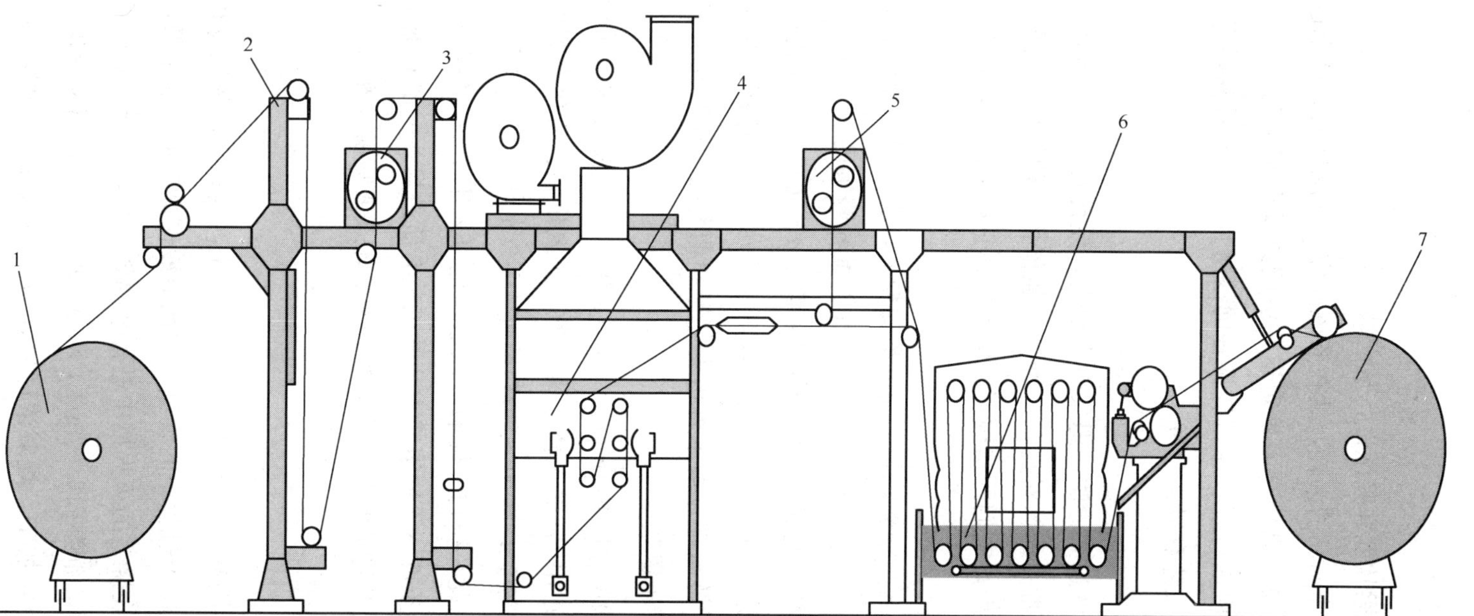

图 2—6　气体烧毛机原理示意图

1—退绕装置　2—进布架　3—前刷毛装置　4—烧毛　5—后刷除尘　6—灭火槽　7—卷绕

气体烧毛机中织物从退绕装置 1 退绕后，经过进布架 2 以一定张力作用使织物平展状态进入烧毛装置 4，在烧毛装置前往往还会装置刷毛装置 3，以去除尘埃、纱头、杂物，防止纱头燃烧使织物产生破洞；此外还可以使绒毛竖立，以利于烧毛。烧毛后，将织物通过灭火槽 6，采用蒸汽喷雾灭火（干落布）或退浆液灭火（初步退浆，湿落布）。

2. 退浆工艺

坯布上的浆料会影响织物的柔软度和吸湿性，从而抑制染料助剂等向纤维内部渗透，影响染整产品的质量；也会增加染化药品的消耗，故在煮练前应先去除浆料，这个过程称为退浆。退浆时应根据产品上浆组分及含杂情况，确定退浆液配方及退浆工艺，以保证退浆效果。不管采用什么退浆助剂，都应该对浆纱坯布有良好的渗透性，并能对浆料降解或溶解，最终洗去降解产物。主要的退浆工艺有以下几种：

（1）酶退浆法

酶退浆法是淀粉浆料最常用的退浆方法，退浆效率较高。淀粉酶是一种高分子量的生物化学催化剂，对被催化物质有非常高的针对性，一种酶只能催化一种物质。需要指明的是，尽管酶参与的反应是化学反应，但是它们的结构不发生改变，它们可以被认为是加速或促进反应的生物催化剂。

酶一般以它们降解的物质命名，如能降解淀粉的称淀粉酶；麦芽糖酶和纤维素酶分别可以降解麦芽糖和纤维素。可以使用淀粉酶和麦芽糖酶来作为淀粉降解助剂。淀粉浆料常用的有胰淀粉酶和 BF—7658 菌淀粉酶。这两种酶主要组成都是 α -淀粉酶（液化酶或糊精化酶）。α -淀粉酶能促使淀粉长链分子的苷键无规则断裂，生成糊精和麦芽糖而极易从织物上洗除。β -蛋白酶由于只能从分子链末端逐渐水解出麦芽糖和葡萄糖，而对支链淀粉分支处1、6 苷键无水解作用，一般不用于退浆。

淀粉酶退浆液以近中性（胰酶 pH 值在 6.8～7.3；BF—7658 淀粉酶 pH 值在 6.0～6.5）时活性、稳定性兼顾；在使用中常加入轻金属盐类，如氯化钠、氯化钙等作为活化剂以提高酶的活力。织物浸轧胰酶液后，在 40～50℃堆置 1～2 h 可使淀粉充分水解。BF—7658 淀粉酶较胰淀粉酶耐热，因此在织物浸轧酶液以后，也可采用 100℃汽蒸 3～5 min 的快速工艺，为连续退浆工艺创造条件。不同退浆方法的工艺有所差异，一般有保温堆置、高温汽蒸、热浴法三种方法。一般工艺流程为：浸轧热水→浸轧（或喷淋）酶液→堆置→(汽蒸、热水浴水洗)→水洗。

（2）碱液退浆法

淀粉及化学浆在氢氧化钠（烧碱）溶液作用下能发生溶胀，与纤维的黏结变松，还能清除部分天然杂质。可利用精练或丝光过程中的废氢氧化钠溶液作退浆剂，成本低，又不损伤纤维，被印染厂广泛使用。首先在烧毛的灭火槽中进行平幅轧碱后，进行平幅或绳状浸轧加工。平幅时，烧碱浓度 5～10 g/L，润湿剂 1～2 g/L，温度 70～80℃，保温堆置 30～90 min 或汽蒸再进行热水或冷水洗涤；绳状加工，烧碱浓度通常为 10～20 g/L，织物浸轧碱液后，在 60～80℃条件下堆置 6～12 h，再经水洗。棉织物还可应用碱、酸退浆，其方法是先经碱液退浆，水洗后再浸轧浓度为 4～6 g/L 的稀硫酸堆置数小时，进一步促使淀粉水解，有洗除棉纤维中无机盐类杂质的作用。

（3）氧化剂退浆法

氧化剂对棉纤维损伤大，很少单独使用，常与酶退浆、碱退浆联合使用。有多种氧化剂可用于棉织物退浆，印染中常用过氧化氢和亚溴酸钠。

过氧化氢退浆：将织物在浓度为 3～5 g/L 的过氧化氢碱性溶液中浸轧，再经汽蒸 2～3 min，可促使淀粉、聚乙烯醇降解，同时对织物有一定的漂白效果。

亚溴酸钠退浆：将织物在 pH 值为 9.5～10.5、有效溴浓度为 1～2 g/L 的亚溴酸钠溶液浸轧，然后在常温下堆置 15～20 min，对羧甲基纤维素、淀粉或聚乙烯醇上浆的织物有良好的退浆效果。过硫酸铵盐或钾盐也有良好的退浆作用，但易使纤维素纤维脆损。

3. 退浆效果评价

退浆效果一般以退浆率表示，如式 2—1 所示：

$$\text{退浆率}=\frac{\text{坯布含浆率}-\text{退浆后织物含浆率}}{\text{坯布含浆率}}\times 100\% \qquad \text{（式 2—1）}$$

生产中，要求退浆率在 80%以上，或残留浆对布重在 1%以下，留下的残浆可在棉布煮练工艺中进一步去除。退浆的均匀性及对浆料的鉴别可采用指示剂法，淀粉浆用溶液指示剂呈蓝色或蓝紫色，PVA 浆用碘硼酸或铬酸指示剂分别呈蓝色和棕褐色。

四、煮练

1. 煮练目的

棉织物经退浆可以去除大部分浆料及部分天然杂质，但仍有少量的浆料以及部分天然杂质残留。这些杂质的存在，使棉织布的布面较黄，严重影响织物外观且吸湿性、渗透性差，影响后道工序的进行。故需要将织物在高温的浓碱液中进行较长时间的煮练。煮练是利用烧碱和其他煮练助剂与残余浆料和天然杂质发生一系列水解、皂化、复分解、增溶、乳化、溶解及机械作用等，去除杂质、提高白度和吸湿性的过程。

2. 煮练液成分及其作用

烧碱是煮练的主练剂，所起作用是去除果胶、含氮物质、蜡质中的脂肪酸、棉籽壳中的某些成分等天然杂质，以及无机盐。

助练剂主要包含表面活性剂、硅酸钠、磷酸三钠、亚硫酸钠等物质，表面活性剂有利于练液的渗透和产生乳化作用。可选用耐酸碱、高温、硬水的表面活性剂。常用的表面活性剂有肥皂、烷基苯磺酸钠、红油、平平加 O 等，合适的表面活性剂拼混、复配使用可以产生协同效果，如渗透剂 JFC 与 ABS。硅酸钠可以吸附练液中的铁质，防止织物产生锈渍和锈斑，还能吸附棉纤维上杂质分解物，防止其沉积在织物上，从而提高织物的渗透性和白度，但用量过多或洗涤不干净容易产生硅酸胶沉淀，影响织物手感。亚硫酸钠的还原作用可防止棉纤维在高温煮练时被氧化，损伤织物。同时与木质素、蛋白质、果胶发生化学作用，使其分解或溶解于碱液中，亚硫酸氢钠也具备相同作用。磷酸三钠主要用于软化硬水，同时提高碱度和煮练效果，以节省助剂用量。

3. 煮练设备及工艺

棉织物根据织物的加工形式不同有绳状与平幅两种。按煮练方式不同又可分为连续汽蒸煮练和煮布锅煮练。连续汽蒸煮练加工中，平幅加工以履带式平幅汽蒸机为代表，适用厚重织物如卡其、华达呢等；绳状加工以绳状连续汽蒸煮练机为代表，适用于中薄棉织物。表 2—1为常用各种煮练设备的典型特征。

表 2—1　　常用煮练设备特征

工艺及设备		精练质量	典型特征
间歇式	煮布锅煮练机	好	1. 煮布锅多为立式，由直立的铁质圆筒、外加热器、循环泵等组成 2. 劳动强度高、生产效率低、灵活性大，少数工厂用于棉织物煮练 3. 工艺：轧碱→进锅堆布→煮练→水洗→出布
	轧卷式平幅汽蒸机	布卷内外两端质量不一情况	浸轧练液后经汽蒸，进入汽蒸箱卷绕成卷，布卷达到一定直径时，汽蒸箱移开并保持在汽蒸箱汽蒸到规定时间，水洗；同时第一台汽蒸箱移开后，第二台汽蒸箱对接汽蒸室，完成打卷操作 工艺：轧碱→汽蒸→成卷保持→水洗
连续式	J 型箱式绳状汽蒸煮练机	煮练效果不如煮布锅	1. 一组煮练机由多台绳状轧洗机、绳状汽蒸容布器组成 2. 能连续生产，周期短、效率高 3. 工艺：轧碱→汽蒸→轧碱→汽蒸→水洗
	履带式平幅汽蒸机	堆积布层薄、折痕小、效果较好	1. 全机由浸轧槽、履带汽蒸箱、平洗槽组成；有平板履带式和导辊履带式两种 2. 结构简单、操作方便、织物不易擦伤 3. 工艺：轧碱→湿蒸→堆置履带汽蒸→水洗
	高温高压平幅汽蒸机	较常压煮练好	1. 适应面广，缩短精练时间 2. 存在进出口密封问题，目前有唇封式和轴封式装置 3. 耐用性差

4. 煮练效果评价

煮练效果可用毛细管效应衡量，测试时将洗净干燥的织物一端垂直浸在水中，测量30 min后织物上水迹上升的高度，即为毛效。一般要求达到8～10 cm/30 min。

五、漂白

1. 漂白的目的

棉织物经煮练后，由于纤维上还有天然色素存在，其外观不够洁白，直接染色或印花，会影响色泽的鲜艳度，因此需要经过漂白工序处理。漂白的目的在于去除色素，赋予织物必要和稳定的白度，而纤维本身则不受显著的损伤。

2. 漂白工艺

棉织物常用的漂白方法有次氯酸钠法、双氧水法和亚氯酸钠法。

(1) 次氯酸钠漂白法

次氯酸钠漂白的漂液 pH 值为 10 左右，在常温下进行，设备简单，操作方便、成本低，但对织物强度损伤大，白度较低，因此需要合理控制好漂白工艺条件，使外观质量和内在品质都合格。印染厂一般采用降低有效氯浓度、延长漂白时间的方法避免纤维强力过多损失。漂白方式主要有淋漂（目前使用较少）和连续轧漂两种，其中轧漂在连续轧漂联合机进行。

连续轧漂的工艺为轧漂液→堆置→轧漂液→堆置→水洗→轧酸液→堆置→水洗。

(2) 双氧水漂白法

双氧水漂白的漂液 pH 值为 10，在高温下进行漂白，可以采用连续方式漂白，也可以采用间歇式。印染厂多采用平幅汽蒸方式漂白。

优点：漂白织物白度高而稳定，手感好，还能去除浆料和天然杂质。

缺点：对设备要求高，成本较高。

在适当条件下，与烧碱联合，能使退浆、煮练、漂白一次完成。

(3) 亚氯酸钠漂白法

亚氯酸钠漂白的漂液 pH 值为 4～4.5，实际中较少采用。

优点：在不损伤纤维的条件下，能破坏杂质色素，白度好。

缺点：价格贵且漂白时易产生有毒气体，污染环境，腐蚀设备，设备需要特殊的金属材料（钛金属、钛合金）制成。

工艺：轧漂液→汽蒸→水洗→去氯→水洗。

次氯酸钠和亚氯酸钠漂白后都要进行脱氯，以防织物在漂白过程中因残氯存在而受损。一般多使用还原剂，如亚硫酸氢钠、硫代硫酸钠处理。也可以选用过氧化氢脱氯，还能进一步漂白。

3. 漂白的评定方法

评定漂白效果时，除了吸水性、白度及外观疵点外，还应检验纤维的质量，一般测定纤维在铜氨或铜乙二胺溶液中的黏度，或换算成聚合度，也可测定碱煮强力（1 g/L NaOH 溶液煮沸 1 h 后的强力）。

4. 漂白工艺的发展趋势

目前国内外前处理工艺向高速、高效、短流程方向发展。国内外通常将退、煮、漂三步法改为一步法或两步法。二步法有两种方式：退煮一浴或煮漂一浴。高效短流程连续工艺，减少单元机台数、减少厂房占用面积、节约能源、提高生产效率、降低前处理成本。

六、开幅、轧水、烘燥

织物练漂后，平幅织物在轧烘机烘干，提供给后续工序使用，而绳状加工需要进行开幅、轧水、烘燥，以成为合格的半成品。

1. 开幅

开幅时绳状织物从堆布池引出经过导布圈入机，首先受到弧形铜管的打手作用，绳状织物在打手作用下打开成平幅，如图 2—7 所示为开幅机。

2. 轧水

织物练漂后，含水分较多，在烘燥前应尽可能轧去水分，以提高烘燥效果，节省蒸汽。一般采用轧水车，有二辊和三辊两种。压辊有金属制的硬压辊和橡胶、纸粕制的软压辊。如图 2—8 所示为轧水车。

3. 烘燥

烘燥常用烘筒烘燥机，以 2～3 柱立柱式烘燥机应用最广泛，每柱烘筒数为 8～10 个，烘燥时织物的 pH 值应该接近中性，避免织物烘燥发脆。高速烘燥设备通常装配有交流变频设备，可以控制单个烘筒。如图 2—9 所示为烘筒烘燥机。

图 2—7　开幅机

图 2—8　轧水车

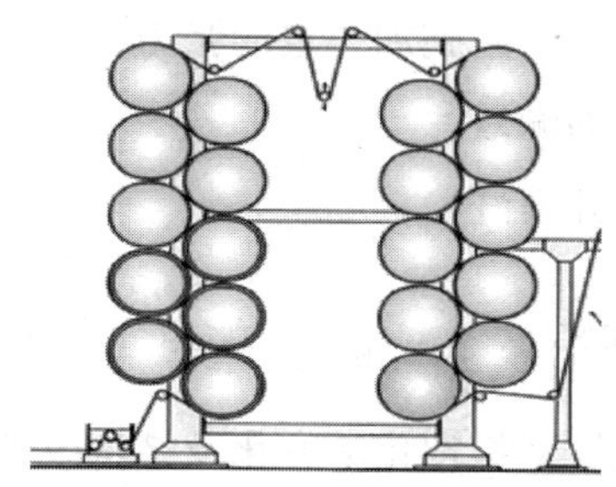

图 2—9　烘筒烘燥机

七、丝光

1. 丝光的概念

丝光是利用氢氧化钠或其他试剂作用于棉织物，使棉纤维的形态和化学结构发生变化的过程。经氢氧化钠处理后棉纤维发生溶胀，并使得织物收缩、强力变大、容易染色，这一现象于 1844 年由英国兰开夏郡白布印花工 John Mercer 发现，并于 1850 年申请专利。在此基础上，1890 年 H. A lowe 发现氢氧化钠浸渍棉织物时，施加一定的张力，限制纤维的收缩，可以赋予纤维丝般的光泽。为纪念 John Mercer，这一处理被后人称为“麦瑟处理”（mercerization）。丝光是棉纺织品整理加工过程中很重要的步骤，丝光处理后可以提高织物的光泽、手感、强力、吸湿性及对染料的吸附性能；同时对于各种化学试剂的反应性、伸长性以及外观稳定性都有所提升。棉纺织品常用浓氢氧化钠溶液或液氨进行丝光处理。

2. 丝光工艺

丝光处理可以在纱线或织物两个状态实施。织物丝光工序有坯布丝光、退浆后丝光、退浆和精练后丝光、漂白后丝光、染色后丝光等。

坯布的润湿性较差，妨碍丝光的均匀度，且废碱液含较多杂质，给碱液回收带来麻烦，所以坯布丝光很少应用；先漂白后丝光是应用最多的工艺，可以获得良好的丝光效果，但由于碱液含杂质等因素，织物的白度受到一定影响，因此对于白度要求较高的品种可以采用先丝光后漂白的方式，或者丝光后复漂的方法进行；染色后丝光对染料的耐碱性要求高，且不能发挥丝光能达到节约染料的优点，鉴于丝光提高棉纤维对染料的吸附性，上染速度提高，对于某些会造成上染不匀的品种可以采用先染色后丝光的方式。

一般而言，连续的丝光工艺通常包含以下四个步骤：

（1）松弛状态用冷碱液浸渍织物或纱线以提升强力和润湿性。

（2）保持织物或纱线在碱液中，并施加一定的张力。

（3）保持张力，清洗材料上的碱液。

（4）用酸中和剩余的碱液，并清洗。

3. 丝光过程中的物理化学变化

在浓碱液的作用下，纤维素发生物理化学变化及结构改性。天然纤维素（纤维素Ⅰ）与氢氧化钠反应后生成碱纤维素Ⅰ；经水洗或中和作用后，生成纤维素Ⅱ（丝光纤维素）。如式 2—2 所示。

$$\underset{\text{纤维素 I}}{C_6H_7O_2(OH)_3} + NaOH \rightarrow \underset{\text{碱纤维素 I}}{C_6H_7O_2(OH)_2(ONa)} \xrightarrow{H_2O} \underset{\text{纤维素 II}}{C_6H_7O_2(OH)_3} + NaOH \quad (式 2—2)$$

碱处理和随后的洗涤可以在纱线或织物松弛（碱缩，织物或纱线可用自由收缩）或紧张状态（丝光，限制织物或纱线收缩）下进行。丝光处理后，纤维剧烈溶胀。纤维横截面从腰圆形变成椭圆形，甚至圆形，同时长度方向发生收缩。胞腔缩为一点，对光线产生有规则的反射。从分子角度考虑，丝光过程存在氢键的重组及结晶区和无定形区沿着纤维长度方向取向的变化。棉纤维的微结构发生变化，晶格参数改变，晶区减少，无定形区增加，羟基增加 25%左右；另一方面，丝光处理后可以促进化学、水解和氧化的反应速率，对水、碱和碘的吸附性也有所提升，其吸附性可以用钡值、碘值和对直接染料的吸附量来衡量。

4. 丝光设备及工艺

棉织物经过丝光处理可以提高其产品的附加值，丝光都是在丝光机上进行的，丝光机一般有布铗丝光机、直辊丝光机、布铗直辊联合丝光机、弯辊丝光机。

（1）布铗丝光机

布铗丝光机（见图 2—10）在扩幅效果、降低纬向缩水、丝光光泽等方面有较好的效果，所以被广泛使用。布铗丝光机的工作主要包含以下几个步骤：

1）轧碱和绷布。织物喂入丝光机后，经前轧碱槽轧碱，为延长棉织物带碱时间以便防止织物收缩，需经绷布辊绷布后再进入后轧碱槽中轧碱。整个过程耗时 30～40 s。丝光机的两个轧碱槽是相互连通的，便于补充碱液的流失。

2）伸幅和淋洗。棉织物经丝光处理后，为保证提升光泽效应的同时具有良好的尺寸稳定性，在加工过程中必须将带有浓碱液的织物拉伸至规定的宽度，织物需经布铗扩幅装置扩幅，并在此条件下将织物上的烧碱含量淋洗至一定值。通常在布铗链的前 1/3 处才开始淋洗。这样织物碱处理时间（丝光时间）为 50～60 s。淋洗是采用热稀碱液在布的上方进行淋洗，布的下方有平板真空吸水器吸水，通过淋洗、吸碱配合，以吸去织物吸附的烧碱。

3）去碱与平洗。为了进一步去除织物上的烧碱，经过伸幅和淋洗后，便进入洗碱效率较高的去碱箱去碱，并经平洗槽进一步洗涤，除去残余的碱液。

（2）直辊丝光机

直辊丝光机（见图 2—11）跟布铗丝光机在构成上有很大不同，没有三辊车型浸轧装置和扩幅、绷布装置。它主要是在丝光前及丝光过程中对织物施加张力以防止织物收缩，获得良好丝光效果的同时，兼顾效率。其主要流程为：进布→碱液浸轧→滚筒轧碱→水洗→烘干→落布。

进布装置由进布架、自动导布辊、可调张力辊和织物预加张力系统构成。这部分装置使织物在足够的张力状态下进行丝光处理，因此限制了织物丝光时可能发生的收缩。预加张力装置由三个弯曲的橡胶辊组成，并由中间橡胶辊的位置控制张力。弯辊扩幅后，织物进入碱液浸轧槽。碱液浸轧过程由部分浸没在丝光碱液中的圆形金属辊和在上排的包有橡胶的从动辊相互轧压完成，金属直辊对织物有牵引作用，同时利用直辊与织物间的摩擦限制纬缩。织物在上下两排直辊间呈波浪穿行，经过碱液浸轧槽后，再通过重型轧液辊轧去多余的碱液后进入去碱槽。去碱槽采用稀碱液逆流方式，并同样采用上下两排直辊使织物通过，并在进出槽处安装喷淋装置以洗去多余的碱液。此后经去碱箱、平洗槽、烘干后，完成丝光操作。

（3）布铗直辊联合丝光机

除光泽、颜色、手感外，稳定的尺寸是丝光织物最重要的目标。布铗直辊联合丝光机可以对织物长度和宽度分别加以控制。这得益于主动直辊的张力和布铗扩幅两者的作用结合。如图 2—12 所示为布铗直辊联合丝光机示意图，丝光反应部分采用直辊牵引，丝光处理后进入布铗扩幅部分。

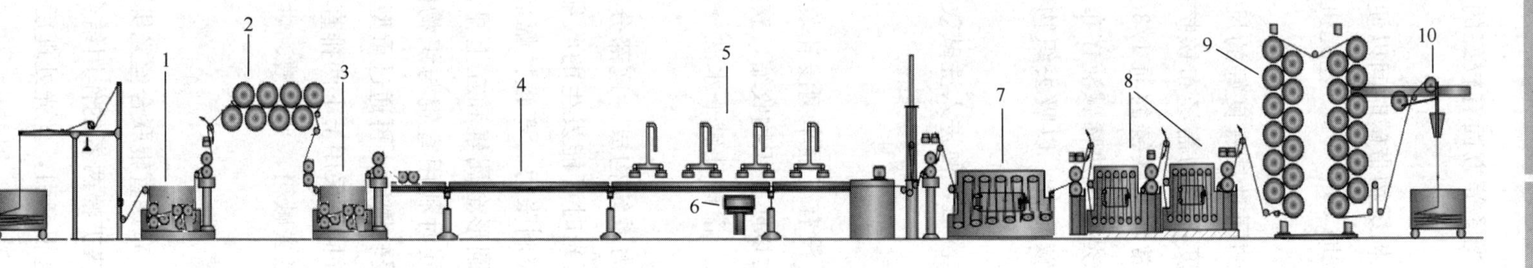

图 2—10　布铗丝光机示意图

1—前轧碱槽　2—绷布辊　3—后轧碱槽　4—布铗扩幅装置　5—淋洗　6—吸碱装置　7—去碱箱　8—平洗槽　9—烘干　10—落布

图 2—11　直辊丝光机示意图

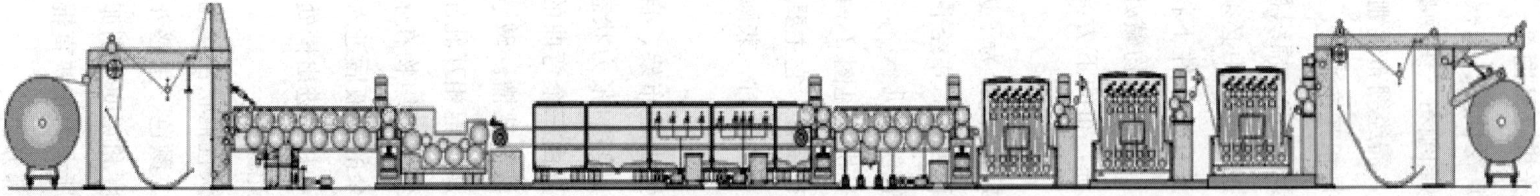

图 2—12　布铁直辊联合丝光机示意图

主要流程如下：进布装置→直辊轧碱→布铗扩幅→直辊→去碱箱和平洗槽→落布。

(4) 弯辊丝光机

弯辊丝光机与布铗丝光机相比，仅扩幅装置不同，且一般为两层织物加工。

第二节　棉制品的染色

学习目标

染料的分类
棉织物活性染料染色工艺
棉织物还原染料染色工艺
棉织物硫化染料染色工艺
棉织物不溶性偶氮染料染色工艺
色牢度及评价指标

关键术语

染料　色牢度　浸染　轧染

染色是对纺织产品如纤维、纱线、织物增添颜色的过程。通常在包含染料和特殊化学品的溶液中完成染色过程。染色后，染料分子与纤维分子发生物理化学或化学结合形成化学键，从而使颜色均匀且具有一定的牢度。温度和时间是染色过程需要控制的两个关键因素。

染料可分为天然和人造染料两大类。早期阶段，染料主要来自于自然界，从动植物中提取而来。从18世纪中期，人造染料已经相当成熟，色谱齐全且能耐水洗和常规使用。染色是一个复杂的过程，与染料本身、纤维的结构与性能、纤维制品的结构有关。不同类型的染料适用于不同纤维、不同纺织产品，如散纤维、纱线、织物，甚至成衣。一种类型染料染不同纤维时染料分子与纤维分子之间会形成不同形式的结合，获得不同的染色效果；不同类型的染料染同一种纤维制品时染色原理、方法、效果等也会不同。

一、染料的基本术语

1. 染色过程

染色过程是在合适的条件下染料分子和纤维分子之间形成了某种物理化学或化学结合，从而使染料能上染纤维，并具有一定的牢度。尽管不同染料在不同条件下的染色原理不尽相同，但就染色过程而言，大致都通过表面吸附、内部扩散、染料固着三个阶段来完成。

（1）表面吸附

当把纤维制品浸入染液后，染料先扩散至纤维材料表面，然后逐渐从染液转移至纤维表面，称为吸附。染料发生吸附的主要原因是染料对纤维有直染性或亲和力。染料与纤维之间的亲和力源于染料与纤维间的作用力，如氢键、范德华力、离子键等。直染性的大小可用平衡上染百分率表示，如式 2—3 所示。

$$平衡上染百分率=\frac{纤维上的染料量}{染浴中的染料量}\times 100\% \qquad（式 2—3）$$

吸附的逆过程为解吸，在上染过程中吸附和解吸是同时存在的，类似于大气中纤维材料吸湿和放湿是同时进行，属动态平衡。随着时间的进行，纤维表面染料浓度增大，而染液中染料浓度逐渐降低，直至达到平衡状态。如果染料的亲和力大、浓度高，再加适量的电解质，将会提高染料被纤维吸附的速率，有利于染色过程向正方向进行。

染料的吸附速率除了与直染性有关，还与染浴的温度、pH 值，染浴中添加的染色助剂有关。

（2）内部扩散

当染料吸附在纤维表面之后，便开始向纤维内部扩散。染料向纤维内部扩散是整个染色过程中占用时间最长的阶段。在染液中，纤维表面上的染料向浓度低的纤维内部扩散，染料的扩散破坏了最初建立的吸附平衡，使染液中的染料又会继续吸附到纤维外表面，达到新的吸附、解吸平衡，直到纤维上染料浓度与染液中染料浓度达到平衡为止，此时纤维各部分的染料浓度趋向一致。当完成染料向纤维内部扩散的同时，也完成了染料在纤维表面的吸附。因此说吸附与扩散也是不可分割的过程。

影响扩散的因素很多，包括纤维的大分子结构（分子结构简单，则扩散快）、纤维的结晶度（无定形区结构疏松，更利于染料扩散）、染色助剂（包括酸、碱、盐）、染色温度、染料浓度、染色时的搅拌等，都对扩散有一定的影响。

（3）染料固着

固着是染料的分子链以键的形式固着在纤维上。随染料和纤维的不同，它们彼此间的固着形式也有所不同，从而染色的牢度也各有不同。一般而言，染料固着在纤维上存在三种类型。

1）化学性固着。染料与纤维之间发生化学反应，形成离子键、共价键、配价键等结合，而使染料固着于纤维上。如活性染料染纤维素，彼此形成共价键（醚键）结合，如式2—4所示。共价键具有较高的键能，耐洗涤、耐摩擦，色牢度比物理化学结合的要高。

$$DR—X+Cell—OH \longrightarrow DR—O—Cell+H—X \quad \text{（式 2—4）}$$

式中，DR—X为活性染料分子；X为活性基团；Cell—OH为纤维素；DR—O—Cell为醚键。

2）物理化学性固着。染料与纤维之间的范德华力及氢键的形成，使染料固着于纤维上，如直接染料染棉纤维，这类结合皂洗牢度低。

3）机械固着。染料以不溶性的色淀沉积在纤维制品空隙中，或借助黏合剂黏附于纤维制品表面，如不溶性偶氮染料和涂料染色都属于此类固着。皂洗牢度较高，但耐摩擦、色牢度较差。

以上三个阶段在染色过程中一般是同时进行的，只是在不同的阶段，某个过程表现得更显著。染料与纤维的结合往往也是共存的，只是染料与纤维系统不同，作用形式的表现不同而已。如活性染料染棉织物，先以氢键吸附上染后，最终以共价键形式结合。

2. 染料分类

染料是能直接溶于水或用其他介质制成溶液或分散液，对纤维材料有一定亲和力的有色有机化合物。对纤维无亲和力，需要依靠黏合剂作用机械固着于织物表面的有色物质属于颜料范畴。按照染料应用特性和使用方法，适用于棉制品的染料有活性染料、直接染料、还原染料、硫化染料、不溶性偶氮染料。

（1）活性染料

活性染料又称反应性染料。它的分子中含有化学性活泼的基团，在适当的条件下能在水溶液中与棉、毛等纤维反应形成共价键。它具有较高的耐洗坚牢度，且色彩鲜艳。它是适用于棉纤维最重要的一种染料。

（2）直接染料

直接染料是指能直接溶解于水，对纤维素纤维有较高的直接性，在碱性条件下可以对棉纤维进行染色。它也能在弱酸性或中性溶液中对蛋白纤维（如羊毛、蚕丝）上色，还应用于人造丝、人造棉、锦纶、蚕丝的染色。它的色谱齐全、价格低廉、操作方便。缺点是各项色牢度较差，尤其湿处理色牢度更差。

（3）还原染料

还原染料是一种旧的染料类别，由于是在大缸中使用，因而又称为瓮染染料。还原染料是不溶于水的，其在碱性溶液中经还原作用变成可溶性的隐色体钠盐，吸附在待染织物上，再经过氧化，恢复成不溶性染料，而固着在织物上。由于染色前需用还原剂（通常用保险粉）还原、溶解后再进行染色，因此被称为还原染料，商品名为士林染料。还原染料色泽鲜艳、色谱安全、耐洗、耐晒，是棉及其他纤维素纤维的重要染料。

（4）硫化染料

硫化染料又称含硫染料，是有机物经硫或多硫化物的硫化作用而形成的结构复杂的一类含硫染料。这类染料在使用时要用硫化钠或保险粉还原成为水溶性隐色体，再由被染物吸收后经氧化或其他作用变回原来的不溶有色物，以使染料固着于被染物上。所以硫化染料也是一种还原染料。硫化染料可用于棉、麻、黏胶等纤维的染色，其制造工艺较简单，成本低廉，色牢度好，但色彩不够鲜艳。

（5）不溶性偶氮染料

不溶性偶氮染料又称冰染料，染色时织物先用偶合组分（色酚）溶液打底，再通过冰冷却的重氮组分（色基重氮盐）溶液，使其在织物上直接发生偶合反应而显色，生成固着的不溶于水的偶氮染料，从而达到上染目的。冰染染料色泽鲜艳，水洗及日晒坚牢度均较好，色谱齐全，合成路线简单，价格低廉。其曾是棉织物的染色和印花的主要染料之一。

3. 染料的命名

我国对染料的命名一般采用三段命名法，即染料名称分为三部分：冠称、色称和尾注。各国染料冠称基本上相同，色称和尾注有些不同，也常因厂商不同而异。我国根据需要，采取统一的命名法则。

（1）冠称（冠首）

冠称表示根据染料应用方法或性质分类的名称，如分散、还原、活性、直接等。某些进口染料，冠称则为织造厂商的专用名称。因此可能出现同一种染料有几个名称的情况。

（2）色称

色称表示用该染料按标准方法将织物染色后所获得的颜色，可以采用物理上的通用名称，如红、橙、黄、绿、蓝等。也可以采用动物、植物名称或自然现象表示，如用鼠灰、桃红、天蓝等。

（3）尾注

尾注表示染料的色光、性能、状态、浓度以及用途等，一般用字母数字表示。

色光：B-带蓝光或青光；G-带黄光或绿光；R-带红光；V-带紫光；Y-带黄光。

色光品质：F-表示色光纯；D-表示深色或稍暗；T-表示深。

性质及用途：C-耐氯，棉用；I-士林还原染料的坚牢度；K-冷染（国产活性染料中K表示热染）；L-耐光牢度或匀染性好；M-混合物；N-新型或标准；P-适用于印花；X-高浓度（国产活性染料X表示冷染）。

也可以有几个符号连在一起，以表明染料色光的强弱，如RR或2R等。但由于染料企业标准不同，所以即使同一类别、同一化学结构的染料，其色光符号没有可比性。

4. 染色牢度

染过色的织物在使用过程中或在后续加工过程中，会因日晒、汗渍、唾液、摩擦、洗涤、熨烫、海水浸渍等原因发生褪色或变色现象，从而影响织物或服装的外观美感。染料或颜料在各种外界因素作用下，能保持原来颜色状态的能力称为染色牢度，是衡量染色织物的重要质量指标之一。

染色牢度主要取决于染料的化学结构。除此之外，染料与纤维的结合情况、纤维集合体的结构及染色方法、工艺条件等也有很大影响。根据影响因素染色牢度可分为：耐皂洗色牢度、耐摩擦色牢度、耐日晒色牢度、耐汗渍色牢度、耐唾液色牢度、耐熨烫色牢度等。纺织品色牢度常用的检测标准有AATCC、ISO、JIS、DIN、BS及国家标准GB。

为对产品进行质量检验及安全性的规范化，通常根据产品的用途、安全要求等做相应的牢度检测，并按标准评定等级，《国家纺织产品基本安全技术规范》（GB 18401—2010）中要求考核纺织品的耐水色牢度、耐干摩擦、耐汗渍（酸、碱性汗液）、耐唾液（婴幼儿产品）几项色牢度指标。

（1）耐皂洗色牢度及耐水色牢度

耐皂洗色牢度是指染色织物在规定条件下皂洗后褪色的程度，包括原样褪色和白布沾色两项指标。前者是染色织物皂洗前后褪色的情况；后者是将白布与染色织物缝叠在一起，经皂洗后，染色织物褪色而使白布沾色的情况。

耐皂洗色牢度除与上述提到的染料化学结构、染料与纤维的结合情况、染色方法、工艺有关外，还与皂洗条件有一定关系。皂洗的试验条件随构成纤维的品种而有所差异，皂洗温度可分为40℃、60℃和90℃三种。测试样品皂洗后，再经淋洗、晾干后用“变褪色用灰色样卡”“沾色用灰色样卡”按国家标准《纺织品　色牢度试验　耐皂洗色牢度》（GB/T 3921—2008）进行比较评级。耐皂洗色牢度分为5级9档（1级、1～2级、2级、2～3级、3级、3～4级、4级、4～5级、5级），1级最差，5级最好；沾色也分5级9档，1级沾色最严重，5级为不沾色。

耐水色牢度是将纺织品试样与一或两块规定的贴衬织物贴合一起，浸入水中，挤去水分，置于试验装置的两块平板中间，承受规定压力（12.5 kPa）。置于（37±2）℃的烘箱中4 h，展开试样组合，使其仅由一条缝线连接，并置于不超过60℃空气中干燥。干燥试样和贴衬织物，用灰色样卡评定试样的变色和贴衬织物的沾色。具体操作参考国家标准《纺织品　色牢度试验　耐水色牢度》（GB/T 5713—2013）执行。

（2）耐摩擦色牢度

染色织物耐摩擦牢度分为干摩擦和湿摩擦两种。前者用于白布摩擦染色织物，看白布的沾色情况；后者用含水100%的白布摩擦染色织物，看白布的沾色情况。

织物的耐摩擦色牢度主要取决于浮色的多少，染料的浓度过高容易造成浮色，影响耐摩擦色牢度。染料对纤维的扩散均匀度及固着方式对耐摩擦色牢度也有影响。耐摩擦色牢度由“沾色灰色样卡”按5级9档进行评级，1级最差，5级最好。具体操作参考国家标准《纺织品　色牢度试验　耐摩擦色牢度》（GB/T 3920—2008）执行。

（3）耐汗渍色牢度

人的汗液成分很复杂，主要为盐，汗液有酸性也有碱性。纺织品短暂地与汗液接触对色牢度可能影响不大，但是长时间地且紧贴着皮肤与汗液接触，对某些染料会产生很大的影响。纺织染料有的不耐酸，有的不耐碱。耐汗渍色牢度的评价是采用不同酸碱的人造汗液，模拟出汗时的情况对纺织品进行处理。测试方法与耐水色牢度相同。具体标准参考国家标准《纺织品　色牢度试验　耐汗渍色牢度》（GB/T 3922—2013）执行。

（4）耐唾液色牢度

耐唾液色牢度用于评价婴幼儿用纺织品，因为婴幼儿有咀嚼与吮吸纺织品的习惯，因此婴幼儿用纺织品对耐唾液色牢度的评价尤为重要。国家标准《纺织品　色牢度试验　耐唾液色牢度》（GB/T 18886—2002）提供的测试方法及评价指标类似于耐汗渍色牢度。分5级9档，而婴幼儿用纺织品要求耐唾液色牢度在4级以上。

除了上述牢度外，其他染色牢度的指标检测都可参照国家标准要求进行，这里不再赘述。

二、染色设备及方法

纺织品染色时应根据纤维类别，纤维集合体的种类，合理选择和制定染色工艺并选择合适的设备，以提高生产效率，获得染色均匀、色牢度好、不损伤纤维的纺织成品。染色设备的种类很多，按照机械的运转形式可以分为间歇式染色机和连续式染色机；按纤维集合体的状态分为散纤维染色机、纱线染色机、织物染色机及成衣染色机；按染色方式分为浸染机、轧染机、卷染机等。

1. 轧染及连续式轧染机

（1）轧染

轧染是将织物在染液中经过短暂的浸渍后，立即用轧辊压轧，将染液挤压进织物的组织和空隙内，同时，轧去多余的染液，使染料均匀地分布在织物上。进一步通过汽蒸或烘焙处理使染料上染固着。压轧后织物上所带的染液量常用轧液率表示。如式2—5所示，一般棉织物的轧液率在70%左右。

$$\text{轧液率}=\frac{\text{轧压后湿布重量}-\text{浸渍前干布重量}}{\text{浸渍前干布重量}}\times100\% \qquad \text{（式 2—5）}$$

轧液率越高，则织物带液量越高，织物烘干时水分烘干蒸发负荷重，对亲和力小的染料，如悬浮体轧染时，容易发生染料随水分蒸发而从纤维内部向外部转移的现象，即泳移现象。从而导致染色不匀，色牢度下降。

（2）连续式轧染机

连续轧染机能适应大规模连续化的印染加工，且可以适应多种染料不同工艺要求连续轧染棉型织物的联合机。根据染料不同，设备的类型也不同。但都由轧车（轧染槽）、蒸箱、平洗槽、烘燥装置等几部分构成，也可以根据需要增减一些单元机，以适应不同染料的染色。如图2—13所示为连续轧染机示意图。

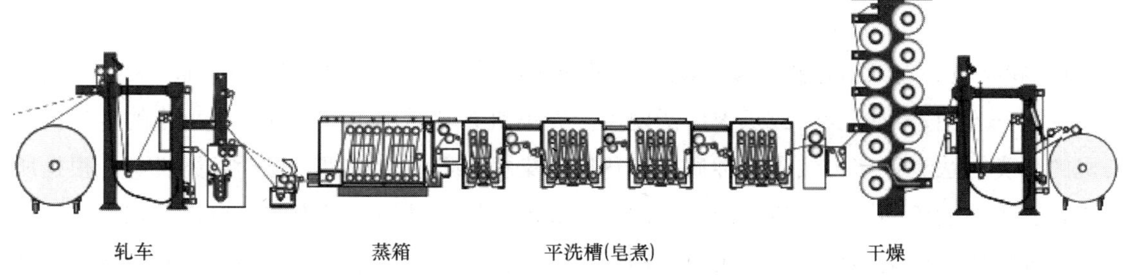

图2—13　连续轧染机示意图

1）轧车。轧车是织物浸轧染料的基本装置，由轧辊、轧染槽及加压装置组成，轧辊有软硬之分，硬轧辊为不锈钢或胶木，软轧辊为橡胶。轧辊加压方式有杠杆、油动和气动几种。轧辊有2辊、3辊之分；浸轧方式根据染色工艺有一浸一轧、二浸二轧及多浸多轧几种。

2）烘干装置。烘干装置有红外线烘燥、热风烘燥、烘筒烘燥。

①红外线烘燥。红外线烘燥是利用辐射热作用于织物，使织物表面及内部同时受热，烘干均匀，染料从织物内部向表面的泳移较少；红外线烘燥具有烘燥效率高，占地面积小的优点。

②热风烘燥。热风烘燥是指利用热空气使织物烘干。热空气喷向织物，使织物上的水分蒸发逸散出来。热风烘燥温度不宜过高，否则容易造成烘燥不匀，尤其是浸轧过染液的织物

刚进入热风室时更甚。为了提高烘燥速度，可将热风烘燥机分为几室，逐渐提高温度。热风烘燥效率较低，且占地面积大。

③烘筒烘燥。烘筒烘燥是指织物贴于用蒸汽加热的金属圆筒表面，使织物上的水分蒸发，烘燥效率高。但烘筒烘燥易造成烘干不匀和染料泳移。为改善这种状况，开始几只烘筒的温度可低一些，待烘至一定温度后再使织物接触温度高的烘筒。

在实际生产中，上述三种烘燥方式往往联合使用。

3）汽蒸箱。利用水蒸气使织物温度提高，纤维溶胀，染料或染料与化学品作用后扩散进入纤维内部与纤维固着。

4）平洗装置。平洗装置包括多格平洗槽，可用于冷水、热水、皂煮等根据不同染料进行的后处理。

5）染后烘干装置。染后烘干都采用烘筒烘干。

2. 浸染及间歇式染色设备

（1）浸染

浸染是将被染物浸渍于染液中，在一定作用下，借助染料对纤维的直染性而上染，并固着于纤维的一种加工方法。浸染适用于多品种小批量的生产，多用于散纤维、纱线、针织物、稀薄织物的染色。但间歇式生产方式决定了生产效率较低。

（2）间歇式染色设备

1）卷染机。卷染机也称缸染，属于较早使用的平幅染色设备，由于它机动灵活、结构简单、操作方便、投资少，故仍被广泛使用。卷染机尤其适用于多品种、小批量的生产。卷染机的分类方法有很多，按工作性质分有普通卷染机、等速卷染机、自动卷染机等。根据所加工布匹类型的不同，卷染机有敞口、加盖、高温高压三种类型，现在敞口设备基本上已经淘汰。棉织物染色采用加盖卷染机，如图 2—14 所示为加盖卷染机示意图，在不锈钢染槽的上方装有一对卷布辊，通过齿轮啮合可以改变主从动关系。染槽内装有导布辊，染槽底部的直接蒸汽管用于加热染液，间接蒸汽管用于保温。染布时，织物由从动卷布辊退卷入染液，再经导布辊，绕到主动卷布辊上，这样运转一次，称为一道。主从动轴变换，织物又绕回原来的轴上。染色完毕后，打卷出缸。

2）溢流染色机。溢流染色机属于绳状染色机，染色时织物处于松弛状态，受张力小，染后织物手感柔软，着色均匀。

如图 2—15 所示，染色时，染液从染槽底部抽出，经热交换器加热后进入溢流槽，溢流槽内平行地装有溢流管进口，当染液充满溢流槽后，由于和染槽之间存在液位差，染液流入溢流管，主动导辊和溢流液共同带动织物进入染槽，如此循环完成染色。该设备容易操作，

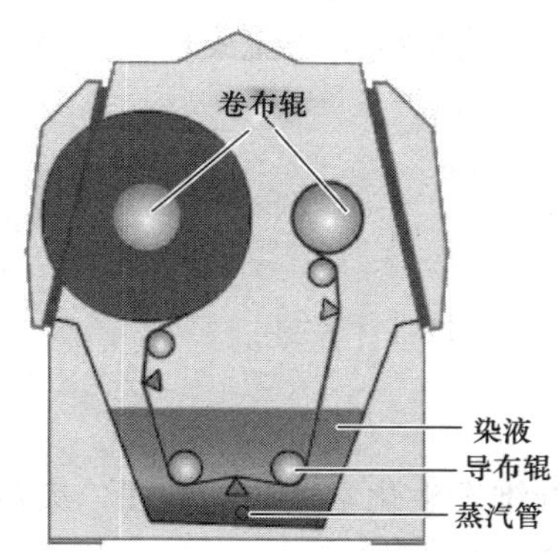

图 2—14 加盖卷染机示意图

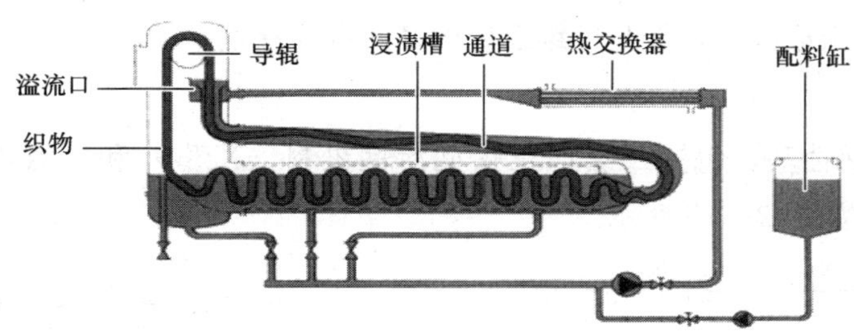

图 2—15 溢流染色机示意图

但染色时浴比大，染料和水的用量多。

3）喷射染色机。采用喷射染色机染色时，先将 U 形管注入染液，通过循环泵将染液从 U 形管抽出，经热交换器加热，再由顶部喷嘴喷出，在喷头液体喷射力推动下，织物在管内循环运动，完成染色。由于染液的喷射作用，有助于染液向绳状织物内部渗透，染色浴比小，织物承受张力小，因而优于溢流染色的效果。图 2—16 为 U 形管喷射染色机。

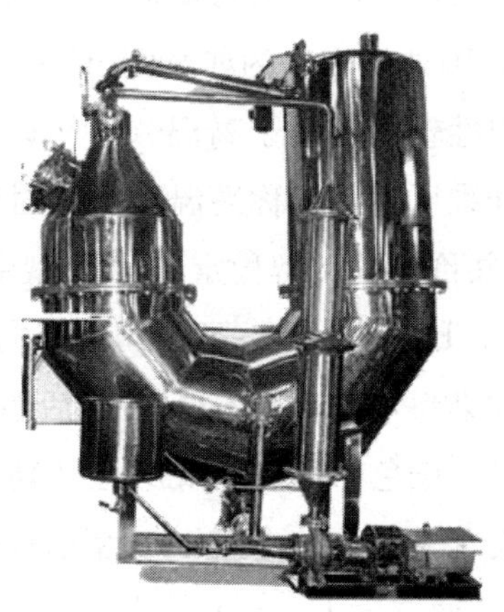

图 2—16 U 形管喷射染色机

目前，溢流染色和喷射染色结合的喷射溢流染色机应用比较广泛。

三、棉织物常用染料染色

1. 活性染料染色

（1）活性染料的分类

活性染料分子中含有能与纤维发生化学反应的基团，染色时染料与纤维反应，两者之间形成共价键，因此又称为反应性染料。活性染料是于20世纪50年代发展起来的一类新型染料，也是近年来发展速度最快，应用最广泛的染料品种之一。活性染料分子包括母体染料和活性基团两个主要组成部分，能与纤维反应的基团称为活性基团。根据其活性基团不同，一般可以分为两类。

1）均三嗪型活性基。包括二氯均三嗪型活性染料（X型）和一氯均三嗪型活性染料（K型），结构通式如图2—17所示。

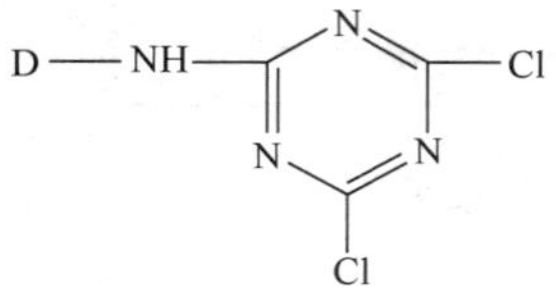

a） 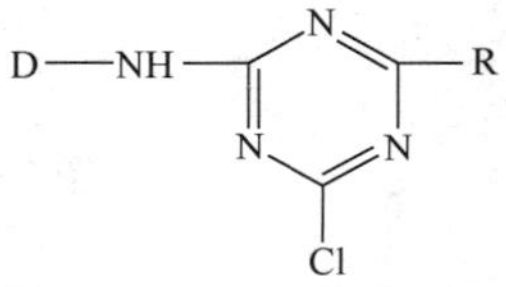 b）

图2—17 均三嗪型活性染料结构通式

a）X型 b）K型

二氯均三嗪型活性染料反应性强，适于低温（25～45℃）染色，可在碱性较弱的条件下与纤维反应，又称普通型、低温型或冷固型活性染料，但该型染料容易水解，固色率较低，储存稳定性差。国内型号X型，国外代表性的如英国ICI公司生产的Procion MX。

一氯均三嗪型活性染料反应性较低，适于高温（90℃以上）染色，可在碱性（碳酸钠、磷酸钠碱剂）较强的条件下与纤维反应，又称高温型、热固型活性染料，染料不易水解，储存稳定性较好，“染料—纤维”共价键的水解稳定性比X型染料好。国内型号K型，国外代表性的如英国ICI公司的Procion H及瑞士CGY公司生产的Cibacron。

此外还有一氟均三嗪型活性染料，如Cibacron F型活性染料。反应性介于X型和K型染料之间，适于中温（40～60℃）染色，具有高反应性和高固色率，“染料—纤维”共价键的水解稳定性比X型染料好。分子通式与一氯均三嗪型活性染料相比，F取代Cl。

2）乙烯砜型活性染料。分子通式为$D—SO_2—CH_2=CH_2—OSO_2Na$，如国产KN型活性染料，活性基团为β-羟乙基砜硫酸酯基，在碱性染色条件下生成可与纤维反应的乙烯砜基。反应活性也介于X型与K型之间，固色温度为60～65℃，在弱碱性条件下固色。“染料—纤维”共价键具有较好的耐酸稳定性，但耐碱的水解稳定性差。

除此之外，在染料分子中可以引入双活性基或多活性基，目的是提高染料的固色率。单活性基染料的固色率一般在50%～70%，复合活性基染料的固色率可达80%～90%。引入多个活性基后，染料对纤维的亲和力提高，为便于去除浮色，染料中水溶性基团较多。活性基团可以相同，如双一氯均三嗪基，国产染料中KE型、KP型、KD型属于此类；也可采用不同的活性基，如一氯均三嗪活性基＋乙烯砜活性基，国产M型，ME型，Megafix B型属于此类。

（2）活性染料染色工艺

活性染料棉织物染色根据不同的要求，最常用的是浸染和轧染两种方法。

1）浸染。浸染适宜选择亲和力较高的活性染料，活性不宜太高。如活性K、KN、M、B型染料。浸染法又可分一浴一步法、一浴两步法和两浴法三种染色方法。

一浴一步法：在碱性浴中进行染色，即在染色的同时进行固色，这种方法工艺简单，染色时间短，操作方便，但由于吸附和固色同时进行，固色后染料不能再进行扩散，因此，匀染和透染性差，浮色多，染色牢度不及其他染色方法，而且在碱性条件下染色，染浴的染料水解的比较多，损耗大。

一浴二步法：先在中性浴中染色，当染料上染接近平衡时，在染浴中加入碱剂，调整pH值至固色规定pH值，进行固色处理。固色时，上染可继续进行，染浴稳定性好，不仅可以获得较高的上染率和固色率，而且有良好的匀染效果，是目前最常用的染色方法。

两浴法：先在中性浴中染色，染后在另一不含染料的碱性浴中进行固色处理。染色和固色分开进行，染浴稳定性好，可续缸染色，染料利用率高，但是在碱浴中会使部分染料溶落，色光控制较难。

不管采用何种方法，其流程基本相同：染色→固着→水洗→皂洗→水洗。染色和固着一般可采用相同温度，便于控制。X型采用室温20～30℃；K型40～60℃上染，80～90℃固着；KN、M型40～60℃上染，60～70℃固着；翠蓝染料由于结构特殊，KN、M型用85℃，K型用95℃染色。在染色过程中，加入电解质能加速染料上染，称之为促染。电解质以染色10 min后加入为宜，必要时分两次加入，需事先溶解。固着后的第一次热水洗宜在固着工艺后进行，使固色率保持稳定，减少色差。

采用卷染操作一般流程是热水洗（3道）→冷水洗（至接近染色温度）→卷染（2道）→加入电解质染色（3～4道）→加固色剂染（5～6道）→经冷水洗（2道）→热水洗（2～3道）→皂洗（4～6道）→热水洗（2道）→冷水洗（1～2道）→烘干。染色时，染色织物的pH值应控制在中性左右，过高则染色不匀，且易导致染料水解，所以染色前要水洗几道。活性染料卷染处方及工艺见表2—2。

表 2—2　活性染料卷染处方及工艺

项目		X 型	K 型	KN 型	M 型
染料对织物重（%）		浅色 0.3 以下，中色 0.3～2，深色 2 以上			
食盐（g/L）		3～20	5～30	15～30	3～30
固色剂（纯碱）（g/L）		10～20	15～30	15～25	15～25
皂洗液		2～3 g/L，95℃，4～6 道			
工艺条件	染色	4～6 道　室温	6～8 道　10～50℃	6～8 道　60℃	6～8 道　60～95℃
	固色	4～6 道　室温	6～8 道　75～95℃	6～8 道　60℃	6～8 道　60～95℃

2）轧染。活性染料轧染分一浴法（冷轧堆工艺、轧烘焙工艺、轧蒸工艺）和二浴法（轧烘轧蒸工艺）。

一浴法是将染料和碱剂（小苏打）一起混入染浴，轧后烘焙或汽蒸，小苏打分解释放出碳酸钠，使 pH 值升高，利于染料固色，X 型活性染料多用此法。

轧烘焙工艺流程如下：

漂白布→浸轧染液→红外线预烘→热风烘燥（110～120℃，2.5～4 min）→烘焙（210℃，1 min）→平洗/皂洗→烘干。

轧蒸工艺流程如下：

漂白布→浸轧染液→汽蒸（102℃，0.75～1 min）→平洗（皂洗）→烘干。

二浴法是浸轧染浴后浸轧含碱固色剂，再汽蒸固色，采用的碱剂可以是纯碱或磷酸三钠，一般纯碱用量为：X 型染料，浅色 5～10 g/L，中色 10～15 g/L，深色 12～18 g/L；K 型染料，浅色 8～12 g/L，中色 12～18 g/L，深色 15～20 g/L。也可以在第一染浴中加小苏打，第二固色浴加纯碱。此外固色液中需要加入 20～30 g/L 的食盐，以抑制染料的脱落。

工艺流程为：

漂白布→浸轧染液（X 型 20～30℃；K 型 70～80℃，轧余率 70%～80%）→预烘→烘干→浸轧固色液（20～30℃）→汽蒸（100～103℃，X 型 15～60 s；K 型 3～6 min）→水洗→皂洗→水洗→烘干。

2. 棉织物的直接染料染色

（1）直接染料的分类

直接染料大多数含有$-SO_3Na$，也有一部分含有$-COONa$，可溶于水。早期的直接染料染色牢度较差，染色后需经固色处理，以提高湿处理牢度。这类染料大部分是以偶氮和多偶氮染料，其中间体主要是联苯胺及其衍生物。联苯胺的分子式如图 2—18 所示。

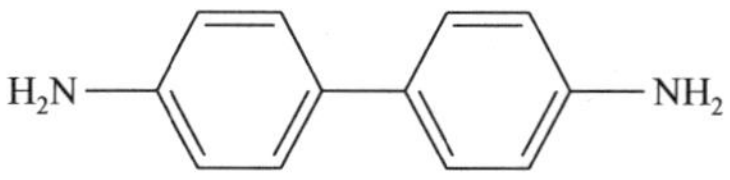

$$H_2N-C_6H_4-C_6H_4-NH_2$$

图 2—18　联苯胺的分子式

根据染料对染色温度、上染率及食盐用量的不同，直接染料按应用性能可分为匀染型、盐效应型、温度效应型三类，拼色时应选择性能相近的染料。

1）匀染性染料。其分子结构较简单，染料对纤维亲和力较低，匀染性很好，上染速度快，染色温度 70～80℃，湿处理牢度差，一般染浅色。

2）盐效应染料。其分子结构复杂，且分子中水溶性基团较多，染料对纤维亲和力高，匀染性较差，上染速度慢，盐促染作用明显，湿处理牢度较高。染色时需要控制好食盐的加入量及加入时间，以控制上染速率及匀染性。

3）温度效应染料。其分子结构大而复杂，分子中水溶性基团较少，染料对纤维亲和力高，匀染性较差，盐促染作用不明显，但温度对上染过程影响大。因此染色初始阶段温度不宜太高，否则因染色太快影响其匀染性。

（2）直接染料染色工艺

直接染料的染色方法比较简便，可以用浸染、卷染、轧染等方法染色，其中轧染多用于染浅色、中色。

1）浸染、卷染。棉织物直接染料浸染及卷染染色时染液一般由染料、纯碱、食盐或元明粉组成。染料先用温水调成浆状，再用热水溶解，将染液稀释至规定体积，加入纯碱，升温至 50～60℃开始染色；再逐步升温至所需的染色温度。染色一定时间后加入食盐，对于促染作用不显著的染料或染淡色时，食盐可少加或不加；继续染 30～60 min 后，再进行固色处理。

浸染染色可以在绳状染色机进行，工艺流程为：染色→水洗→固色→水洗→脱水→烘干。

卷染采用有盖卷染机，工艺流程为：上轴→卷染→水洗→固色处理→冷水上卷。

卷染前用 60～70℃热水走 2 道，可促使纤维润湿膨化，利于匀染，称为保温。染色时间为 60 min 左右，以道数表示，一般染 6～12 道；染料在染色开始时加 3/5，余下在第一道完成后加入，食盐在染色中间（3、4 道完成后）加入。

2）轧染。棉织物轧染时，染液中一般含有染料、纯碱（磷酸三钠）0.5～1.0 g/L，润湿剂 2～5 g/L。工艺流程为：二浸二轧→汽蒸（102～105℃，0.75～1 min）→水洗→固色处理→烘干。

开车时轧槽始染液应适当稀释，以保持织物前后色泽一致；轧液温度为40～60℃，轧余率70％～80％。

3. 棉织物还原染料染色

（1）还原染料的性质

还原染料大都属于多环芳香族化合物，其分子结构中不含有水溶性基团。含有两个或两个以上的羰基，因此，可以在碱性溶液中和保险粉作用，从而使羰基转变成羟基，成为可上染纤维的隐色体钠盐，经氧化后，又复转为不溶性的染料色淀而固着于纤维上。

还原染料色谱齐全，色泽鲜艳，且色牢度比较高，尤其是耐晒和耐洗牢度尤为突出，历来都是棉布染色、印花的一类重要染料。但相对地比其他类染料价格高些，有些黄、橙等浅色染料还会有光敏脆化作用。按照其化学结构主要有蒽醌和靛类两大类。

蒽醌是还原染料中最重要的一类。凡是以蒽醌或其衍生物合成的还原染料以及具有蒽醌结构的染料，都属于这一类。

靛类还原染料包括靛蓝及其衍生物，硫靛及其衍生物，具有靛蓝和硫靛混合结构的对称或不对称染料，以及半靛结构的染料。

（2）还原染料染色方法

1）隐色体染色

①隐色体的概念。隐色体染色法是把染料预先还原成隐色体，在染浴中被纤维吸附，染后再氧化成不溶性色淀固着于纤维的方法，主要应用于浸染（纱线）、卷染（织物）。目前生产中浸轧和卷染因生产效率低，匀染性差，透染性差，染物有“白芯”现象，宜选用匀染性较好的染料，因此使用较少，适于小批量、多品种生产。

②工艺流程。

浸染：制备还原染料隐色体（染料还原）→浸染织物→氧化→水洗→皂洗（3～5 g/L肥皂和3 g/L纯碱，95℃，5～10 min）。

轧染：制备还原染料隐色体（染料还原）→浸轧织物→还原汽蒸→水洗→氧化→水洗→皂洗（3～5 g/L肥皂和3 g/L纯碱，95℃，5～10 min）。

卷染：染色（6～10道）→室温水洗（4道）→氧化（4道）→皂洗（4～6道）→热水洗（2道）→冷水洗（2道）→上卷。

③隐色体氧化方法。

氧化剂：可选过硼酸钠（2～4 g/L，30～50℃，10～15 min）、双氧水（0.6～1 g/L，30～50℃，10～15 min）、重铬酸钠（1～2 g/L，醋酸2～4 g/L，50～70℃，10～15 min）。

还原方法：根据染料性质，需采取不同的还原方法，主要采用干缸法和全浴法。

干缸法：在浸染染色时，有的染料还原速度慢，必须采用较为剧烈的条件来提高染料的还原速率。染色前先将染料放在较小的容器中，在染料、烧碱浓度都较高的条件下还原后再配制染浴的方法。

全浴法：直接将染料加入染浴，并加入烧碱及保险粉，染料、烧碱、液量按规定量、规定温度在染浴中还原10～15 min。

由于还原染料种类多，结构差异大，每种染料在隐色体染色时还原的条件及难易程度不同。生产上为便于应用，一般把隐色体染色工艺条件分为四类，见表2—3。

表2—3　常用还原染料隐色体染色工艺条件

染色方法	甲	乙	丙	特别法
还原温度（℃）	55～60	45～50	20～30	70～80
染色温度（℃）	55～62	45～52	25～30	65～70
染色时间（min）	45～60			
染料用量（%）	淡色0.3以下，中色0.3～1.5，深色1.5以上			
36%烧碱（mL/L）	20～30	7～20	7～18	7～30
保险粉（g/L）	3～12			
元明粉	—	0～20	0～25	—

2）悬浮体轧染法

①悬浮体轧染的概念。由还原染料的超细粉配成的悬浮体溶液，直接浸轧在织物上，然后经过还原液，在还原汽蒸条件下使染料被还原成隐色体，被纤维吸附、上染的染色方法。由于悬浮体对纤维无亲和力，先均匀分布在纤维与纱线的表面，还原为隐色体后可向内扩散，具有较好的匀染性和透染性，可以改善隐色体染色的“白芯”现象。染料的适应性较强，且上染率不同的染料可拼染。该染色方法产量高、质量好。

②工艺流程。

浸轧染料悬浮液→预烘→烘干→轧还原液→汽蒸→水洗→氧化→皂煮→水洗→烘干。

在悬浮体染色工艺中，要求染料颗粒细度小于2 μm（80%以上）。且为增加染液的稳定性和对织物的渗透性，可加入适量的扩散剂和渗透剂。还可以加入抗泳移剂（动物或植物胶）。浸轧染液时，采用一浸一轧或二浸二轧工艺。

如某丝光纱卡工艺流程为：

浸轧悬浮体染液（二浸二轧）→烘干（红外线或热风，80～90℃）→浸轧还原液（一浸一轧，30℃以下）→汽蒸（102℃，45～60 s）→水洗→氧化（40～60℃）→皂煮（90～95℃）→热水洗（70～85℃）→冷水洗→烘干。

4. **棉织物硫化染料染色**

（1）硫化染料的分类

硫化染料主要用于染纤维素纤维、黏胶纤维、维纶。硫化染料在纤维素纤维的染色中应用比较多，主要用于纱线，沙皮布等工业用布以及厚重织物。

硫化染料发展至今大致可分为四大类：

1）粉状硫化染料。染料结构通式为 D—S—S—D，一般需用硫化钠作还原剂，溶解后应用。

2）水溶性硫化染料。染料结构通式为 D—SSO_3Na，需要用保险粉作还原剂。染料中含水溶性基团，故呈水溶性，但染料中不含还原剂，对纤维无亲和性，一般采取悬浮体轧染方式施加在纺织品上。

3）液体硫化染料。染料结构通式为 D—SNa，含一定量的硫化钠还原剂，将染料预还原成水溶性隐色体。

4）环保型硫化染料。在生产过程中精制成染料隐色体，但含硫量和多硫化物量远低于普通硫化染料。该染料纯度高，还原度稳定，渗透性好，同时在染浴中采用葡萄糖和保险粉的二元还原剂，既可还原硫化染料，又能起到环保作用。

（2）硫化染料染色工艺

硫化染料不溶于水，但能被硫化碱还原，生成隐色体钠盐而溶解在染浴中。在碱性溶液中，隐色体钠盐对纤维有较好的直接性，因而吸附于纤维上，经氧化后，重新转变为不溶性色淀固着在纤维上，再进行皂煮处理，即可得到稳定的色光和良好的染色牢度。硫化染料染色的原理和还原染料类似，都包含以下四个阶段：染料还原溶解→隐色体上染→氧化→皂洗后处理。

硫化染料染色多用卷染，便于小批量、多品种生产。但容易产生深头、深边疵病。某硫化黑纯棉平布的卷染（加盖卷染机）生产工艺流程为：

卷染（90～95℃，10 道）→冷水洗（3 道）→热水洗（80℃，4 道）→冷水洗（3 道）→透风氧化（2 道）→冷水洗（1 道）→防脆处理（3 道）→上轴。

有些色泽也可采用轧染，以改善产品质量，同时提高生产效率。如某纯棉平布的轧染一进一轧，选择普通轧染机，工艺流程为：

浸轧染液（轧余率 60%～75%，常温）→汽蒸（102℃，60 s）→3 格水洗（梯度升温：40℃，50℃，60℃）→氧化（H_2O_2 2～2.5g/L，50～60℃，醋酸调 pH＝3.5～4）→透风（25～30 s）→热水洗（80℃）→皂洗（80～85℃，2 格）→冷水洗（20～30℃）→烘干。

硫化染料在热湿空气作用下，游离硫释出并被氧化成硫酸而使棉织物脆损，因此需要经过防脆处理。常用的防脆剂有碱性防脆剂，如醋酸钠、磷酸三钠、碳酸钠等，用于中和染浴中的酸，但会影响染色牢度；有机防脆剂，如尿素、海藻酸钠与硫可以作用，抑制其氧化，效果较好。实际生产中常加入骨胶和太古油，并将碱性、有机两类防脆剂混用。

5. 棉织物不溶性偶氮染料染色

（1）染料的性质

不溶性偶氮染料不溶于水，由两个染料中间体组成。其一为偶合剂，是酚类化合物（Ar—OH 俗称纳夫妥、打底剂或色酚），另一种是色基显色剂，伯胺类（$Ar—NH_2$）。一般染色过程是先用色酚打底，色酚与纤维借氢键和范德华力相结合，然后在低温下与色基的重氮盐发生偶合反应而显色，生成不溶性色淀固着于纤维。它们未经显色前实为染料中间体，而非染料。

不溶性偶氮染料几乎可获得浓艳的各种色谱，尤以橙、红、蓝、酱红等浓色为优。耐水洗、氯漂、皂洗效果好，但湿磨和耐氧漂牢度比较低，特别是耐晒牢度受所染物颜色浓度影响，染浅色时较差。

（2）染色工艺

不溶性偶氮染料染棉织物一般包含四个步骤：色酚打底→色基重氮化→偶合显色→后处理。

1）色酚打底。色酚溶解在烧碱中形成色酚钠盐，并且上染织物。

目前使用最多的是色酚 AS 类，色酚 AS 的酸性很弱，不溶于水，在强碱水溶液中形成钠盐而溶解，为防止色酚钠盐水解而降低其溶解性，烧碱应稍过量一些。色酚上染纤维的过程称为打底，打底液的组成一般包括色酚、渗透剂、烧碱、软水剂。浸染时打底温度 30℃（30 min），轧染时 70～80℃（二浸二轧工艺）。

2）色基重氮化。色基、盐酸、亚硝酸钠在低温下发生重氮化反应生成色基重氮盐。

色基一般为芳伯胺类化合物，难溶于水，不能直接与色酚偶合显色。必须在低温下与 HCl 和 $NaNO_2$ 发生重氮化反应生成重氮化合物后，才能与色酚偶合显色。式 2—6 为反应过程：

$$Ar—NH_2 + NaNO_2 + 2HCl \xrightarrow{0\sim10℃} Ar—N^+ \equiv NCl^- + NaCl + 2H_2O \quad (式 2—6)$$

重氮方法分顺法和逆法两种。顺法是色基中先加适量水调和，再加入规定量 HCl，在低温下搅拌并缓缓加入 $NaNO_2$，使重氮反应完成，适用于大多数色基。逆法是先将色基和 $NaNO_2$ 用水调成糊状，并加冰调至合适温度（低温 5～10℃），染后缓缓倒入搅拌状态的盐酸中，使反应完成，适用于色基橙 GR、红 B、红 RL。

3）偶合显色。织物上的色酚与色基重氮盐发生偶合显色反应生成不溶性偶氮染料。

向重氮液中加入中和剂和抗碱剂调节 pH 值，配成显色液。将打底后的织物浸轧（浸入）显色液，色酚与重氮盐在织物上发生偶合反应，生成不溶性偶氮染料而显色。根据色基的偶合能力，偶合 pH 值有所差异。偶合能力较强的色基 pH 值可控制在 3～5；较弱的色基，偶合 pH 值控制在 6～8。

4）后处理。显色后织物经透风后先用大量冷流水水洗，除去多余的重氮化合物，再进行热洗和皂洗，以除去织物表面的浮色，使染料在纤维上发生一定程度的聚集以获得鲜艳的色泽和良好的染色牢度。染色工艺流程如下所示：

棉布打底（80℃，二浸二轧）→热风或红外烘燥→透风→浸轧显色液（15℃以下，一浸一轧或二浸二轧）→汽蒸（100～103℃）→透风→冷洗→热洗→皂煮→热洗→冷洗→烘干。

第三节　棉织物的印花

学习目标

棉织物的印花方法

棉织物的印花设备

棉织物的印花工艺

关键术语

直接印花　间接印花　转移印花　平网印花　滚筒印花　圆网印花　印花原糊　共同印花　同浆印花

通过物理或化学方法将染料或涂料印制到织物表面上的制作过程称为织物印花，织物印花可以认为是织物的局部染色。印花后，可以在纺织品表面形成图案。当染色和印花使用同一类型染料时，染料的上染机理是相同的，所采用的化学助剂的类别是相似的，纺织品使用过程中对每项色牢度的要求是一致的。但染色和印花也有很多不同，主要表现在以下方面：

（1）染色加工是以水为介质，而印花加工一般都要加入增稠性糊料，以防止染料渗化而造成花形轮廓不清或失真，以及防止印花后烘燥时染料的泳移。由于色浆中加入较多的糊料，染料溶解困难，因此还要加入一定的助溶剂。

（2）染色加工过程中织物在染浴中有较长的作用时间，染料能较充分地扩散、渗透到纤维内完成着色。印花时，色浆中所加的糊料待烘干成膜后，影响了染料向纤维内扩散，必须依靠后处理的汽蒸来提高染料的扩散速率，以完成着色过程。

(3) 染色时很少用两种不同类型的染料拼色（混纺织物除外），而印花为达到需要的图案效果，经常使用不同类型染料进行共同印花或同浆印花。

(4) 印花织物有白地印花、拔白、防白印花的产品，因此印花布半制品对白度要求更高。且印花布加工时，印花和烘燥往往同时在几秒钟的时间内即完成，因此，印花布半制品要有良好的毛细管效应。

一、印花的基本概念

1. 印花方法

织物印花的加工方法有很多，从印花工艺角度来看，主要有以下几种：

(1) 直接印花

直接印花是所有印花方法中最简单、最普遍的一种，是将印花色浆直接印到织物上，获得花纹图案。未印花部位保持本白地部或浅地色不变，根据印花后花样特点不同，直接印花可以有三种：白地花布，即印花部分面积小，白地多；满地花布，即织物大部分面积都印有染料，白地少；色地罩印花布，是织物先染色，再罩印花纹，织物没有白花，地色与花色属同类色，且比印花要浅。

(2) 间接印花

间接印花在印制时看不出效果，待后处理后方显出效果。

1) 拔染印花。织物先经过染色处理，将印花色浆印到已经染色或染色而未固色的织物上，印花色浆中含有能破坏地色的拔染剂。经后处理，印花处成为“拔白”，如果破坏地色的同时，印上色浆，则印花处成为“色拔”。

2) 防染印花。织物染色前先印花，印花色浆中含有防止染料上染的防染剂，印花后进行染色。印花之处，染料不能上染或固色，后处理时被洗去，用含有防染剂的印花浆印得白色花纹的，称为防白印花；在防染印花浆中加入不受防染剂影响的染料或颜料印得彩色花纹的，称为色防印花。防染剂常选用可以与地色染料或固色助剂发生化学作用的试剂，也可以选用机械性防染剂采用物理方法加以阻隔染料与纤维从而达到防染效果。

3) 防印印花。织物先印防染色浆，再罩印地色。防染部分罩印地色被防染或拔染，后处理时被洗掉，只在印花机上完成防染或拔染及其“染地”的整个加工过程。

(3) 转移印花

先将图案印制在转印纸上，然后通过压力、温度或一定的湿度，将转印纸上的图案转移到织物上称为转移印花。

2. 印花设备

印花加工设备种类很多，总的可以分为平板型（平网印花）和圆型（滚筒印花和圆网印花）两大类。

（1）平网印花机

平网印花产量较低，但其制版方便，花回长度大，套色多，能印制精细的花纹，且不传色，印浆量多，附有立体感，适合于小批量、多品种生产要求。平网印花机可分为框动式和布动式两种。

1）框动式平网印花机。该类印花机有手工台板、半自动筛框印花机台板之分。印花时将织物粘贴在固定的印花台板上，用手工或半机械操作使色框顺着织物长度方向做间隙性移动，一版接一版进行套版刮印。台板长度和宽度随加工织物品种而定。为使台板具有适当弹性，往往在其表面铺一层人造革和毛毯。台板下面有间接蒸汽加热装置，使台面的温度保持在 45℃左右，便于织物粘贴及干燥色浆，防止前后色框印花时色浆黏搭。台板两侧有定位孔，以固定色框位置防止错花。因手工台板刮印均以人工操作为主，所以劳动强度高。现筛网印花大多已实现半自动化，在原手工台板基础上改装成台式平网走车（小电车）对织物进行印制加工，使手工搬动框架变为电动式自动移位、定位，并使手工刮浆印花变成机械电动刮印，减轻了工人的劳动强度。框动式印花机印花过程如图 2—19 所示。

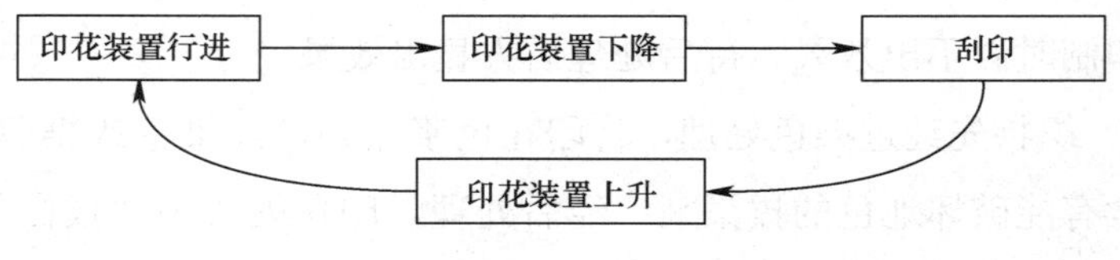

图 2—19　框动式印花机印花过程

框动式筛网印花单元花样的大小所受的限制少，可以印制多套色特殊花样且花色浓艳；印花时面料粘贴于台板上，利于轻薄型织物的印花操作。但设备占地面积大，车间要有足够的长度（30～60 m）；生产效率低。如图 2—20 所示为半自动平网印花机。

2）布动平网印花机。与框动式平网印花不同的是布动式平网印花机是将织物粘贴在无接缝的环形导带上，随同导带一起做间歇式有规律的运动，而刮印器固定在一定的位置上，只做上、下自动升降刮印。织物由进布装置导入后，经加热辊加热、加压后平整地与导带上的贴布浆黏合而牢固地贴在无接缝的环形导带上。当印花时，导带静止，平版筛网网框下降，刮印器往复刮印，刮印完毕，筛网网框提升，织物随印花导带向前移动一段距离，这个

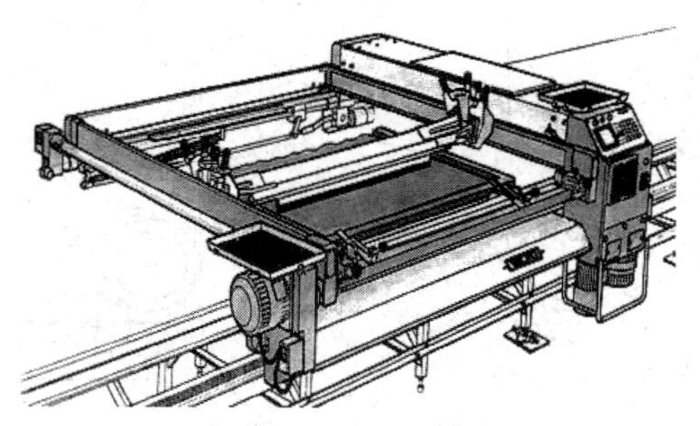

图 2—20 半自动平网印花机

距离正好等于筛网中花型的长度，称为一个花回，如此循序前进。印花后的织物在车尾端被拉起，脱离导带而进入烘房进行烘燥。印花导带移动到机身下面后，传导带清洗装置洗除导带上残留的色浆。布动式平版筛网印花机进行每一次印花循环时自动完成以下动作。如图 2—21所示为全自动平网印花机。

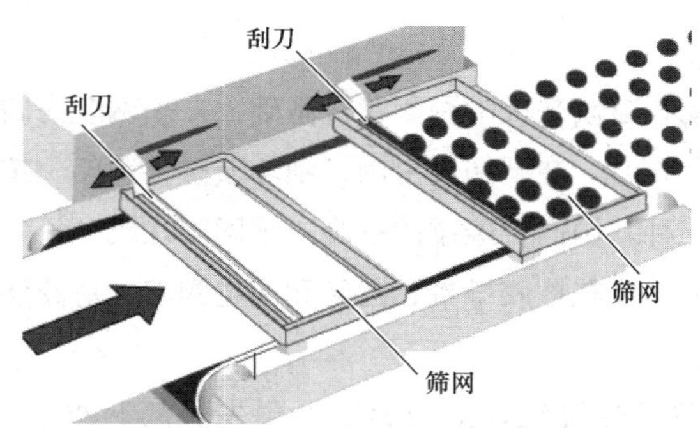

图 2—21 全自动平网印花机

（2）滚筒印花

用刻有凹形花纹的铜制滚筒在织物上印花的工艺方法叫作滚筒印花。花筒先由给浆辊传给印花色浆，后经刮浆刀刮除筒面的色浆，然后当织物通过该花筒与承压滚筒的轧点时，花筒凹槽内的色浆即连续地压印到织物上。如果是多只花筒印花，就可获得多种色浆组成花纹的印制。同时它不适合轻薄织物的印花。目前，国内的滚筒印花机越来越少。

如图 2—22 所示为四套色印花机。印花机承压滚筒周围依次包有毛衬布层、橡胶毯、衬布，形成弹性衬垫层，促使印花时织物能压到花筒的凹纹部分。小刀用于除去铜辊表面的纤维毛，防止刀线及拖浆疵病；多套色印花也可以起防止串色的作用（前一印花辊印在织物表面的色浆带入后一印花辊色浆）。

滚筒印花机印制的花纹清晰，富有层次感，也可以印制精细的条花、云纹等图案；且其生产效率高，适宜批量生产，但套色受到限制，一般只能印制几个套色，劳动强度高，而且花回大小、幅宽受限制；花筒雕刻费用高，小批量生产不经济。因此，滚筒印花机的应用逐年减少。

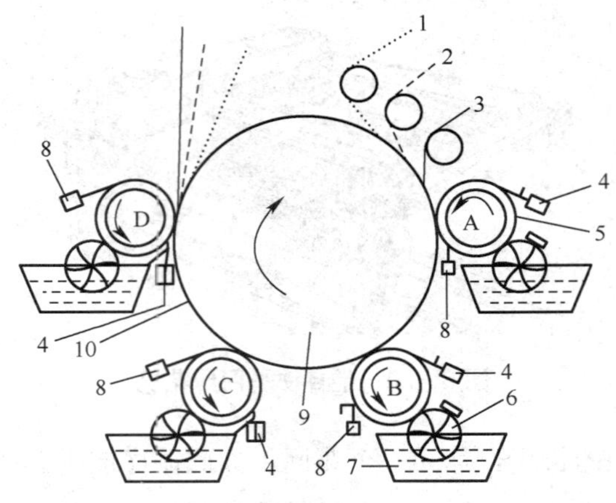

图 2—22 四套色印花机

1—印花胶毯 2—衬布 3—印花布 4—小刀 5—印花雕刻辊（依次 A、B、C、D）
6—给浆辊 7—色浆槽 8—除色浆刮刀 9—承压滚筒 10—毛衬布层

（3）圆网印花机

圆网印花机是在布动式自动平板筛网印花机基础上，平网改为圆筒状，并安装在一个可以旋转的固定位置上。印花时，在圆网内由刮刀刮印或磁辊刮印。按照圆网排列的不同，分为立式、卧式、放射式三种，国内普遍用的是卧式圆网印花机。

印花部分机械组成分为印花橡胶导带、圆网和印花刮刀、对花装置、橡胶导带水洗和刮水装置等。

印花时，织物与印花导带接触，由于导带上预先涂的贴布浆使需要印花的织物紧贴于印花导带而不移动，印花后进入热风烘干装置，橡胶导带以环形方式从机下通过进行水洗和刮出水滴，再重新与织物黏合进行印花，达到连续生产，因此圆网印花机生产效率较高。

圆网印花机具有以下优点：镍网轻巧，装卸圆网、对花、加浆操作方便，劳动强度低；连续化生产，产量高，套色限制小，一般可达到 12～16 色织物粘贴于导带上，适宜印制容易变形的织物，也适合阔幅织物的印花。花形层次不及滚筒印花，不适宜印制精细花纹图案。

3. 印花用原糊

尽管染色和印花在上染机理方面相同，但不能把染料的水溶液直接用于印花。印花时为了获得清晰的花纹图案，除了染料、涂料及必需的助剂外，还要加入适量的增稠性糊料，即印花原糊。印花后染料固着，原糊即被洗去，它本身在印花过程中不发生反应，主要起传递介质的作用。

糊料在印花中的主要作用：一是起印花增稠剂的作用，使印花色浆具有一定黏度及黏着力，以便印制出轮廓清晰的花形图案，且使色浆膜不会（在水洗之前）从织物上脱落；二是作为色浆组分的分散介质和稀释剂，使染化料组分均匀地分散开来；三是作为染料和助剂的传递剂，起载体作用，并作为汽蒸时的吸湿剂、染料的稳定剂等作用。

印花时，要使色浆能够印制出完整均匀的花纹并渗透到织物中，同时保证花纹轮廓清晰，防止渗化现象，必须加入糊料。糊料的种类很多，其性质也不一样，应视所选染料的性质选择不同糊料进行印花。一般情况下，多采用线型高分子化合物作为糊料（除膨润土外），国内常用的糊料主要有淀粉及其衍生物、海藻酸钠、纤维素衍生物、天然龙胶和合成龙胶、乳化糊和合成增稠剂（丙烯酸增稠剂）等。

二、棉织物的印花方法

1. 活性染料直接印花

（1）活性染料直接印花的特点

活性染料品种多、色谱全、色泽鲜艳，适宜于中浅色印花；印花成本低、工艺简单、易于拼色，能和多种染料共同印花；它是棉纺织品印花应用最普遍的一类染料。但部分染料耐氯漂、气候等色牢度不理想。

由于印花后要立即烘干，不存在染色过程中的染色平衡问题。因此，印花所选用的活性染料稳定性要好、直接性要低、亲和力要小、扩散速率要快、易洗涤性要好。低温 X 型活性染料活性高，印花色浆稳定性差、易水解，故很少用于印花，同时大多数的 X 型活性染料存储或皂洗时容易发生“断键”，导致色牢度差而褪色。因此，生产时常采用 K 型、KN 型染料印花；直接性和亲和力大的活性染料，易导致水解后的染料沾色且不易从纺织品上洗净，使白地不白、沾污花布；扩散性好的染料，则有利于在汽蒸时染料向纤维及织物内部的渗透，浮色也易于在水洗时去除。

（2）活性染料直接印花的方法

活性染料品种繁多，印花方法有多种，常用方法归纳为一相法印花和两相法印花两类。一相法适用于反应性低的活性染料，印花色浆中同时含有固色用碱剂，工艺简单，但色浆储存稳定性较低；两相法适用于反应性较高的活性染料，色浆中不含碱剂，印花后再经碱处理固色，储存稳定性较好。

1）一相法。一相法印花工厂常用纯碱、小苏打印花法，即采用的碱剂为纯碱或小苏打。

①工艺流程：印花→烘干→蒸化→水洗→皂洗→水洗→烘干。

②印花处方：

海藻酸钠（kg）	30～40
防染盐S（kg）	1
尿素（kg）	3～15
碳酸氢钠（碳酸钠）（kg）	1～2.5
染料（kg）	0.5～10
热水（kg）	x
总量（kg）	100

③操作。先把染料用冷水调成浆状，然后用热水溶解尿素倒入染浆中，将溶解好的防染盐S加到原糊中，然后把染料溶液滤入，边加边搅，搅拌均匀，临用前加碱剂（纯碱或小苏打）搅匀。活性染料和纤维反应的速率随温度升高而加快，汽蒸温度一般为102～104℃；汽蒸的时间取决于染料的反应性，一般选择5～7 min，对反应速率慢的染料，汽蒸时间可适当延长到8～10 min。

2）两相法。两相法在印花色浆中不加入任何碱剂，而采用印花后轧碱来固色，因此印花烘干后不需要立即进行蒸化处理。该方法色浆稳定性好，给色量高，适用于KN型活性染料，能较好地防止“风印”疵病的产生。

①工艺流程。印花→烘干→轧碱→蒸化（102～105℃，30 s）→水洗→皂洗→水洗→烘干。

②印花处方：

色浆处方		轧碱处方	
海藻酸钠—淀粉糊	30～40 kg	烧碱（30%）	30 mL
防染盐S	1 kg	纯碱	150 g
尿素	3～15 kg	碳酸钾	50 g
热水	x	淀粉糊	100 g
染料	0.5～10 kg	食盐	100 g
水（常温）	y	水（常温）	x
总量	100 kg	总量	1000 mL

③操作。淀粉糊加水稀释搅匀后加入碱剂，使淀粉膨化为碱化淀粉糊（海藻酸钠：淀粉糊为1：1）；再加入食盐，防止染料在轧碱时溶落。轧碱采用面轧（平轧），即正面向下，织物不通过碱液仅通过两轧辊之间的轧点，下轧辊可将碱液带到织物表面完成浸轧，然后进入蒸化机进行蒸化。印花原糊中加入尿素可以帮助染料溶解，小苏打和纯碱用于染料固色，防染盐S防止活性染料受还原性气体影响而色彩不鲜艳。

2. 可溶性还原染料直接印花

（1）特点

可溶性还原染料能直接溶解于水，可直接调制印花色浆。印花时具有工艺过程简单、渗透性好、印花均匀、色浆稳定、各项牢度良好等特点。属于还原染料隐色体的硫酸酯的钠盐，俗称印地科素染料。该染料包括蒽醌类结构的溶蒽素和靛类结构的溶靛素两类。

可溶性还原染料印花后，在酸性条件下可被氧化剂氧化成原来的还原染料而显色，显色过程实质上是纺织品上的染料在酸性介质中产生水解，进而由氧化剂氧化生成不溶性色淀（即还原染料）的过程，所用的酸剂和氧化剂称为显色剂。由于染料不同，氧化也有难易之分。如印地科素蓝 IBC 易氧化；印地科素蓝 O4B 难氧化。拼色时，应尽量采用氧化程度相近的染料。

（2）印花方法

可溶性还原染料的显色方法很多，根据所用显色剂的不同，印花方法主要有两种，即亚硝酸钠—硫酸法（简称亚硝酸钠法或酸浴法）和氯酸钠—硫氰酸铵法（又称汽蒸法）。酸浴法是将染料和亚硝酸钠调在色浆中进行印花，印花后浸轧硫酸液显色，因此又称湿法，常用于棉织物直接印花。下面以酸浴法为例说明其印花工艺。

1）工艺流程。印花→烘干→轧硫酸液→透风→水洗→皂洗→水洗→烘干。

2）色浆处方。

原糊	40 kg
染料	1～5 kg
纯碱	0.2 kg
助溶剂	0～3 kg
水	x（热水 0.2～2 kg）
亚硝酸钠	0.2～2 kg
总量	100 kg

可溶性还原染料都能溶于水，但溶解度存在差异，一般易溶解的可以用冷水溶解，较难溶解的可以加入 50～70℃的热水溶解，个别需要加入助溶剂。助溶剂的作用除了帮助染料溶解外，还对增进色泽鲜艳度及染色牢度有一定作用。常用的助溶剂有尿素、硫代双乙醇（古来辛 A）、溶解盐 B 等。

印花色浆配制时，将染料和助溶剂混合，加入水溶解至澄清，另将纯碱溶解后加入原糊中，以提高色浆稳定性；再将溶解的染料滤入原糊中，最后加入溶解后的亚硝酸钠，搅拌均匀并调至规定体积，进行印花操作。

3）显色工艺。显色方法采用一浸一轧，酸的用量根据染料显色难易情况而定，难氧化的染料宜多用；显色温度也应视染料性质分为三档，易氧化的染料采用25～30℃，中等的采用50～60℃，难氧化的染料采用70～90℃。显色后要透风15～30 s，经充分水洗后，再经皂煮、水洗、烘干。

显色液各组分加入量为：硫酸（0.6 M）20～40 mL/L、平平加O 0.5 g/L、尿素2～5 g/L。

3. 不溶性偶氮染料直接印花

（1）特点

不溶性偶氮染料又称冰染料。它在棉织物上主要用于印制大红、枣红、紫酱、蓝和黑等深浓色花型。该染料印花后不需蒸化，成本较低，工艺简单。但其色谱不全，印浅色时色牢度不好。该染料常与涂料、活性染料、还原染料、可溶性还原染料等共同印花。

不溶性偶氮染料直接印花方法有两种，分别是色酚印花法和色基印花法。由于色酚印花法需要浸轧大量的色基，不利于洗涤，已很少应用。以下介绍目前应用较多的色基印花法。

（2）印花工艺

1）工艺流程。色基印花法先将织物经色酚打底，然后用重氮化色基（或色盐）调制成的色浆进行印花，色酚与色基重氮盐偶合而显色，再经碱洗、皂洗等后处理将未印花处的色酚洗去。工艺流程如下：

白布→色酚打底→烘干→重氮化色基（或色盐）印花→烘干→水洗→碱洗→皂洗→烘干。

2）色酚打底。色酚打底所使用的打底剂品种很多，它们结构和性能存在一定差异。印花打底所选用的色酚应对织物的直接性小，从而有利于印花后未印花处色酚的洗除；色酚与显色剂偶合得到的色谱要多、要广，有助于用一种色酚打底印制出多种花色的花布。工厂常用的打底剂以色酚AS为代表，还有AS-D、AS-BO、AS-OL等；而直接性较高的色酚如色酚AS-BS则不适于用色基印花打底。色酚AS打底处方如下：

色酚AS	10～15 g
烧碱（30%）	15～18 mL
渗透剂	5～10 mL
总量	1000 mL

印花加工中，打底多采用轧染法，一般薄织物采用一浸一轧，厚织物采用二浸二轧，浸轧温度为60～70℃。初开车时需根据打底剂的直接性冲淡加水10%～30%，以保证渗透性和匀染性的提高。打底时轧车上轧辊两头压力应一致，且轧槽液量要求保持恒定，以免造成左右色差和前后色差；打底后烘燥时温度应先低后高，以防止色酚泳移；打底后若不立即印

花，应用布包起来以防止失风，即 CO_2 等酸气使色酚钠盐水解。

3）色基印花。

①色基印花的概念。色基不溶于水，需要经过重氮化处理，使色基变成重氮盐而溶于水，才能与色酚钠盐偶合形成染料色淀。色基重氮化的方法可分为顺法重氮化、逆法重氮化两种，已在染色部分阐述。

②色基印花工艺。色酚打底织物→印花→烘干→后处理。

③色基印花配方：

色基重氮化液	x
淀粉原糊	40～60 kg
醋酸（98%）	5～10 mL
总量	100 kg

④注意事项。

a. 实际印花中，由于重氮化合物不稳定，色浆要现配现用；糊料一般采用淀粉糊，先用水稀释调匀，然后滤入重氮化液搅匀；配好的重氮化溶液如果用醋酸钠中和，工厂经验一般将重氮化液滴到黄布上，以不产生白圈渗出为准。

b. 印花后，未经印花处的色酚打底剂没有被偶合，需要经过后处理去除。后处理工艺流程如下：

水洗→碱洗→皂洗→热水洗→水洗→烘干。

碱洗以前先用 90℃以上热水洗，再用 90℃以上氢氧化钠溶液洗，且轧槽中应保持含固体氢氧化钠 1～3 g/L。除了可以使白地洁白外，还有助于糊料的去除，使织物柔软。

c. 为了印染加工的方便，染料厂把某些色基（尤其是重氮化比较困难的）预先重氮化，中和后加入适当的稳定剂制成，可溶于水，并能和色酚钠盐直接发生偶合反应，即色盐印花，其印花方法和色基印花基本一致。

4. 稳定不溶性偶氮染料印花

（1）稳定不溶性偶氮染料的概念

不溶性偶氮染料直接印花时表现出一系列不足之处，如当印花面积很小时，总会浪费不少色酚或色基，且未偶合的色酚洗尽比较困难。印花时，色基品种选择受到限制。为此，人们在不溶性偶氮染料的基础上发展起来一类专用于印花的染料，即稳定不溶性偶氮染料。该染料是色酚与暂时稳定状态的重氮化色基的混合物。在通常情况下，两者不会发生偶合反应。按色基的结构和性质的不同，可分为三大类稳定不溶性偶氮染料，它们分别是快色素、快胺素和中性素、快磺素。

1）快色素。学名重氮色酚染料，进口染料名称为拉彼达。快色素染料是色酚与色基的反式重氮化合物的混合物。在色基重氮化反应后，在 pH 值增高至 13 时生成反式重氮化合物，失去与色酚的偶合能力。当 pH 值下降时，反式重氮化合物会转化为顺式重氮化合物，因而可以与色酚反应。因此快色素印花经酸处理后即可显色。

2）快胺素和中性素。学名重氮胺酚染料，进口染料名称为拉彼吐琴。快胺素是色酚和色基的重氮氨基化合物或重氮亚氨基化合物的混合物。一般情况下不发生偶合作用，但在有机酸或热的作用下，重氮氨基化合物会发生水解形成色基的重氮化合物，从而与色酚偶合而显色，因此又称为快蒸染料。遇酸才能分解的称为快胺素，只需高温就能水解的称为中性素。

3）快磺素。学名重氮磺酚染料，进口染料名称为拉彼达唑。快磺素是色酚打底剂与色基重氮磺酸盐的混合物。印花后，在中性汽蒸的条件下使重氮磺酸转化为重氮盐而与色酚偶合显色。染料仅限于蓝色和黑色。

快色素和快胺素染料形成的色泽大多可以用活性染料取代，且溶解时需要加酒精助溶，限制了糊料的使用。因此，实际应用以快磺素为主。

（2）快磺素染料的直接印花

1）工艺流程：白布印花→汽蒸（102～104℃，7～10 min）→水洗→皂洗→水洗→烘干。

2）配方：

	快磺素黑	快磺素蓝
凡拉明重氮磺酸盐（20%）	20 kg	15～20 kg
淀粉糊	30 kg	30 kg
色酚 AS-OL	2.5 kg	—
色酚 AS-G	0.3 kg	—
色酚 AS	—	2.5 kg
烧碱（30%）	3 kg	2.5 kg
沸水	x	x
中性红矾液（15%）	5 kg	5 kg
总量	100 kg	100 kg

3）操作及注意事项。调制色浆时，首先在色酚中加入烧碱，加热使之溶解，然后倒入原糊中，搅匀后，加入重氮磺酸盐进行搅拌，临用前加入中性红矾液。重氮磺酸盐的用量根据颜色的深浅来决定，一般用 20 kg/100 kg 颜色就很深了。印花原糊一般用碱化淀粉浆，

若需要印大面积的花形或线条，原糊改用海藻酸钠浆，为防止遇强碱会造成凝聚，需加入三乙醇胺 1 L/100 kg。

5. 共同印花和同浆印花

在实际生产中，印花图案往往包含多种色泽的深淡花纹，采用单一染料不能满足印花要求，需要采用各种不同染料进行共同印花或同浆印花，以达到配全色谱并减少印花疵点，提高印花效果。在印花时，由于各类染料的性质不同，要求的印花工艺和加入的助剂也有所区别，所以在共同印花和同浆印花时，染料的选用和工艺的制定与实施要确保能够获得优良的印花质量和鲜艳的印花花色。

（1）共同印花

共同印花是在同一块织物上采用多种类别的染料相互配合同时印制一种花样的印花工艺。下面以活性染料与不溶性偶氮染料的共同印花为例做介绍，该方法生产上称为冰活工艺。

不溶性偶氮染料与活性染料色浆的性质相反，处理不当会产生大批疵布，但冰活工艺色谱齐全、色泽浓艳，成本亦能适当降低，是较理想的印花工艺。

1）工艺流程：白布→色酚打底→印花→汽蒸固色→冷流水冲洗→碱洗→皂洗、水洗→烘干。

2）注意事项。冰浆处方中采用锌氧粉（ZnO）作中和剂，溶解于盐酸生成的 $ZnCl_2$ 与重氮化合物作用可生成稳定复盐；活性染料处方，海浆中须加入 10～20 g/L 六偏磷酸钠，以防止金属离子使海藻酸钠发生凝结。也可以采用合成龙胶代替海藻酸钠，但活性翠蓝 KGL 采用海浆更佳；活性染料会受到冰染染料残留 HAc 或酸气的影响，容易产生沾色，因此需增加碱剂作保险因素。

（2）同浆印花

同浆印花是对花样中的一种花色采用多种类别的染料调制成一个色浆进行印花的印花工艺。同浆印花要求所拼用的两种染料的色浆彼此不发生化学作用，在整个印制过程中要稳定，应用助剂无矛盾，两种染料的后处理条件一致，工艺路线不宜太长。常用同浆印花有涂料与色基同浆印花、暂溶性染料与色基同浆印花、活性染料与可溶性还原染料同浆印花等。

6. 拔染印花和防染印花

（1）拔染印花

拔染印花是在已染地色的织物上印上含有还原剂或氧化剂的浆料将其地色破坏而局部形成白色（拔白）或其他色泽（色拔）的花纹图案。可作为拔染用的地色染料很多，如不溶性偶氮染料、活性染料、直接染料等。拔染花纹精致，轮廓清晰且边缘不露白，效果较佳；但工艺繁复，生产流程长，成本较高且容易产生疵病。

1）拔染原理。拔染印花工艺以还原法为主，地色染料主要是不溶性偶氮染料，常用的拔染剂是雕白粉，在棉织物地色上花纹用的着色染料主要是还原染料，还原染料直接印花浆中的碱剂和还原剂正好适用于还原性拔染体系。含有偶氮基的染料，在强还原剂作用下发生断键而消色。式 2—7 为拔染印花的原理。

$$Ar—N{=\!=}N—Ar' \xrightarrow{[H]} Ar—NH_2 + H_2N—Ar' \qquad (式 2—7)$$

2）不溶性偶氮染料拔染工艺。不溶性偶氮染料是棉织物拔染印花常见的地色，其一般工艺流程为：

色酚打底→烘干→显色→水洗→烘干→浸轧氧化剂→烘干→印花→蒸化→水洗→氧化→碱洗、皂洗、水洗→烘干。

地色染色和轧氧化剂属于印前处理。色酚、色基结构及对棉纤维的直接性对拔染影响较大，染色时浮色会影响拔染效果，浮色多时拔染效果差，因此要严格控制偶合工艺条件，如 pH 值；且显色后不宜剧烈皂煮。拔染印花时，由于还原剂的影响，在印制和汽蒸过程中都可能使地色遭到一定程度的破坏，形成浮雕，为防止这样的疵病，可先浸轧氧化剂并烘干后再印。常用的氧化剂为防染盐 S，用量一般为 2～6 g/L，具体用量可根据地色耐还原性差异而定。

调浆时，先用 60℃热水在快速搅拌下将雕白粉溶解后加原糊，用温水溶解增白剂，加入上述糊中，并加入碱剂，临印前加入蒽醌液，过滤后使用。

在不溶性偶氮染料地色上一般采用还原染料的着色拔染，印花浆中的还原剂和碱剂作为还原染料的还原溶解用剂，在汽蒸时使还原染料溶解进入纤维着色，同时使底色破坏。色浆中雕白粉的用量根据着色染料的色泽、性质及地色的深浅、花纹面积、花筒雕刻的深浅而定。

印花后烘干要求快、透，以免雕白粉热分解而失效。烘干后应透风冷却再落布，并尽快汽蒸。这时雕白粉分解，可以充分发挥还原作用，使地色分解破坏，使着色染料溶解扩散进入纤维内部。蒸化温度 102～105℃，时间 7～10 min 为宜。

（2）防染印花

防染印花是在织物上先印上防止地色染料上染或显色的印花色浆，然后进行染色而制得地色花布的印花工艺过程。印花色浆中防止染色作用的物质称为防染剂。根据印花效果可分为防白印花和色防印花。防染印花工艺较短，适用的地色染料较多，但花纹一般不及拔染印花精密、细致，产品质量不如拔染印花理想，但某些印花只能通过防染印花达到花样要求。

防染剂可分为物理机械性防染剂和化学性防染剂两大类。

物理机械性防染剂都是植物胶类、石蜡、浆料和金属氧化物等，如陶土、锌或钛的氧化物。这些物理机械防染剂能在纤维和地色染料间形成盖覆层。物理机械性防染剂常和化学性防染剂合用，以提高防染效果。

化学性防染剂通过和地色染料或地色染料固色所必需的化学药剂发生化学反应，阻碍地色染料上染或固色。例如，对不溶性偶氮染料，用还原剂与重氮化色基作用，使其失去偶合能力；对活性染料，用酸中和固色碱剂，可使之不能固色。化学性防染剂的选择取决于地色染料的化学性能和固色机理。

棉织物印花中，防染地色用染料种类很多，常用的地色有不溶性偶氮染料、活性染料、酞菁染料等。

1）不溶性偶氮染料防染印花。不溶性偶氮染料防染印花时，通过破坏或阻碍色酚和色基的偶合达到色防和防白的效果。所用印花方法通常有酸防染法和还原剂防染法两种。对偶合性较弱的色基如凡拉明蓝 VB 适用于酸防染法，常用的防染剂包括不挥发的有机酸（乳酸、柠檬酸、酒石酸）、硫酸铝、明矾等，其机理是色酚钠盐在酸性下呈游离态羟基化合物，不能与色基偶合，从而达到防染目的；偶合能力较强的色基如大红色基 G，则可用还原剂防染，常用的防染剂有氯化亚锡、亚硫酸氢钠、亚硫酸钠等。

①工艺流程：色酚打底→烘干→印花→烘干→（蒸化）→显色→后处理。

②防白印花色浆处方：

硫酸铝	5～10 kg
淀粉糊	40～60 kg
水	x
总量	100 kg

硫酸铝用热水溶解后经冷却至 40℃以下，再在搅拌下加入糊中，以免使糊结块或水解，调匀即可使用。若用明矾替代硫酸铝，用量为硫酸铝的 1.5 倍，同时加入 2%的乳酸促进明矾溶解。

③色防印花。凡拉明蓝 VB 和色酚 AS 的偶合能力较低，最佳偶合的 pH 值为 7～8.2，低于这个值，便偶合很慢，甚至不能偶合。但偶合能力强的色基此时仍然可以偶合如大红色基 G。偶合性强的色基、涂料、可溶性还原性染料都可作为凡拉明蓝 VB 色防时的着色剂。此处主要介绍色基着色防染。

色基防染处方和操作同直接印花法，但色浆中硫酸铝加入量为 50～80 kg。色浆中醋酸钠作为中和剂，显色时花纹易渗化产生白晕，严重时产生白圈。因此可改用锌氧粉作中和剂，1 kg 醋酸钠可用 0.3 kg 锌氧粉代替，生成的氯化锌可以与重氮化合物生成复盐，这是由于色浆稳定。但当氯化锌过多会使织物脆硬，因此醋酸钠量较大时，以锌氧粉替代半量醋酸钠。

④凡拉明蓝地色的显色及后处理：

浸轧凡拉明蓝显色液（一浸一轧，轧余率65%～75%，25～30℃）→（透风）→汽蒸→酸洗→水洗→亚硫酸氢钠热洗→水洗→皂洗→水洗→烘干。

浸轧显色液后的汽蒸，可促进偶合作用，能使地色浓艳，显著提高气候牢度。但时间不宜过长，100～102℃情况下，短蒸10～20 s即可。

酸处理用于洗去未偶合的凡拉明蓝VB，采用62.53%的硫酸，20 mL/L，温度90℃以上，平洗1～2道。

亚硫酸氢钠也用于洗除多余的色盐。处理条件为亚硫酸氢钠5～10 g/L，温度90℃以上，平洗1～2道。以免残留的色酚和色盐偶合，造成罩色。

其他色基地色防染由于存在花纹轮廓不清晰、工艺不易控制等缺点，已很少使用。

2）活性染料地色防染印花。活性染料只有在碱性条件下才能在纤维素上固色，因此，可采用酸性物质或能够和染料反应使其失去活性的物质进行防染。活性染料防染印花常用酸性防染和KN型染料的亚硫酸钠法防染。其中KN型染料防染效果较好。

①酸性防染印花

a. 防白印花。以硫酸铵为例，工艺流程为：

白布→印花→轧染活性染料地色→烘干→汽蒸→水洗→皂洗→烘干。

印花色浆处方：

硫酸铵	5～6 kg
龙胶糊	30～40 kg
增白剂VBL	0.5 kg
水	x
总量	100 kg

b. 酸性色防印花。可选染料应耐酸，可在弱酸条件下显色或固色，因此可选涂料或不溶性偶氮染料。

以冰染料为例，工艺流程为：

打底→印花→烘干→轧活性染料地色→汽蒸→后处理。

处方：

色基重氮盐	y
龙胶糊	30～40 kg
醋酸钠	调节pH值至适合

硫酸铵	7～8 kg
水	x
总量	100 kg

其中硫酸铵为防染剂，同时也是抗碱剂，对于偶合能力强的色基盐用硫酸铝。中和剂也可用锌氧粉替代。

②亚硫酸钠防染印花。乙烯砜基活性染料与亚硫酸钠会生成亚硫酸钠乙基砜，使染料失去活性，从而达到防染目的。防染工艺流程为：

白布→印花→烘干→轧活性染料地色→烘干→汽蒸→水洗→皂洗→烘干。

a. 防白处方：

龙胶糊	40～50 kg
亚硫酸钠	7.5～20 kg
水	x
总量	100 kg

b. K 型活性染料色防浆：

K 型活性染料	y
海藻酸钠糊	40～50 kg
尿素	5 kg
小苏打	1.5 kg
防染盐 S	0.1 kg
亚硫酸钠	1～1.2 kg
水	x
总量	100 kg

K 型活性染料不与亚硫酸钠反应，故不会失去活性，可作为色防印花染料。防染染地色以面轧更好，防染后及时汽蒸并烘干。

3）蜡染印花。蜡染是利用蜂蜡、石蜡、白蜡等的拒水性作为防染材料，在织物上通过印制或手绘花纹，印后待蜡冷却凝固，石蜡破裂产生自然的龟裂。染色时染液通过龟裂处的缝隙渗向织物，呈现出独特的“冰纹效应”，具有较高的艺术鉴赏性。

手工蜡染在布依、苗、瑶、仡佬等族中仍很流行，衣裙、被毯、包单等多喜欢用蜡染作为装饰。主要方法是用蜡刀蘸蜡液，在白布上描绘几何图案或花、鸟、虫、鱼等纹样，然后浸入靛缸（以蓝色为主），用水煮脱蜡即现花纹。该染法结构严谨，线条流畅，装饰趣味很强，具有鲜明的民族风格。由于手工生产，生产效率低，产品价格高。

机械印蜡是用两只调好蜡的花筒在高温状态下将蜡印到织物正反面，蜡冷却凝固后，在低温或常温可以染色的染浴中染色，染色后煮沸除去蜡质并回收。染色过程中，印蜡龟裂产生蜡染冰纹。蜡染可以根据需要进行多道工序的印制出层次复杂，色彩丰富的图案花纹。

第四节　棉织物的后整理

学习目标

棉织物整理的目的

棉织物的一般整理的分类及工艺

棉织物的化学整理的分类及工艺

棉织物的功能整理的分类及工艺

关键术语

一般整理　化学整理　功能整理　柔软整理　硬挺整理　拉幅整理　机械预缩整理　增白整理　轧光整理　抗皱整理　防水整理　抗静电整理

棉织物的整理主要在于发挥棉纤维的柔软、吸湿、透气等优良性能，使其更适合于服用的要求或符合特殊用途的需要。

一、棉织物的一般整理

棉织物一般整理是指采用物理、机械作用对棉织物进行作用。整理时，纤维不与所用的化工原料发生化学作用，只是通过填充剂、水分、温度、压力等物理、机械作用，来改善织物的外观和某些物理性能。主要有手感整理（硬挺整理、柔软整理）、定形整理（拉幅定形和机械预缩整理）、外观整理（增白整理、轧光整理）等。

1. 手感整理

手感是纺织品的机械物理性能作用于人的感觉器官所引起的一种综合反应。织物手感在不同程度上反映了织物的舒适感及成衣的造型性，人们对织物手感的要求随着织物用途的不同而不同。而织物的手感除了与纤维原料、纱线结构及织物结构有关外，还受到染整工艺影响。改善与获得织物的各种特有手感是织物整理的一项任务。

（1）硬挺整理

硬挺整理是用能成膜的高分子物质制成浆液浸轧在织物上，使之附着于织物表面，因此又称为上浆整理，衬垫类织物一般都要进行硬挺整理。浸轧的高分子物质干燥后成膜，即可包覆在织物或纤维表面上，从而赋予织物以平滑、硬挺、厚实、丰满的手感，并提高其强力和耐磨性，延长使用寿命。

硬挺整理浆液主要由浆料配制而成，如淀粉及其衍生物，羧甲基纤维素（CMC）、聚乙烯醇（PVA）、纤维素锌酸钠、聚丙烯酸酯（PMA）等。此外为防止微生物对碳水化合物和纤维表面油脂作用而使浆料腐败变质，还要加入防腐剂；为了使织物获得厚实、滑爽的手感，还需要加入填充剂，以增加织物重量，填充空隙；对有色织物的硬挺整理中，还需要加入颜色相似的染料，即着色剂。淀粉整理剂上浆后不耐洗涤，只能作为暂时性硬挺整理剂。而合成浆料可以获得耐久的整理效果。如用纤维素锌酸钠浆液浸轧棉织物，再经稀酸处理，使纤维素凝固在织物上，可取得较为耐洗而硬挺的仿麻整理效果。

硬挺整理根据上浆量的多少，有轻浆和重浆之分，如浸轧式上浆适用于轻浆以及色布上浆；单面上浆根据织物是否浸入浆液分为沾浆和刮浆两种作用方式。上浆后经圆筒烘燥机烘干时，应注意避免产生浆膜脱离现象，尤其是单面重浆产品。

（2）柔软整理

棉织物在前处理及染色、印花过程中，经过高温及化学试剂作用，手感往往变得粗硬，影响使用效果。为了恢复或改善织物的手感，一般需经过柔软整理。根据整理的加工工艺可以分为机械式柔软整理和柔软剂柔软整理两种。

1）机械式柔软整理。在张力作用下，借助机械作用于织物，使织物受到多次揉曲作用，破坏了织物的刚性，从而使织物手感变得柔软，但此方法不耐水洗。常用方法有两种：

①使织物先通过若干根从动挠曲导布杆，再进入轧光机上的两根软滚筒组成的软轧点，可以获得平滑、柔软的手感。

②采用三辊橡胶毯预缩机进行柔软整理，整理条件较为温和，适当降低操作温度、压力，以较快车速进行整理。可以获得柔软、平整的手感，且不产生预缩效果。

2）柔软剂柔软整理。在一定条件下，利用柔软剂对织物进行处理，织物吸附一定柔软剂后，柔软剂的存在可以减小织物内部纱线之间、纤维之间的相互摩擦力，同时也减少了人手与织物之间的摩擦力，而赋予织物柔软、滑爽的手感，同时织物的悬垂性、造型性、可加工性也随之提升。柔软剂的种类繁多，总的来说可以分为以下几种：

①非表面活性剂类。包括石蜡、液体石蜡、硬脂酸、白油等，都属于平滑性好的直链烷烃，使用时需添加乳化剂、分散剂（如平平加 O、AEO）制成乳液或皂化后使用。国产柔软剂 101（液体石蜡、硬脂酸、平平加 O 乳化制成）广泛用于棉织物的柔软整理，也可应用

于棉布的起绒剂。

②表面活性剂。包括阴离子表面活性剂、阳离子表面活性剂和非离子表面活性剂。

a. 阴离子柔软剂。这是应用较早的柔软剂，适用于中性和碱性条件，在 pH 值>9 的条件下显现出很好的稳定性。但由于纤维在水中带有负电荷，所以不易被纤维吸附，因此柔软效果较弱，且不耐洗涤，但滑度较好。较少单独用于棉织物的柔软整理，且不能与阳离子型染化料同浴使用。常用的有植物油和动物油的硫酸化物，如太古油是由蓖麻油和硫酸作用，再经中和制成的钠盐或铵盐；脂肪酸硫酸化物或者脂肪酸部分硫酸化物，如丝光膏是由硬脂酸皂化后得到的乳化物。

b. 阳离子柔软剂。阳离子型柔软剂是使用最广泛的一类，这主要是因为大多数纤维在水中带有负电荷，阳离子型柔软剂容易吸附在纤维表面，结合能力较强，能耐高温、耐洗涤，且整理后织物丰满滑爽，能改善织物的耐磨性和撕破强力，但滑度稍差一些。但部分阳离子型柔软剂在高温时易引起黄变，并伴有耐光色牢度的下降。

阳离子型柔软剂一般是十八胺或二甲基十八胺的衍生物或硬脂酸与多乙烯多胺的缩合物。根据其结构又可分为叔胺类柔软剂、季铵盐类柔软剂、咪唑啉型柔软剂、酰胺基型柔软剂等。由于结构为阳离子型，因此不能与大的阴离子物质如染料同浴使用，否则将产生黏性沉淀。

c. 非离子型柔软剂。通常含有—NHOH、—OH、—$(CH_2CH_2O)_nH$ 或由乳化剂乳化制得。由于不带电荷，因此它们没显著的直接性，对纤维的吸附性较差，不耐洗涤。因此，通常被用于浸轧、喷雾、发泡加工等。

整理后的织物具有优良的柔软性及抗静电性，且织物不发生色变现象。这类柔软剂的柔软效果和滑度介于阴、阳离子型柔软剂之间。可与多数染化料同浴使用，所以在使用时可以直接加入漂液、染液或其他整理液中。常用的非离子型柔软剂有国产柔软剂 SG、Bayer 的 Persoft FN、BASF 的 Soromin AFZ 等。

③反应型柔软剂。也称为活性柔软剂，是在分子中含有能与纤维素纤维的羟基直接发生反应形成酯键或醚键共价结合的柔软剂。因其具有耐磨、耐洗的持久性，故又称为耐久性柔软剂。在整理过程中需经一定条件的高温焙烘处理，以促进与纤维分子的化学反应，这样能显著提高其耐洗性能。由于其性能一般均较活泼，故不宜长期储存。溶解时应用 40℃以下冷水，并应随配随用。主要类型有酸酐类衍生物、乙烯亚胺类衍生物、吡啶季铵盐类衍生物。

a. 酸酐类衍生物。纤维的羟基发生反应生成酯键的结合，有代表性的如国外 Aquapel 380，处理的织物具有耐洗涤、耐干洗、耐酸碱的柔软和防水性。但长时间浸在 60℃以上的水中，则发生水解失去耐久性。

b. 乙烯亚胺类衍生物。这类化合物最常用的是国产柔软剂 VS，柔软效果优异，耐久性好，可以单独使用或与树脂整理复合使用，是应用最为广泛的柔软剂之一。由于乙烯亚胺类化合物的致癌性，这类柔软剂的使用受到限制。

c. 吡啶季铵盐类衍生物。有代表性的是防水剂 PF（硬脂酰胺亚甲基吡啶氯化物）是一种阳离子型的反应型柔软剂。其分子中的活性基团能与纤维素分子上羟基发生化学键合，故既是一种耐久透气性防水剂，又是一种耐久性的柔软剂。对热较敏感，高温热处理后小部分防水剂 PF 与纤维素纤维上的羟基发生醚键结合，而大部分转变成具有高疏水性的双硬脂酰胺甲烷包裹在纤维表面，使整理织物具有耐久性的拒水性能。

④有机硅系柔软剂。有机硅具有润滑性、柔软性、疏水性好等优点，加之合成过程无毒、无环境污染，成本合理，因此得以广泛使用。有机硅柔软剂开发过程分三代产品，依次是非活性有机硅柔软剂、活性有机硅柔软剂和改性有机硅柔软剂。

a. 非活性有机硅柔软剂。主要为二甲基硅油类，可赋予织物较好柔软性和耐热性。因不含活性基团，与纤维不起化学反应，因而悬垂性和耐洗性差。依据所采用的乳化剂的离子性不同，相应地有非离子型、阳离子型和阴离子型乳液，以非离子和阳离子混合型最常用。

b. 活性有机硅柔软剂。主要为羟基硅油乳液和含氢硅油乳液，在金属催化剂存在下能在织物表面形成网状交联结构，使织物具有很好的柔软性和耐洗性。代表性的商品有上海树脂厂的 SAH—289、上海助剂厂的柔软剂 SR。这类产品的缺点是乳液易漂油造成布料受损。

c. 改性有机硅柔软剂。在有机硅分子链上引入其他活性基团，使其具有特殊功能以适应各类织物高档整理的需要，改善织物的抗油污、抗静电和亲水性能，并使化纤织物具有天然织物的许多优点。活性基团的引入包括氨基改性、环氧改性、聚醚改性等。

氨基改性有机硅柔软剂整理后，织物滑爽、透气、丰满，具有超级柔软手感，并具有良好的防缩性、耐洗性。但在受热或紫外线的影响下容易泛黄，不宜用于浅色织物的柔软整理；环氧基团与纤维素反应可以使织物获得持久的柔软效果；聚醚改性后，除了能使织物获得耐久柔软效果外，还可以获得抗静电、防污等效果。为改善单一活性基团改性效果的局限性，多种活性基团共同使用得到一定程度发展，包括聚醚—氨基改性、环氧—聚醚改性、氨基—环氧基改性、醇基—聚醚改性等。

无论使用哪一种柔软剂，织物经过柔软剂整理后，要求能保持原有的光洁度、色泽和染色牢度，且不能泛黄；便于生产加工过程的顺利进行，与其他助剂有良好的相容性；加工和使用过程中对人体和环境无害，具有良好的生物可降解性。

2. 定形整理

定形整理包括拉幅整理和机械预缩整理两种，其目的是消除织物在前道工序中积存的应力、应变，使织物中的纤维处于自然排列状态，减少织物变形的因素。织物中纤维产生应变会引起织物缩水、折皱和手感粗糙等不利现象。

(1) 拉幅整理

棉织物在加工过程中，受到较多的经向张力作用，使得织物沿经向有一定伸长，而纬向产生收缩。并且由于受力不匀而导致形态尺寸不稳定，幅宽不匀、布边不齐、纬斜等问题。若织物在松弛状态下受潮湿作用，往往会沿长度方向产生收缩，宽度变宽。因此必须对织物进行拉幅定形，使织物门幅一致、布边整齐，消除内应力以保证后续加工过程顺利进行以及成衣的尺寸稳定性。

1) 拉幅定形的原理。棉织物的拉幅整理是利用棉纤维在热湿状态下有一定的可塑性，在热、湿和外力作用下，将织物的幅宽缓缓拉宽至规定尺寸。棉纤维吸湿后，水分进入无定形区，使之发生溶胀，从而降低了分子间的作用力，在外力作用下，分子链沿受力方向发生热运动，宏观上即可表现为热湿及机械外力作用下，织物门幅缓缓拉伸至规定尺寸。在外力作用下水分蒸发后，纤维分子链在新的位置上重新建立起分子间作用力，即拉幅织物的门幅尺寸固定下来。值得注意的是，拉幅只能在一定尺寸内进行，过分拉幅会导致织物破损。

热、湿和机械外力是织物拉幅整理的必备条件，也是影响拉幅效果的主要因素，因此拉幅整理的过程包括给湿、拉幅、烘干三部分。

2) 拉幅机。棉织物常用布铗拉幅机进行拉幅整理，根据加热方式的不同分为热风拉幅机和平台拉幅机。热风拉幅机拉幅效果较好，且同时可以进行上浆整理、增白整理，应用更广泛。这里仅对热风拉幅装置进行介绍。热风拉幅机全机由浸轧机、单柱烘燥机、热风拉幅烘房、落布部分组成。如图 2—23 所示为热风拉幅定形装置示意图。

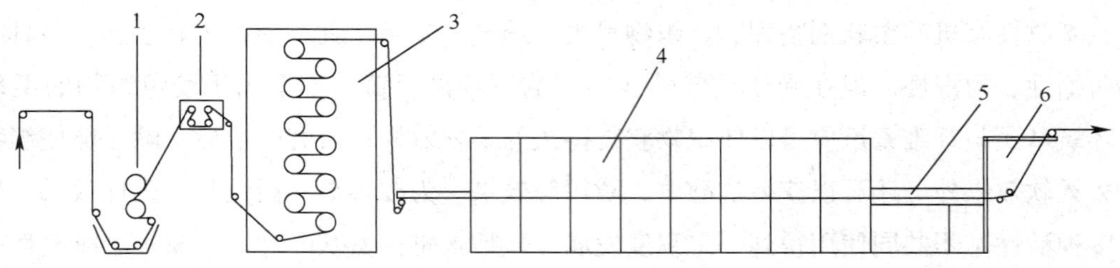

图 2—23 热风拉幅定形装置示意图

1—两辊浸轧机 2—四辊整纬装置 3—单柱烘燥机 4—热风拉幅烘房 5—布铗 6—落布装置

3) 工艺条件。工艺条件主要涉及温度、湿度、车速、时间。

工作时，先将织物在两辊浸轧机浸轧水、浆液或整理剂，给湿率一般应略高于棉织物回潮率，在 13%～14%，给湿要求均匀，浸轧给湿能和上浆、柔软、增白及树脂整理同时进行；若需要纠正织物纬斜时，可利用四辊整纬装置进行整纬，利用差动式整纬装置和直导辊纠正直线型纬斜，弧形导辊可以矫正弧形纬斜；再经单柱烘燥机烘至半干，在含湿均匀情况下喂入布铗进入热风房，利用热空气使织物在行进中逐渐拉幅烘干，固定幅宽即可落布。车速控制在15～40 m/min，烘房温度180～230℃。拉幅时，幅宽要宽出成品门幅1～2 cm，以防止织物冷却后收缩或后续操作中经向受力而产生幅宽收缩。

（2）机械预缩整理

1）缩水机理。经染整加工后的棉织物，在松弛状态下浸湿，棉纤维吸湿后发生溶胀，其长度增加1%～2%，直径增加则达到20%～23%。棉纤维直径增加必然导致纱线直径增加，为保持织物内经纬纱相互屈曲所经过的路程不变，而纱线长度不能自行增加，则只有纱线屈曲程度增加，或者说经纬纱密度增加，从而织物沿经或纬向缩短。织物润湿干燥后，吸湿溶胀的纤维恢复原状，但是由于纤维和纤维之间的摩擦阻力存在，织物保持在收缩后的状态，这种现象称为缩水。

2）整理机理及预缩机。用具有潜在收缩的织物制成服装，因其尺寸不稳定，一经洗涤，产生收缩后，衣服便不再合身，给消费者带来损失。因此，为保证织物缩水率不超过国家有关标准，除前道工序尽量降低织物受力外，还通常采用机械预缩整理，使织物缩水率达到要求。

①机械预缩机理。机械预缩整理的机理是利用物理机械的方法给经纱回缩的机会，即增大经向织缩和纬密，消除原来潜在的收缩，让经向收缩预先产生在成品之前，达到产品规定的缩水率，减少织物服用过程中的收缩，提高尺寸的稳定性。

机械预缩过程一般采用可压缩的弹性物体，如橡胶毯作为预缩工作材料，将织物紧紧压在弹性材料的表面上，随着弹性材料的伸缩，织物也随之伸缩，从而达到预缩的目的。

②预缩整理机。机械预缩整理设备，我国一般采用三辊橡胶毯预缩机，有筒式预缩机、普通三辊预缩机及预缩整理联合机等机型，其核心部分都是三辊橡胶毯压缩装置。如图2—24所示，通常由以下4部分组成：进布加压辊、加热承压滚筒、出布辊、橡胶毯张力调节辊。

预缩整理联合机一般由进布装置、给湿装置、短布铗拉幅机、三辊橡胶毯压缩装置及毛毯烘干机组成，如图2—25所示。

③预缩工艺条件

给湿：给湿率直接影响织物缩水率，给湿量越大，织物收缩越多，且给湿量太高整理后织物会有极光，因此给湿率一般控制在10%～25%。

预缩：借助水分、热量、压力及橡胶毯的伸缩作用使织物发生收缩。橡胶毯越厚，弹性越好，收缩率也越大。一般预缩率在10%～12%用50 mm橡胶毯，橡胶毯宽度应大于织物12.5 cm；橡胶毯温度应低于80℃，一般在60～70℃为宜；车速30～35 m/min。

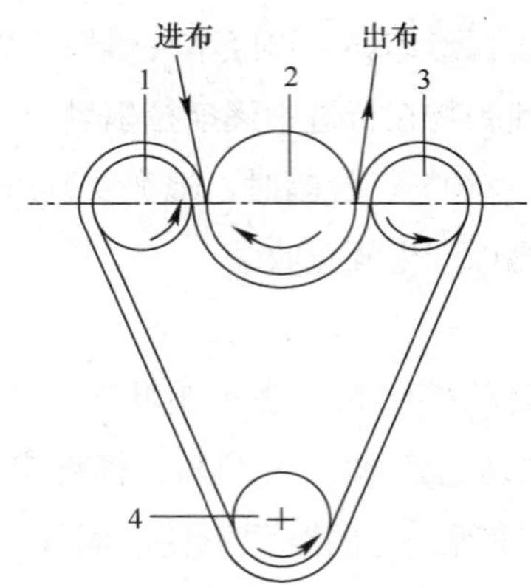

图 2—24　三辊橡胶毯压缩装置示意图

1—进布加压辊　2—加热承压滚筒　3—出布辊　4—橡胶毯张力调节辊

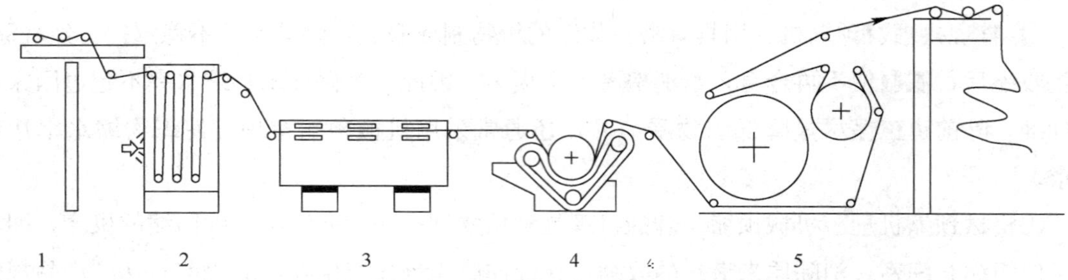

图 2—25　预缩联合机示意图

1—进布装置　2—给湿装置　3—短布铗拉幅机　4—压缩装置　5—毛毯烘干机

毛毯烘干装置：是一个补充烘干装置，由于毛毯不耐高温，因此烘干温度控制在 105℃以下。其除了烘干作用外，还可以将织物在压缩装置产生的皱纹压平，使织物平整、光洁。

3. 外观整理

随着人们生活品质的不断提高，人们对纺织品的美化要求也逐步提升。外观整理的项目不断增加，凡能改善织物外观的整理均称为外观整理。外观整理的特点是整理后只改善织物的外观，对织物的实际应用性质无任何改变，没有提高织物的内在质量。传统的外观整理包括增白、轧光整理、轧花整理、电光、磨毛整理等，此外还有能获得特殊外观效果的仿麂皮、拉毛、剪毛、局部的雕花整理等。

（1）增白整理

棉织物经过漂白后，往往还带有微量黄褐色色光，不易达到纯白的程度。不能满足漂白布、白底小花布等对白度要求高的织物的需求，故常使用织物增白的方法以增加白色，消去织物上的黄光。增白的方法有两种：一种是上蓝增白，一种是荧光增白。

1）增白方法。

①上蓝增白。将少量蓝色（紫）色染料或涂料对织物进行着色，由于上蓝增白剂用量很少，所以织物不会显示出蓝紫色，仅使织物的反射光中蓝紫色光稍偏重。由于蓝紫色与黄色为互补作用，蓝紫色增白剂会吸收织物上反射的黄光，使织物看起来白度有所提高。但上蓝增白剂降低了织物表面对光的反射率，因此亮度降低，略有灰暗感。上蓝增白一般很少单独使用，仅用于荧光增白时的色光调整。

②荧光增白。用荧光增白剂对织物进行整理。荧光增白剂溶于水，类似于无色染料，其化学结构与染料相似，能上染纤维。上染纤维后吸收不可见的紫外光，而发出肉眼看得见的蓝紫色荧光（400～600 nm），与织物的黄光互补合成白光，织物显得洁白光亮，且反射的总强度提高，亮度有所增加。但其对紫外光有一定依赖性，在缺少紫外光的光源条件下效果略差，如在白炽灯照射下显得灰暗。

两种增白方式都是通过物理作用，利用光的吸收或互补作用来提高织物白度，作用较弱，不能代替漂白。

2）增白工艺。棉织物的增白整理可以用浸渍法和浸轧法，且可以与手感整理同浴处理，一般采用荧光增白剂 VBL 进行处理。荧光增白剂 VBL 为淡黄色粉末，溶解用水不宜呈酸性，其轧液 pH 值以 8～9 为宜，极限白度用量为织物重的 0.6%，否则会呈现“过染现象”而显青黄色，反而达不到增白的目的。可与阴离子或非离子表面活性剂以及直接、酸性等阴离子染料混合应用，也能和双氧水漂白同浴。

①浸渍法。

工艺处方：

荧光增白剂 VBL	1%～0.3%（o. w. f）
硫酸钠	1%～10%（o. w. f）

工艺条件：

浴比	1∶15～1∶30
pH 值	7～9
温度	20～40℃
时间	20～30 min

②浸轧法。

工艺处方：

荧光增白剂 VBL	0.5～3 g/L
涂料蓝 FFG	0.005～0.015 g/L
涂料紫 FFRN	0.006～0.01 g/L

阴离子表面活性剂　　0.25～0.5 g/L

工艺条件：

pH 值　　8～9

温度　　40～45℃

轧余率　　70%（二浸二轧）

工艺流程：

配制整理液→浸轧整理液→拉幅烘干。

（2）轧光整理

1）轧光原理。轧光整理就是利用棉纤维在湿、热条件下具有一定的可塑性，经轧光整理后，纱线被压扁，耸立的纤维绒毛被压倒在织物的表面上，使织物表面纤维排列变得比较平滑，降低了对光线的漫反射，从而达到提高织物光泽的目的。

2）轧光方法。根据轧光整理时温度高低、压力大小不同轧光方法可分为以下三种：

①热压法。热轧温度 100～220℃，采用热压可使织物表面变得平滑，并获得均匀和一定程度的光泽。该法适用于机织物、针织物及非织造织物的轧光整理。

②轻热压法。热轧温度 40～80℃，采用轻热压可使织物手感柔软，但不影响纱线的紧密度，织物获得中等程度的轧光效果。

③冷压法。不加热的情况下，采用冷压使纱线压扁，排列更紧密，从而封闭了织物的交织孔。整理后，织物表面平滑，但不产生光泽效果。

3）轧光机。轧光整理时，根据不同织物的不同轧光要求，采用的轧光设备也有所不同。

轧光机主要由若干只表面光滑的硬辊和软辊组成，根据需要确定滚筒数目和排列方式。硬辊为表面光滑的中空金属辊，常附有加热装置；软辊为纤维辊，以棉纤维或纸粕为原料在高压下压制而成。由硬辊和软辊组成的轧点称硬轧点，织物经轧压后纱线被压扁，表面平滑，光泽增强，手感硬挺，称为平轧光；由两只软辊构成的轧点称软轧点，织物经轧压后纱线稍扁平，光泽柔和，手感柔软，称为软轧光。根据轧光滚筒及工艺配置的不同，轧光整理可分为普通轧光、摩擦轧光、叠层轧光、电光、轧纹整理。其相应整理设备如下：

①普通轧光机。普通轧光机通常由一只金属辊和两只软辊组成两个硬轧点，即组成“硬—软—硬”的轧光方式。其采用蒸汽加热，硬滚筒加热温度为 80～110℃，织物经过轧压后可达到一般光泽要求。车速 60～80 m/min、织物含湿率 5%～10%。

工艺流程：浸轧浆液或给湿→拉幅烘干（整纬）→平轧光。

②摩擦轧光机。摩擦轧光设备由一只软辊和两只硬辊组成。软辊在中间，上面的硬辊与软辊构成摩擦点，下面的硬辊与软辊构成硬轧点。织物先经硬轧点再经摩擦点。摩擦辊的表面线速度大于软辊的表面线速度，利用摩擦辊和织物传动速度的速度差，使织物表面受到摩

擦而产生明显光泽，纱线压扁，经、纬纱间的空隙也显著减少。摩擦辊的表面线速度和织物速度之比为（1.3∶1）～（3∶1）；摩擦辊的温度比普通三辊轧光机稍高，通常为100～120℃；织物的含水率应控制在10%～15%。

工艺流程：织物→拉幅→烘干→摩擦轧光。

③叠层轧光机。若用五辊以上的轧光机，配备一套导布装置，轧光时，织物按常规顺序通过各轧点后，经过导布装置重新依次通过各个轧点，如此循环往复3～6次，在每个轧点处就有3～6层织物同时受到相互压轧、相互碾压揉搓，使织物获得手感柔软，颗粒清晰的效果，即为叠层轧光。其工艺流程与普通轧光机相同。

4）特殊轧光整理。

①电光整理。电光整理是使织物通过表面刻有一定角度和密度的平行斜线的硬质辊（电光辊）与有弹性的软辊组成的轧点，经轧压后，织物表面形成平行而整齐的斜纹线，对光线呈规则地反射，使织物表面获得丝绸般亮丽的光泽。电光整理的原理和轧光整理的原理基本相同。电光机多属两辊轧光机类型，但也有制成三辊式的。电光辊表面的斜纹线密度根据纱线粗细而不同，斜纹线方向与纱线捻向一致，并根据织物品种及要求而不同。棉横贡织物一般都经过电光整理。

②轧纹整理。与电光整理类似，轧纹整理一般也采用两辊轧光机。其中，硬辊表面刻有阳纹花纹，软辊刻有与硬辊相对应的阴纹，两者互相吻合。在湿、热、压力作用下，使织物通过刻有凹凸花纹的软硬辊整理后，织物表面即可产生凹凸花纹。轻式轧纹机亦称为拷花机，硬辊为印花用紫铜辊，刻纹较浅。软辊为丁腈橡胶滚筒，与硬辊无明显相对应的花纹。当在较小压力下作用时，织物上产生凹凸程度较浅的花纹，有隐花之感。

棉织物若只采用单纯的机械形式的轧光整理，不管整理为何种方式，均不能达到长效持久的效果。一经洗涤熨烫，所得到的花纹即消失或减弱。若与树脂整理联合进行，则可以获得持久的轧光、电光、轧纹的外观效果。

二、棉织物的化学整理

1. 棉织物的抗皱整理

棉织物具有许多优良的性能，但弹性较差，穿着时易产生折皱。采用化学合成树脂对织物进行处理，可以提高织物的弹性，提高纯棉织物的抗皱性，使织物获得良好的防皱效果。习惯上这类整理称为树脂整理。

织物树脂整理是高分子科学发展的产物，最早以甲醛作为交联剂，后来发展为采用尿素—甲醛的加成产物处理织物，获得良好抗皱效果的产品，为当今的树脂整理奠定了基础。随着科学技术的发展，棉织物树脂整理技术大致经历了防皱防缩、洗可穿、耐久压烫整理（DP 整理）、形状记忆四个阶段。

（1）织物整理用树脂

织物树脂整理中的树脂需要用单体经过初步缩聚成低分子化合物，即初缩体。树脂整理过程一般需要经过初缩体制备、初缩体对纤维渗透、与纤维素内部大分子结合几个步骤。因此，作为初缩体必须具备几个条件：初缩体相对分子质量不能太大，否则不能渗透到纤维内部；初缩体分子应具备两个或两个以上能与纤维素作用的官能团；具有亲水性或水溶性，且结构稳定；绿色、环保、无毒无害，对人体无刺激性作用，对环境不造成污染。

1）N—羟甲基酰胺类。N—羟甲基酰胺类整理剂是织物树脂整理中应用最广泛的一类整理剂，但这类整理剂存在释放游离甲醛和吸氯问题。常用树脂初聚体如下：

①脲醛树脂（UF 树脂）。脲醛树脂是用尿素与甲醛制备的，原料来源广、制备简单、成本低。但稳定性差，放置后自身逐步缩合，形成难溶或不溶性物质而失去作用。棉织物用脲醛树脂整理时，树脂用量大，游离甲醛大，耐洗涤性差，织物易泛黄，所以不适用。而用于黏胶整理，则织物手感丰满、缩水率降低、干湿强力增强、抗皱性提高，所以一般较多用于黏胶织物整理。

此外，为提高脲醛树脂的稳定性，可以在酸性介质中与甲醇作用甲醚化。制得甲醚化羟甲基脲醛 MMU 树脂，则可以大大提高其稳定性，较长时间放置不变质。

②三聚氰胺甲醛树脂（MF 树脂）。它是由三聚氰胺经甲醛羟甲基化制备而成。跟 UF 树脂相比，相同点在于：都属于多官能团整理剂；在酸性和高温焙烘时都会发生两种反应，自身缩合和与纤维素交联反应，但以自身缩合为主；初聚体稳定性差，与甲醇醚化可以提高其稳定性。

MF 树脂相对 UF 树脂来说相对分子质量稍大，耐洗涤性比 UF 树脂更好。用于棉织物整理，可以使织物获得良好的抗皱性，强力损失也较 UF 树脂有所改善。由于棉织物整理后同样有泛黄现象，因此不适用于漂白棉织物的防皱整理。

③二羟甲基二羟乙基乙烯脲树脂（DMDHEU 树脂，简称 2D 树脂）。它是由尿素、乙二醛和甲醛为原料制成的反应性交联剂。树脂初聚体反应性较低，稳定性好，放置时不易产生自身缩聚，可长时间放置。整理后织物耐久性好，不易水解，因此是优良的耐久压烫整理剂。鉴于游离甲醛含量高、耐氯性能差，应用受到一定限制。醚化后制成醚化 2D 树脂，整理后织物释放游离甲醛低、氯损少、不泛黄，是目前广泛应用的树脂整理剂。

2）无甲醛整理剂。随着纺织品绿色贸易壁垒越来越高，绿色、环保、低碳的整理技术，越来越受到人们的关注，防皱整理逐步向无甲醛发展。主要集中在以下几种：

①环氧类化合物。常用的环氧树脂是环氧氯丙烷与多元醇或多元胺的缩合物，如双环氧丙烷甘油醚和双环氧丙烷丁二醇醚。此类整理剂无甲醛释放和吸氯问题，且水解稳定性较好，湿抗皱性较好；但反应活性较低，成本高，一定程度上限制了它们的应用。

②甲壳素、壳聚糖整理剂。对棉织物依次进行柠檬酸（简称 CA，次亚磷酸钠作为催化剂）、壳聚糖整理后，织物的抗折皱性有明显改善。原因是柠檬酸具有多羧基，其中一部分在次亚磷酸钠催化作用下与纤维素纤维中羟基发生接枝、交联反应；剩余的自由羟基与壳聚糖中羟基发生接枝、交联，由此 CA 作为桥梁将壳聚糖交联于棉纤维，得到 cell—CA—CTA—CA—cell 的交联，纤维大分子之间的交联阻止了纤维素受外力作用时大分子链段的滑移，增强了其折皱回复能力，提高了织物的抗折皱性。

③乙二醛类。乙二醛通过生成半缩醛，可在棉纤维上形成交联，产生抗皱作用。整理时，加入乙二醇后，可大大抑制泛黄的产生；加入聚乙烯乳液，织物的手感有明显的改善；选用氯化镁作为催化剂，柠檬酸作催化活化剂，整理效果比较理想，处理后织物弹性大大提高，强力下降较少。

④多元羧酸化合物（BTCA）。纯棉织物经过 1、2、3、4 -丁烷四羧酸整理后，织物的各项整理指标接近 2D 树脂，若加入磷酸盐作为催化剂（如次亚磷酸钠），能提高 BTCA 与纤维间的交联，从而获得更好的免烫性。虽然 BTCA 能提高织物的折皱回复角，但织物的白度、强力有所下降，染色后色光度变化大，且 BTCA 价格高限制了它的应用。

除 BTCA 外，柠檬酸（CA）也可以用于棉织物的抗皱整理。CA 价格低廉，但抗皱效果差，且有泛黄和耐洗涤性差的缺点。CA 和 BTCA 混用可以达到较高的抗皱等级和耐洗牢度，且成本相对较低。

⑤聚氨酯。热反应型水溶性聚氨酯，依靠活性度很高的异氰酸酯与纤维反应发生交联，在织物上形成网状交联结构；或自身交联形成聚氨酯弹性薄膜。并且部分聚氨酯树脂沉积在纤维无定形区，依靠摩擦阻力和氢键，限制了纤维中分子链或基本结构单元的相对位移，从而赋予整理后的织物抗皱性和弹性。由于整理过程发生化学结合，处理后织物耐洗性、摩擦牢度较好。为防止游离的异氰酸酯发生其他反应，需要采用封闭型水溶性聚氨酯。

（2）抗皱整理液的组成

织物抗皱整理液的组成主要包括初缩体、催化剂、柔软剂、硬挺剂等。

1）初缩体。即整理用树脂，为了使棉织物获得抗皱性，引入的分子至少需要具有两个以上能与纤维素发生反应的基团，以和纤维素形成稳定的共价交联。

2）催化剂。催化剂的作用是加速树脂或交联剂与纤维间进行交联反应的速率，降低反应温度并缩短反应时间，一般用量为整理剂的 1%～10%。有机酸类催化剂（如柠檬酸、草酸）只适用于湿态交联或潮态交联；金属盐类催化剂（如氯化镁）、铵盐类催化剂及多种催化剂混用的协同催化剂适用于干态交联。

选择催化剂时应考虑催化剂与整理液中其他添加剂的相溶性、在工作液中的稳定性、是否对织物有损伤、是否影响色光及牢度；且必须无毒、无味、无腐蚀性、价格低廉。

3）柔软剂。为了防止织物防皱整理后手感变得粗糙，需要加入柔软剂。同时提高织物的撕破强力和耐磨性能。常用的柔软剂有防水剂 PF（脂肪长链化合物维兰）、有机硅柔软剂和热塑性树脂类乳液；而柔软剂 VS 由于其致癌作用，已不再使用。

4）硬挺剂。加入硬挺剂的目的是使织物获得丰满厚实的手感，同时改善弹性、耐磨性和撕破强度。

5）渗透剂、润湿剂。使整理剂充分渗透进纤维内部，尤其对于丰厚型产品尤为重要。常用的渗透剂以非离子型表面活性剂为主，如平平加 O、渗透剂 JFC。

（3）抗皱整理工艺

1）常规整理工艺。根据棉纤维与初缩体交联时的含湿程度的不同，可以分为干态交联、潮态交联、湿态交联三种。潮态交联使用酸性催化剂，对不耐酸的染料有影响，且回潮率难以控制，重现性差；交联时需要长打卷堆放，很少使用。湿态交联同样需要长时间反应，不利于连续化生产，且干抗皱性提升不多。而干态交联工艺连续性好、反应时间短、控制简单、重现性好。因此，一般普通树脂整理、耐久性电光、轧纹整理多采用干态交联法。干态交联法工艺流程如下：

浸轧工作液（二浸二轧、pH 值 6～7、轧余率 55%～65%）→预烘（80～90℃）→热风烘干→焙烘（140～160℃、2～5 min）→后处理（水洗、皂洗以洗去反应副产物及残余物、游离甲醛等）。

2）快速树脂整理工艺。通过在工作液中加入强催化剂，如氯化镁、柠檬酸三铵等组成的协同催化剂，在高温拉幅时一次完成烘干与焙烘，从而缩短了工艺流程和焙烘时间，并免去了平洗后处理。工艺流程简单、不需要专门焙烘设备、不需水洗，大大降低了成本。适用于轻薄型棉织物的抗皱整理。

此外还应考虑交联反应是否符合要求；织物表面的参与组分水解对抗皱性及氯损、甲醛释放、鱼腥味等的影响，因此只适用于要求不高的品种。

2. 棉织物的拒水整理

防水整理一般采用涂层的方式在织物表面施加一层不透水的连续性薄膜，通过封闭织物中的孔隙，达到防止水滴透过的目的。但是同时织物的透气性也受到影响，因此不适用于服用材料。拒水整理是通过后整理的方法改变纤维表面性能，使纤维表面的亲水性变为疏水性，而织物中纤维、纱线间的空隙不受影响，以至于织物既能保持透气性，又不易被水润湿。但水压增大到一定程度仍可发生透水现象。拒水整理织物可以用于劳保服装、军服、运动服，也可以用于风、雨衣。

拒水整理通过降低织物的表面张力的方法，提高织物的拒水乃至拒油性能，以达到“三防”效果。一般采用表面能较低的化合物覆盖在纤维表面或通过与纤维发生化学作用来实现。

（1）拒水整理剂特性

棉织物常用拒水整理剂具有与棉纤维相同的分子结构：一端是亲水性的极性基团，另一端是具有饱和脂肪长链的非极性基团。拒水剂与棉纤维作用时，极性部分与棉纤维上的极性基团形成一定形式的分子间作用力；而非极性基团在织物外层形成连续排列的疏水层，即拒水的薄膜层。从而改变了纤维的表面性质，使织物表面张力降低，达到拒水效果。

当液滴能使固体完全润湿时，固体的最高表面张力即为临界表面张力（γ_c）。当液体的表面张力低于固体表面的临界表面张力时，液滴在固体表面可以随意铺展润湿；当液体的表面张力高于固体表面的临界表面张力时，液体则会形成不连续的液滴，固体表面不能被润湿，即固体具有拒水能力。水的表面张力为 72 mN/m，而碳氢和碳氟的表面张力都远远小于水的表面张力，因此常作为棉织物的拒水整理剂。表 2—4 所示为各类低表面能原子团和其表面张力。

表 2—4　　低表面能原子团和其表面张力

碳氟结构原子团	表面张力 γ_c（mN/m）	碳氢结构原子团	表面张力 γ_c（mN/m）
$—CF_3$	6	$—CH_2—CH_2—$	31
$—CF_2H$	15	$—CCl_2—CH_2—$	40
$—CF_2—CF_2—$	18	$—CH_3$（结晶面）	22
$—CF_2—CFH—$	22	$—CH_3$（单层）	24
$—CF_2—CH_2—$	25	$—CClH—CH_2—$	39
$—CF_2—CFCl—$	30		

（2）拒水整理剂分类及工艺

拒水整理剂的品种很多，按整理的耐久程度可以分为“暂时性”和“耐久性”；也可以按照整理的结构进行如下分类：

1）铝皂、石蜡整理剂。铝皂法是最古老、最经济的织物拒水整理方法。整理时，将醋酸铝、石蜡、肥皂等制成工作液，在常温下浸轧织物，再经烘干即可。整理过程简单易行，成本低廉，但耐洗涤性较差，手感不佳。该法主要用于工业用织物，如防水雨棚。若采用二氯氧化锆代替醋酸铝制成锆皂，则耐洗性得到一定改善。

2）吡啶季铵盐类化合物。属于广泛应用的反应型拒水整理剂，如防水剂 PF，在焙烘过程中，一部分分子与纤维素上的羟基反应形成醚键；另一部分分子自缩聚成疏水性二聚体——甲撑双硬脂酰胺，其结构式为 $C_{17}H_{35}CONHCH_2NHCOC_{17}H_{35}$，从而获得永久性拒水性能。

防水剂 PF 由脂肪酸酰胺、甲醛、盐酸、吡啶制得，焙烘加热与纤维素结合，如图 2—26所示，可见反应过程有吡啶逸出，需加强劳动保护。

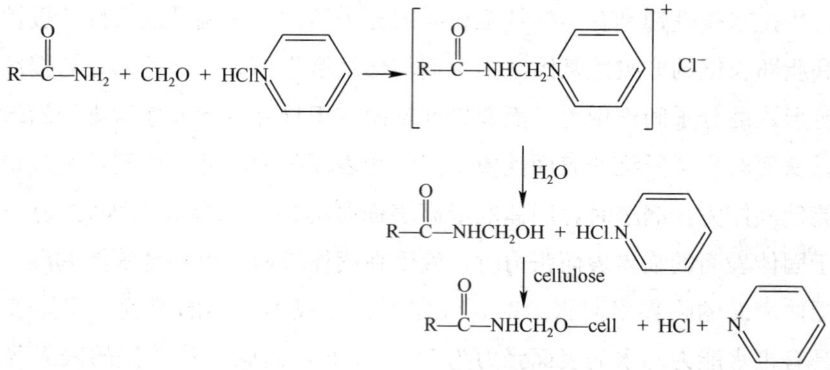

$$R{-}\overset{O}{\overset{\|}{C}}{-}NH_2 + CH_2O + HCl\cdot NC_5H_5 \longrightarrow \left[R{-}\overset{O}{\overset{\|}{C}}{-}NHCH_2N C_5H_5\right]^+ Cl^-$$

$$\xrightarrow{H_2O} R{-}\overset{O}{\overset{\|}{C}}{-}NHCH_2OH + HCl.NC_5H_5$$

$$\xrightarrow{cellulose} R{-}\overset{O}{\overset{\|}{C}}{-}NHCH_2O{-}cell + HCl + NC_5H_5$$

图 2—26　防水剂 PF 与纤维素结合过程

3）长链脂肪酸金属络合物。该类拒水剂是脂肪酸和铬或铝的配位化合物，如防水剂 CR、防水剂 AC 等。该类拒水剂同样属于反应型拒水剂，可以与纤维反应生成有色产物和盐酸，不适用于浅色织物，具有较高的耐久拒水效果。

防水剂 CR 在加水加热条件下，逐渐水解生成含有—O—Cr—O—Cr—O—键的环状铬氢氧化物；经 150～170℃焙烘后，进一步缩合，形成不溶性硬脂酸铬沉积在纤维表面，获得耐久拒水效果。反应过程如图 2—27 所示。

4）有机硅类整理剂。用于棉织物拒水整理的有机硅一般是聚硅氧烷。有机硅整理剂不溶于水，织物整理用的有机硅常制成油溶性液体或乳液。加工时，需要加乳化剂，一般选择对纤维无亲和力的离子型乳化剂制成含有机硅 40%乳化液。其主要成分为聚甲基氢硅氧烷和聚二甲基硅氧烷，为了使整理后的织物手感柔软，可以将两者按照 4∶6～6∶4 混用。有机硅整理后的织物手感丰满、柔软，织物的拒水性持久，为常用的拒水整理剂。

5）含氟丙烯酸酯整理剂。丙烯酸类含氟整理剂主链为聚烯烃型，侧链为含有氟碳链的酯基，由于氟碳链聚合物的临界表面张力相当低，所以具有优异的拒水拒油性。为提高氟系防水剂的耐洗涤性，往往需要加入第二单体和第三单体。如丙烯酸丁酯、丙烯酸月桂酯、丙烯酸硬脂等与含氟单体的共聚物可以改善拒水拒油性、调节刚柔性及玻璃化温度，并降低成

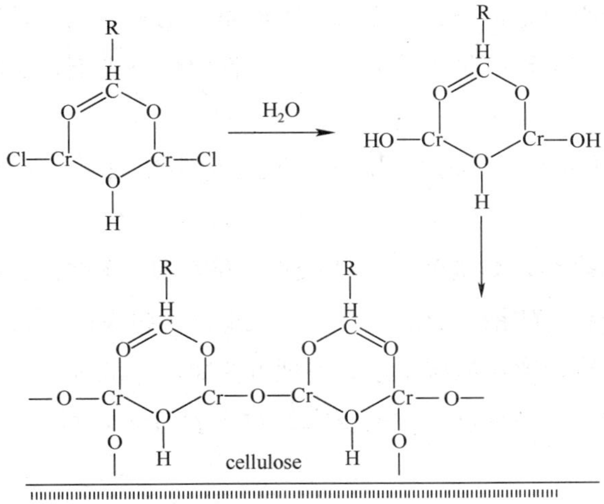

图 2—27　防水剂 CR 作用原理

本。含氟单体的比例一般在 70%左右可获得良好的整理效果。

整理一般采用轧—烘—焙工艺，也可以用轧—蒸和喷雾法。

3. 棉织物的阻燃整理

（1）阻燃整理的概念

织物经过阻燃整理后，可以抑制火焰蔓延，移开火焰后，不再有剩余燃烧，且不发生阴燃的性能称为阻燃性。阻燃整理剂是能使织物燃烧减慢、终止或难以燃烧的物质。

织物的可燃性一般用极限氧指数 LOI 来表示，即织物在氮氧混合气体中维持燃烧所需要的最低氧气含量。由于大气中的氧气含量在 21%左右，因此，LOI＜21%属于易燃材料。由于空气对流的存在，21%＜LOI＜26%的纤维在大气中仍然可以燃烧，当 LOI＞26%时，在空气中织物变得难以燃烧。棉纤维的极限氧指数小于 21%，因此，棉纤维制品在大气中，遇到明火，很容易被点燃。因此，棉织品的阻燃整理变得尤为重要。

作为阻燃剂应满足以下四个基本条件：

1）阻燃剂本身是不可燃或难燃物。

2）阻燃剂在聚合物中应有较好的分散性，不破坏或降低被阻燃物的机械物理性能，如纺织品的撕裂强度、色泽、手感等，涂料的成膜性等。

3）阻燃剂本身及被阻燃物燃烧条件下不释放出有毒气体、无烟或少烟、无刺激性和腐蚀性。

4）阻燃剂对热和光的稳定性大，不易挥发和渗出，不水解，阻燃性能持久。

（2）阻燃整理剂的分类及工艺

按照阻燃整理剂的组分分可以分为无机型阻燃整理剂和有机型阻燃整理剂。按形态分为反应型和添加型两种。按整理的耐久性分为非耐久性阻燃整理剂、半耐久性阻燃整理剂和耐久性阻燃整理剂。

1）非耐久性阻燃整理剂。织物整理后获得良好的阻燃效果，但不耐水洗，只能用于一些不需要洗涤的织物。

各种可溶性的无机盐类，如磷酸铵、磷酸钠、磷酸铁、磷酸二氢铵和硼酸组成的混合物，磷酸二氢铵、硼酸和钨酸钠组成的混合物以及低分子量聚磷酸铵盐都具有良好的阻燃作用。这些无机阻燃剂价格低廉，易溶于水。整理方法简单，流程为：浸轧→烘干。但也有添加量大、手感差、耐洗性差等缺点。一般要求织物上整理剂含量在10%～15%即可具有阻燃效果。

2）半耐久性阻燃整理剂

①锑钛络合物。四氯化钛和氧化锑的混合液浸轧织物，烘至半干，用氨气处理后可与纤维素反应，生成纤维素—锑钛络合物，同时由于水解作用在织物表面形成氢氧化锑和氢氧化钛的沉积物，有隔绝氧气和抑制可燃气体向外扩散的作用，达到阻燃效果。但织物整理后手感较差，强力下降很多。

②无机磷阻燃剂。磷酸和磷酸二氢铵高温焙烘时，纤维素磷酰化作用使得纤维素具有较高的含磷量，得到半耐久阻燃效果。整理工艺为：

二浸二轧（轧余率75%）→拉幅烘干（100～120℃）→焙烘（150℃，10min）→水洗→烘干。

3）耐久性阻燃整理剂。耐久性阻燃整理一般都需要经过焙烘，在高温下阻燃整理剂与纤维素发生交联而赋予织物阻燃性能。

①四羟甲基氯化磷—尿素化合物（THPC）。由磷化氢、甲醛和盐酸反应而成，溶于水，溶液呈酸性。THPC的磷原子上有四个活泼的羟甲基，能与纤维素上的羟基发生作用，从而获得持久性阻燃效果。反应中有甲醛和盐酸产生，可以加入尿素除去甲醛，用碱中和盐酸。如普鲁本阻燃剂即是THPC—尿素化合物。其工艺流程为：

浸轧工作液→烘干→氨熏→氧化→碱洗→皂洗、水洗→烘干。

②防火剂CP（Pyrovatex CP）。又称派罗伐特克斯CP，是含有机磷与氮的阻燃剂，化学名称为N-羟甲基-3-(二甲氧基磷酰基）丙酰胺，分子结构中含有羟甲基，所以能和纤维素羟基形成化学作用，得到耐久性的阻燃效果。因为是单官能团，因此对织物损伤小，应用较为普遍。通常与三羟甲基三聚氰胺树脂共浴处理，以增加含氮量，提高N、P协同作用。工艺采用简单的浸轧→烘→焙的方法。

第五节 棉针织物的染整

学习目标

棉针织物的染色工艺

棉针织物的后整理

关键术语

一浴两步法浸染染色　绳状浸渍法　平幅浸轧法　三超喂防缩工艺

一、棉针织物染色

棉针织物染色跟机织物染色一样可用直接染料、活性染料、还原染料、硫化染料等进行染色。

1. 棉针织物直接染料染色

直接染料用于棉针织物的染色在普通绳状染色机中进行，染色方法较为简单，其一般工艺流程为：染色→水洗→固色→水洗→柔软处理→脱水。

（1）其常用的染色配方和一般的工艺

1）染色：

直接染料	x%
纯碱	0～1.5 g/L
食盐或元明粉	0～15 g/L
平平加 O	0～0.5 g/L
浴比	1∶20
温度	80～100℃
时间	40～80 min

2）固色：

固色剂	0.5～5 g/L
醋酸	0～1 mL/L

浴比	1∶20
温度	50～60℃
时间	10～20 min

(2) 染色注意事项

1) 染料用量应根据染色织物的颜色深浅而定。

2) 纯碱能软化硬水，防止染料与水中的钙、镁离子生成不溶性沉淀，造成布面色斑，并且对染料也有一定的增溶作用。

3) 食盐或元明粉主要用于盐效应染料的促染，对促染作用不明显的染料或染浅色时，可以少加或不加。

4) 平平加 O 是一种非离子型匀染剂，能和染料结合生成不稳定的复合物，在染色过程中复合物逐渐分解释放出染料，使染料分步上染纤维而起到匀染作用。对于匀染性好的直接染料不需要加入平平加 O 或其他匀染剂。

5) 染浅色品种时浴比可适当大些，以保证染色均匀。

6) 染色时，染料先用温水调成浆状，然后用热水溶解。将染液稀释到规定体积后，升温至 50～60℃开始染色，然后逐步升温至 98℃，保温 10 min 后加入溶解好的盐促染，再继续染色至规定时间。

7) 染色时间主要取决于染色织物的颜色深浅，染色后进行固色处理。

2. 棉针织物活性染料染色

棉针织物活性染料染色有浸染法和冷轧堆染色两种。浸染法一般都在绳状染色机中进行，冷轧堆染色在冷轧堆染色机中进行。

(1) 浸染法

活性染料的浸染法又可分为一浴一步法、一浴两步法和两浴法三种染色方法。

一浴一步法是将染料、食盐和碱剂等一起加入染液而形成的碱性浴中进行染色的，即在染色的同时进行固色。这种方法工艺简便，染色时间短，操作方便，但由于吸附和固色同时进行，固色后染料不能再进行扩散，因此匀染和透染性差。同时在碱性条件下染色，染浴中染料的稳定性差，染料水解得比较多。

一浴两步法是先在中性浴中进行染色，当染料上染接近平衡时，在染浴中加入碱剂，调整染浴的 pH 值至固色规定值，这时染料即与纤维产生共价结合，达到固色目的。在固色过程中，由于染料与纤维反应后不能再解吸下来，因此固色破坏了原来已达到的吸附平衡，染料将继续上染，上染率可进一步提高。一浴两步法是棉针织物活性染料浸染法最常用的染色方法。它可以获得较高的上染率和固色率，并具有良好的匀染、透染效果，但这种方法不能进行续缸染色。

两浴法是先在中性浴中进行染色，上染结束后再将被染物投入碱剂浴中进行固色。两浴法染色具有染浴稳定性高，可以进行续缸染色等优点，但在固色浴中处理，织物上的染料会大量溶落其中，造成得色比其他方法淡。可以在固色浴中除碱剂外加入适量电解质以减少染料的溶落，但得色仍较浅，所以应用较少。

活性染料一浴两步法染色的工艺流程为：染色→固色→水洗→皂煮→水洗→烘干。其常用的染色配方和一般的工艺如下：

1）染色：

M 型活性染料	x%
食盐	5～50 g/L
平平加 O	0～0.5 g/L
浴比	1∶20
温度	60℃
时间	20～40 min

2）固色：

纯碱	5～20 g/L
浴比	1∶20
温度	60℃
时间	20～40 min

3）皂煮：

净洗剂	0.5 g/L
浴比	1∶15
温度	90～95℃
时间	15～20 min

（2）染色注意事项

1）染料用量根据染色织物的颜色深浅决定。

2）食盐的用量：深色较浅色多，为提高匀染效果，食盐可分批加入，在染色前加入一半，染色一定时间后再加入另一半。

3）染色浴比不宜过大，否则染料水解增多，染料的上染率和固色率会下降。

（3）冷轧堆法

冷轧堆法染色时采用冷轧堆染色机，是将织物浸轧活性染料与碱剂的混合液后打成卷状，并在室温下堆放较长时间，在堆放时染料进行扩散和固色反应，从而完成染色过程。冷轧卷堆法设备简单，节省能源，卷堆时织物中含水量少，相当于小浴比卷染，加上固色温度又低，因此染料水解少，固色率较高。

棉针织物活性染料冷轧堆染色的工艺流程为：扩幅进布→浸轧染液→平幅打卷密封→堆置固色→皂煮→水洗。

3. 棉针织物还原染料染色

棉针织物还原染料染色多采用隐色体浸染法，先将还原染料还原成隐色体钠盐，然后染料以隐色体的形式上染纤维，最后进行氧化、皂洗，一般是在绳状染色机中进行。其工艺流程为：染料还原→染色→水洗→氧化→皂洗→热水洗→水洗。

（1）其常用的染色配方和一般的工艺

还原蓝	x%
烧碱 30%	12 mL/L
保险粉	5 g/L
骨胶	1%
浴比	1∶20
温度	60℃
时间	40 min

（2）染色注意事项

1）还原染料隐色体染色时，为了达到匀染目的，织物前处理必须均匀，特别是碱缩处理，如碱缩不匀，必然会造成还原染料隐色体染色不匀。

2）染色结束后，可采用空气氧化或氧化剂氧化。空气氧化在织物充分水洗后，经轧液和脱水，在空气中氧化 20～30 min，最后进行皂洗。

3）采用还原染料染色，染料还原溶解时宜采用软水，如水质硬度过高，可加入软水剂六偏磷酸钠 0.2～0.5 g/L 进行软化。

4）染色温度应严格控制，温度过高，易产生过度还原，使色光暗淡，牢度下降。

4. 棉针织物硫化染料染色工艺

硫化染料染棉针织物一般在绳状染色机中进行，工艺流程为：染液制备→染色→水洗→氧化→固色→皂洗→水洗。

（1）其常用的染色配方和一般的工艺

硫化染料	x%
50%硫化碱∶染料：	1∶1～2.5∶1

纯碱	1～3 g/L
浴比	1∶20
温度	90～100℃
时间	40～60 min

（2）染色注意事项

1）染色前将染料用冷水并加入适量润湿剂调成浆状，然后加入硫化钠，用沸水冲化，待充分溶解后倒入染浴中。

2）若染料溶解不好，可在染液中加入少量纯碱，促使硫化碱更好地还原溶解，同时也可防止硬水中的钙、镁离子使染料隐色体发生沉淀。

3）硫化染料隐色体对棉纤维的亲和力较小，深色品种浴比不宜过大，浅色时浴比可适当大些，一般控制在1∶20左右，根据染色需要可加入食盐或元明粉促染，但用量不宜过多，以免在织物上形成染斑、浮色等疵病。

4）染色温度根据染料的染色性能和色泽深浅确定，大多数硫化染料的染色温度在90～100℃。

5）染色时间可根据色泽深浅选，一般为40～60 min，深色品种可适当延长。

6）染色后织物氧化之前必须进行水洗，以充分去除表面浮色和硫化碱，避免产生色斑等染疵。

二、棉针织物的整理

棉针织物的整理主要有增白整理、柔软整理、防缩整理和轧光整理。

1. 棉针织物的增白整理

棉针织物经过漂白加工后，白度虽有很大提高但还带有浅黄色或淡褐色，这是由于纤维吸收了少量的蓝色光而使反射光中带有黄色光引起的。为了进一步提高漂白针织物的白度，满足特白布等白度较高织物的要求，一般应进行增白整理。

增白整理采用荧光增白剂，棉针织物常用的增白剂有荧光增白剂VBL和VBU。荧光增白剂的增白原理是它能吸收紫外光线并放出蓝紫色的可见光，与织物上反射出来的黄光混合成为白光，从而使织物达到增白的目的。因为用荧光增白剂处理后织物反射光的强度增大，所以亮度有所提高。荧光增白剂的增白效果随入射光源的变化而变化，入射光中紫外线含量越高，效果越显著。

棉针织物的增白可单独进行，也可与漂白、染色、柔软或树脂整理等同时进行。设备可采用绳状染色机、绳状水洗机、常温常压溢流染色机或绳状连续增白机等。荧光增白剂VBL整理液的pH值以8～9为宜，最高用量为织物重的0.6%。用量过高会出现青黄色，反而达不到增白的目的。荧光增白剂VBU的应用方法同荧光增白剂VBL，其耐酸性好，pH值为2～3时仍然可使用，并可与树脂整理同浴进行。

棉针织物增白整理工艺配方和工艺条件举例如下：

1）工艺配方（按织物重量）：

荧光增白剂VBL	0.1%～0.3%
活性艳蓝	0.016%
活性红紫	0.001 5%
硫酸钠	0～10%

2）工艺条件：

浴比	1∶20～1∶40
pH值	7～9
温度	20～40℃
时间	20～30 min
烘干温度	70～80℃

在增白配方中加入的少量蓝、紫色染料，是为了调整增白剂的色光，增加其蓝、紫色调。

2. 棉针织物的柔软整理

棉针织物经过练漂及印染加工后，纤维上的蜡质、油剂等被不同程度去除，织物手感变得粗糙僵硬，在缝制中易产生针洞等疵病，因此常需进行柔软整理。

棉针织物的柔软整理是在织物上施加柔软剂，降低纤维之间、纱线之间以及织物与人手之间的摩擦因数，从而获得柔软平滑的手感。

目前柔软剂的种类主要有四类，它们分别是石蜡或油脂等的乳化物、表面活性剂、反应性柔软剂和有机硅柔软剂。其中有机硅柔软剂是一类应用广泛、性能好、效果最突出的纺织品柔软剂，在当前发挥着越来越重要的作用。

针织物柔软整理可单独进行，也可与增白、树脂整理等同浴完成。柔软整理有绳状浸渍法和平幅浸轧法两种加工方式，前者可在水洗机或各种染色机内进行，后者采用平幅浸轧槽，与拉幅烘燥机配合使用。浸轧槽有一浸一轧式、二浸一轧式等，浸轧次数多，织物吸附柔软剂均匀。

绳状浸渍法工艺流程：增白或染色洗净后织物→（脱水）→绳状浸渍柔软剂液（室温，

5～15 min)→出布→脱水→烘干。平幅浸轧法工艺流程：增白或染色洗净后织物→绳状真空吸水→退捻开幅→扩幅→平幅→浸轧柔软剂液（室温，轧液率80%～100%)→拉幅烘燥。

3. 棉针织物的防缩整理

棉针织物在松弛状态下被水润湿或在水中洗涤时，织物长度发生收缩，这种现象称为棉针织物的缩水。如果用这种坯布制成成衣，则在洗涤过程中成衣会产生缩水变形，尺寸变小，甚至不能服用。由于棉针织物缩水现象严重，影响了其服用性能，因此进行防缩整理是必不可少的。棉针织物的防缩整理主要采用物理机械防缩。

棉针织物的缩水主要由棉纤维的亲水性和湿、热可塑性以及棉针织物的结构特点决定。染整加工中，棉针织物在湿、热状态下纵向受到张力作用，棉纤维吸湿发生各向异性溶胀，棉针织物产生塑性形变，组织结构也发生变化。

从棉针织物产生缩水的原因来分析，要降低棉针织物的缩水率，可通过以下防缩措施。首先在染整加工过程中，要减小张力，采用松式加工，尽量避免织物在湿态下产生塑性形变，织物纵向伸长；其次，可采取丝光和碱缩等处理，松弛纤维内存在的内应力；再次，还可通过树脂整理来降低棉纤维的亲水性，减少其吸湿溶胀；最后，棉针织物防缩可以采用机械预缩，通过机械预缩设备，把织物的纵向伸长部分预先回缩，使织物恢复到稳定状态。

在棉针织物的实际生产中，为了降低其缩水率，除了采用松式加工外，汗布类一般采用超喂湿扩幅、超喂烘干和超喂轧光三超喂防缩工艺；棉毛类采用超喂湿扩幅、超喂烘干和超喂预缩三超喂防缩工艺。

4. 棉针织物的轧光整理

为了使棉针织物表面光洁平整，手感柔软和富有弹性，并使织物的门幅符合规定要求和纠正丝缕歪斜，降低缩水率，改善棉针织物特别是单面织物的光泽，需进行轧光整理。对光泽要求较高的棉针织物，可进行电光整理。

轧光整理是利用棉纤维在湿热条件下具有一定的可塑性，通过机械压力的作用，将针织物表面的纱线压扁压平，竖立的绒毛压服，织物表面变得平滑光洁，对光线的漫反射程度降低，从而使织物的光泽得到提高。此外，在轧光前针织物先经扩幅撑板合理扩幅，使门幅增大，纵向缩短，经轧光后这种状态便稳定下来。因此，轧光整理具有使针织物布面平整、门幅稳定、缩水率降低和产生光泽的作用。

针织物的轧光整理在轧光机上进行，主要用于圆筒状针织物。轧光机主要有三辊轧光机和超喂轧光机。

第三章

麻纺织品的整理

学习目标

麻纺织品的脱胶

麻纺织品的染色

麻纺织品的后整理

关键术语

脱胶　精干麻变性　水洗整理　液氨整理

麻纤维是从各种麻类植物上获取的纤维的统称，包括一年生或多年生草本双子叶植物的韧皮纤维和单子叶植物的叶纤维。麻纤维是人类最早用于衣着的纺织原料。

韧皮纤维是从一年生或多年生草本双子叶植物的韧皮层中取得的纤维，这类纤维品种繁多，纺织上采用较多，经济价值较大的有苎麻、亚麻、黄麻、洋麻、大麻、苘麻、荨麻和罗布麻等。这类纤维质地柔软，适宜纺织加工，商业上称为“软质纤维”。

叶纤维是从草本单子叶植物的叶子或叶鞘中获取的纤维。具有经济和实用价值的有剑麻、蕉麻和菠萝麻等，这类纤维比较粗硬，商业上称为“硬质纤维”。

一、主要类别

1. 苎麻

苎麻主要产于我国的长江流域，以湖北、湖南、江西出产最多，印度尼西亚、巴西、菲律宾等国也有种植。苎麻分白叶种苎麻和绿叶种苎麻两种。白叶种起源于我国南部山区，在我国栽培历史悠久，有“中国草”之称。绿叶种苎麻起源于东南亚热带山区，麻茎高大，叶背呈绿色，无白色茸毛，产量、质量都差。

苎麻是麻纤维中品质最好的纤维，用途广泛，在工业上用于制造帆布、绳索、渔网、水龙带、缝纫线、皮带尺等。苎麻织物具有吸湿、凉爽、透气的特性，而且硬挺、不贴身，宜作夏季面料和西装面料。苎麻抽纱台布、窗帘、床罩等，是人们喜爱的日用工艺品。我国近年来对苎麻进行变性处理，变性后苎麻的纯纺与混纺产品更具有独特的风格。

2. 亚麻

亚麻适宜在寒冷地区生长，俄罗斯、波兰、法国、比利时、德国等是主要产地，我国的东北地区及内蒙古等地也大量种植。纤维用亚麻茎细而高，蒴果少，一般不分枝，纤维细长质量好，是优良的纺织纤维，素有“西方丝绸”“第二皮肤”的美称。

亚麻品质较好，用途较广，适宜织制各种服装面料和装饰织物，如抽绣布、窗帘、台布、男女各式绣衣、床上用品等。亚麻在工业上主要用于织制水龙带和帆布等。

3. 大麻

大麻是世界上最早栽培利用的纤维作物之一，原产于亚洲，公元前1500年左右传入欧洲。目前主要产地有中国、印度、意大利、德国等。我国的大麻主要分布在山东、河北、山西等地，为单性花，雌雄异株。雄株茎细长，韧皮纤维产量多，质佳而早熟；雌株茎粗壮，韧皮纤维质量差，晚熟。

由大麻织制的服装面料，风格粗犷，穿着挺括、透气、舒适。大麻具有杀菌消炎等作用，也常用于保健织物。此外，大麻还可作装饰布、包装用布、渔网、绳索、嵌缝材料等。

4. 罗布麻

罗布麻多为野生，又称野麻、夹竹桃麻、茶叶花，是夹竹桃科罗布麻属的多年生宿根草本植物，由于最初在新疆罗布泊发现，故以罗布麻命名。罗布麻有红麻与白麻之分，前者植株较高，幼苗为红色，茎高大，一般为1.5～2 m，最高可达4 m以上；而后者较矮小，幼苗为浅绿色或灰白色，茎高一般在1～1.5 m，最高可达2.5 m。罗布麻广泛生长在盐碱、沙荒地带，集中在新疆、内蒙古、甘肃和青海等地。罗布麻是我国近年来新开发的天然纤维，它不仅具有优良的服用性能，而且还具有良好的医疗保健功能，特别适于制作夏天的服装。

5. 黄麻

黄麻适用于在高温多雨地区种植，印度、孟加拉国是世界主要产地，东南亚及南亚国家都有种植，我国现以台湾、浙江、广东省为最多。黄麻属椴树科黄麻属的一年生草本植物，每年三四月间播种，六七月间高度达到 2～3 m 时开花，结果后的纤维强力下降，所以一般都在结果前收割。黄麻主要用于粮食、食盐等物品的包装袋，纤维及纱线、布匹的包布，沙发面料和地毯基布及电缆包覆材料等，很少用于衣料。

6. **洋麻**

洋麻又称槿麻、红麻，属锦葵科木槿属的一年生草本植物，起源于东南亚和非洲，20 世纪初传入我国种植。洋麻的主要生产国为印度和孟加拉国，其次为中国、泰国、尼泊尔、越南和巴西等，此外在欧美一些国家也有少量种植。洋麻作物对环境的适应性强，分南方型和北方型两种。南方型分布于热带或亚热带地区，北方型分布在温带地区。洋麻是黄麻的主要代用品，其用途与黄麻相同。

7. **剑麻**

剑麻又称西色尔麻，属龙舌兰科龙舌兰属的多年生宿根草本植物，剑麻的茎短，被簇生的叶片环抱，因叶片外形似剑，故名。一般种植两年后，叶片长至 80～100 cm，叶片个数达到 80～100 片时收割。收割过早，纤维率低，纤维强度低；收割过迟，又因叶脚枯干影响纤维质量，故纤维的收割必须适时。剑麻原产于中美洲，现世界上剑麻的主要产国有巴西、坦桑尼亚等，我国剑麻主要分布在南方各省。剑麻可制成绳索、刷子、包装材料、纸张、地毯底布或与塑料压成建筑板材等。

8. **蕉麻**

蕉麻是一种芭蕉科植物，为多年生高大草本植物，与香蕉同属一类，长得也差不多，而且也能结出像香蕉那样的果实。不过蕉麻的果实并不能吃。蕉麻的叶柄中含有很多纤维，人们可以用它来提取纤维。蕉麻的纤维可以达 1～3 m长，具有非常好的强度和柔软度，同时由于蕉麻纤维有浮力和抗海水腐蚀，因此人们用它来制作船缆、鱼线、绳索等。蕉麻还可以做成地毯、服装和纸等。蕉麻原产菲律宾，也称马尼拉麻。蕉麻的植株是从地下的根茎中长出来的，一个植株可以长很多主茎，每个主茎生长一年半到二年就可以收割了。但在 10 年后必须重新再种植新的根茎。

9. **菠萝麻**

菠萝麻原产于巴西，又称凤梨麻，是凤梨科龙舌兰属的多年生常绿草本植物，菠萝的叶片较短、较薄，纤维含量较少。菠萝麻性喜温暖，在热带和亚热带地区广泛种植，我国的主要产地有台湾、广东、广西、福建、海南和云南等省区。菠萝麻纤维纯白而有光泽，纤维较粗硬，具有与棉相当或比棉更高的强度（菠萝叶纤维的强度与成熟度关系很大），断裂伸长接近苎麻、亚麻，初始模量高，不易变形，吸湿性好。菠萝麻纤维可纺性差，常以工艺纤维进行纺织加工，可制成绳索、包装材料、缝鞋线，也可用于造纸原料和土法编席等。

二、麻纤维组成物质与化学性质

麻纤维的主要化学组成为纤维素，并含有一定数量的半纤维素、木质素和果胶等。由于麻的品种不同，其各种物质的含量也有所不同，常见麻纤维的化学组成见表3—1。

表3—1 常见麻纤维的化学组成 %

成分	苎麻	亚麻	黄麻	洋麻	大麻	苘麻	罗布麻	蕉麻	剑麻	菠萝麻
纤维素	65～75	70～80	64～67	70～76	85.4	66.1	40.82	70.2	73.1	81.5
半纤维素	14～16	12～15	16～19	—	—	—	15.46	21.8	13.3	—
木质素	0.8～1.5	2.5～5	11～15	13～20	10.4	13～20	12.14	5.7	11.0	12.7
果胶	4～5	1.4～5.7	1.1～1.3	7～8	—	—	13.28	0.6	0.9	—
水溶物	4～8	—	—	—	3.8	13.5	17.22	1.6	1.3	3.5
脂肪、蜡质	0.5～1.0	1.2～1.8	0.3～0.7	—	1.3	2.3	1.08	0.2	0.3	—
灰分	2～5	0.8～1.3	0.6～1.7	2	0.9	2.3	3.82	—	—	1.1

（1）纤维素

纤维素是麻纤维的主要化学成分，与棉纤维相比，麻纤维中纤维素的含量较少。几种麻纤维中大麻纤维的纤维素含量较高，而罗布麻纤维的纤维素含量较低。

（2）半纤维素

在所有的天然植物韧皮中，或多或少地存在着一些与纤维素结构相似、聚合度较纤维素低的糖类物质。它们与纤维素的区别：首先，在某些化学药剂中的溶解度大，很容易溶于稀碱溶液中，甚至在水中也能部分溶解；其次，水解成单糖的条件比纤维素简单得多。这些结构与纤维素相似而能溶解于稀碱溶液中的物质称为半纤维素。

（3）果胶

麻皮中含有果胶物质，它是一种含有酸性、高聚合度、胶状碳水化合物的混合物，化学成分较为复杂，与半纤维素一样属于多糖类物质。果胶物质是植物产生纤维素、半纤维素和木质素的营养物质，它对植物生长过程起到调节植物体内水分的作用。

（4）木质素

木质素在植物中的作用主要是给植物一定的强度。麻纤维中木质素的含量多少直接影响纤维的品质。木质素含量少的纤维光泽好，柔软而富有弹性，可纺性能及印染时的着色性能均好。因此，根据纺纱工艺的要求，麻纤维中的木质素含量越低越好，即在麻纤维脱胶中除去的木质素越多，越有利于工艺加工。但采用工艺纤维纺纱时，不能清除所有的木质素，所以可纺性能较单纤维的可纺性差。

（5）其他成分

麻皮中还含有脂肪、蜡质和灰分等。脂肪、蜡质一般分布在麻皮的表层，在植物生长过程中，有防止水分剧烈蒸发和浸入的作用。灰分是植物细胞壁中包含的少量金属性物质，主要是钾、钙、镁等无机盐和它们的氧化物。

麻纤维中还含有少量的氮物质、色素等，这些物质都能溶于 NaOH 溶液中。

第一节　麻的前处理——脱胶

一、苎麻纤维脱胶

麻纤维初加工是从麻秆韧皮中提取纤维的过程，如图 3—1 所示。其主要工序是脱胶。由于脱胶质量及脱胶后纤维变性对以后纺织染整加工都有影响，本节将对此做简单叙述。苎麻皮自麻茎上剥下后，先刮去表皮，称为刮青，目前我国苎麻的剥皮和刮青以手工操作为主。经过刮青的麻皮晒干或烘干后成丝状或片状的原麻，即商品苎麻。

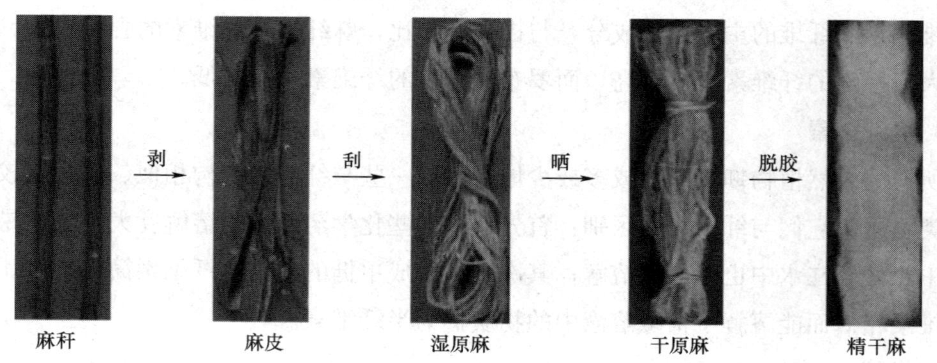

图 3—1　苎麻纤维初加工过程

1. 原麻脱胶方法

原麻所含的非纤维素赋予纤维僵硬性，它使所有单纤维胶合在一起并且难以分离，故纺纱前必须先除去原麻中的胶质，此过程成为脱胶。

麻皮中所含非纤维素杂质依品种不同而不同，占25%～30%，主要以半纤维素、果胶物质、木质素为主，另有剥制残留物如皮层、麻屑、皮壳、红根、焦梢以及病斑、风斑等都应在脱胶时全部除去，脱胶时应尽可能保护单纤维的完整不受损伤，以免影响纺纱、织布及产品质量。苎麻的脱胶方法有下面几种：

(1) 土法脱胶

土法脱胶是我国民间沿用已久的脱胶方法。土法脱胶只能达到半脱胶。目前个别地方仍在织造夏布时采用此法。主要是提供织造夏布的麻丝，麻丝是苎麻经土法脱胶后并经过手指分离成丝。通常有下面几种方法。

1) 日光法。鲜麻或干麻浸渍，挑起左右摆动数次，然后铺在草上吹晒，或铺在草上洒水，稍干燥后又洒水，傍晚晒干收集。如此10～15天直至纤维变白成精制品。土法漂白用硫熏法。此法制得的麻纤维光泽好但强力较差。

2) 牛粪法。缸中放温水或沸水，加入牛粪拌匀后，把原麻浸入其中约1 h后取出，用水冲洗净，在日光下晒干，第二天重复进行至纤维变白成精制品为止。

3) 雨露法。把麻束平摊在庭院青草地上过夜让露水打湿。白天晒干，连续若干天直至纤维成精制品为止。

4) 河水浸渍法。将原麻放入河水中浸渍，待发黏、有臭味时取出，用清水洗净晒干。如此反复进行直到可分离出麻丝为止。

苎麻经土法脱胶，用水浸透，就可以用手工分成细麻丝，由于它是束纤维，表面光滑，没有毛绒。土法脱胶生产周期长，生产效率低，且未全部分离成单纤维，不能用于机器纺纱，也不适应工业大规模生产，但对农村业余生产供土法手工纺纱织造特殊风格的夏布还是适用的。

(2) 纯生物脱胶法

传统的生物脱胶是将原麻浸在一定的厌氧环境如水田中，利用自然界存在的微生物脱除苎麻胶质，获得苎麻纤维，其实质是利用多种厌氧微生物协同作用脱去苎麻的胶质。而现代生物脱胶法是通过有目的地选择产脱胶关键酶酶活力比较高的微生物菌株，将苎麻浸渍于其中除去苎麻胶质；或者直接选用有降解苎麻胶质成分能力的酶制剂处理苎麻获得纯净苎麻纤维。传统生物脱胶实质上也属于纯生物脱胶，生产成本低且简单易行，但脱胶质量不稳定、耗时长。占地面积大，不能应用于工业化生产。目前有应用前景的现代纯生物脱胶法包括全酶脱胶法和纯微生物脱胶法两种。

1) 全酶脱胶法。酶脱胶是将脱胶的细菌培养到细菌的衰老期后，利用其所产生大量的粗酶液，浸渍苎麻原麻；或将粗酶液提纯、浓缩为液剂，或将浓缩液干燥成粉剂，将这液剂稀释或粉剂溶于水，把苎麻原麻浸渍在该稀释液中进行酶脱胶。但这种研究仅停留在试验阶段，未见生产报道。

2）纯微生物脱胶。微生物脱胶是利用某种细菌施加在苎麻原麻也就是生苎麻上，以生苎麻的胶质为营养源，让脱胶菌在生苎麻上大量繁殖，在脱胶菌繁殖过程中，分泌出一种酶物质来分解胶质，使高分子量的果胶及半纤维素等分解成低分子物质而溶于水中。例如果胶菌分泌出果胶酶来分解胶质。

苎麻微生物脱胶在国内外均做过一些试验，从目前研究进展情况来看，由于尚未找到果胶酶和半纤维素酶的高效菌种，产生的酶活力不高，脱胶作用尚不够理想。因此，单一的微生物脱胶方法，尚未能够在微生物生产中推广运用。

（3）化学脱胶方法

化学脱胶法是目前工业生产中用得最多的方法，此法利用强酸强碱及氧化剂先后与原麻作用，原麻中所含非纤维素物质大多数可溶于酸、碱液中，有些在氧化后可以溶解。由此可得漂白精干麻，在上述化学药剂中，主要药剂是烧碱，因烧碱热溶液可以溶除纤维素被水解的短节，使纤维分子长度均匀化，所得产品纯度较高，机械物理性能也较好。

在应用化学法脱胶时应注意下列问题：

1）要最大限度提高麻纤维纯度，使苎麻束纤维便于全部分离成单纤维，以提高纤维的洁净度、柔软度及单纤维支数，以使可纺性及成纱支数提高。

2）脱胶过程中要尽可能不损伤麻纤维，如水解、氧化及机械损伤等，力求保持麻纤维的原有物理性能以免影响纺织品的质量。

3）脱胶工艺应简化或缩短工艺流程，减少半制品的储备与停留时间，以利机械化与连续化，从而节约劳动力和降低成本。

4）化学药剂的选择与能源节约都应考虑。

（4）生物—化学联合脱胶法

该法分为酶—化学联合脱胶法和微生物—化学联合脱胶法两种。

1）酶—化学联合脱胶法。该法就是先用酶处理苎麻，因为酶的作用，使得原麻中的胶质在分子结构上发生了较大的变化，胶质复合体的稳定性受到很大的破坏，其中的大分子之间有较大的空隙，活化了这些大分子的化学反应性能，提高了大分子对碱的敏感性。再用化学的方法，就可在较短的时间内除去生物脱胶后残余的胶质，而且所用碱液的浓度也较低。

2）微生物—化学联合脱胶法。该法实质上是利用微生物的生命活动所产生的脱胶酶定向破坏苎麻胶质的主体结构，使胶质的聚合度下降，然后用稀碱经短时间处理将残胶除去。

苎麻历史上一贯采用生物脱胶方法，近年渐渐采用化学脱胶，国内采用的化学脱胶工艺流程为：

苎麻原料选麻→解包、剪束、扎把→浸酸→高压煮练（废碱液）→高压煮练（碱液、硅酸钠)→打纤→浸酸→洗麻→脱水→给油（乳化油、肥皂)→脱水→烘燥→精干麻。

根据纺织加工的要求，脱胶后苎麻的残胶率应控制在2%以下，脱胶后的纤维称为精干麻，色白而富于光泽。

2. 精干麻的变性处理

原麻经过精制后仍然平直无卷曲，纤维较粗，延伸性小而刚硬，可纺性不佳，制成的织物不耐磨，易起皱也易起毛，染色性能也不如棉。但经过适当化学处理可以改变苎麻纤维的超分子结构，如结晶度、取向度，使纤维延伸性及弹性得以改善，从而有利于梳纺、织造，对织物的耐磨性及染色性能也有提高。这种化学处理方法称为“变性”。纤维变性后虽可改善上述性能，但在变性处理过程中由于耗费化学药剂，增加了污水处理量，且最终对麻织物的风格影响颇大，因而也有人认为采取化学变性是不可取的，主张用麻与其他纤维混纺的方法来改善麻织物的性能，这样既不会影响到麻织物的风格，又不会增加成本，还可减少污染(如麻/涤、麻/棉、麻/绢、麻/粘等)。目前这两种方法都已应用于生产，但仍以混纺法更为方便易行。

麻纤维化学变性的方法有碱法（浓 NaOH 松弛浸渍)、磺化法（浓 NaOH 及二硫化碳处理)、烷基化法、尿素法等，目前工艺较成熟且已用于生产的有碱法和烷基化法，而磺化法因使用二硫化碳易造成空气污染而使用不多，现将各种处理简述于下：

(1) 磺化法

此法与黏胶纤维的制取过程类似，但麻纤维变性条件缓和，处理后仅改变纤维的物理结构而不会变成黏胶液或表面黏胶化。磺化变性后的麻纤维表面毛糙化，其纤维卷曲和结晶度都有下降，纤维内部结构略疏松。因此延伸率、弹性及染色性都有改善，二硫化碳以制成乳液充分分散后加入效果较匀。其主要工艺流程如下：精干麻→减压加入 300 g/L NaOH（加适量酸类渗透剂)→压轧→减压加入二硫化碳乳液→充分拌匀→酸洗→水洗→干燥。

二硫化碳乳液制备：

二硫化碳	2份
磺化油	25份
醇	0.5份
加水合成	100份

将上述组分混合，高速搅拌成乳液。

(2) 碱法

本工艺与煮练结合，不是从精干麻开始，故工序增加不多，其工艺流程如下：第一次煮练后，水洗→脱水→浸碱（200～220 g/L，室温，浸 15 min)→脱碱→精练→漂白酸洗→脱水→给油→干燥。

浓碱对麻纤维的作用与对棉纤维的作用相同。碱变性后的麻纤维硬度下降，可纺出4.8 tex细纱。

在脱碱后可不经水洗先用酸混合液400℃时处理5 min，然后水洗、干燥。酸混合液的组成为：

H_2SO_4	25 g/L
Na_2SO_4	90 g/L
$ZnSO_4$	8 g/L

经上述酸混合液处理后的碱纤维可防止退膨化作用，使碱变性效果稳定，碱变性后的麻纤维变粗20％，延伸度提高14％，强力下降25％，对染整加工有利。

碱变性可减少二次煮练，缩短了工艺，投资仅增加浸脱碱设备，处理成本略有增高。

（3）烷基化法

脱胶麻（含水率＜50％）→浸渍烷化剂（20％ NaOH＋0.5％～1％异丙醇）→脱碱→酸洗→水洗→后处理。

麻纤维在20％ NaOH中膨化，在葡萄糖剩基的2位碳原子上与异丙醇作用完成烷基化，生成纤维素异丙醚，有阻止退膨化作用，物理机械性能与碱变性纤维类似，吸收染料性能好，并可省去织物丝光工序。对涤纶混纺织物及色织物有利，且适用于树脂整理。

二、亚麻纤维脱胶

从亚麻茎中获取纤维的方法称为脱胶、浸渍或沤麻，亚麻茎细，木质都不甚发达，从韧皮部制取纤维不能采用一般的剥制方法，亚麻初加工的流程如下：

亚麻原茎→选茎与束捆→浸渍麻→干燥→入库养生成干茎→碎茎→打麻→打成麻→手工梳理→分等成束→打包。

打麻↓粗麻处理→粗麻成包

亚麻脱胶的方法很多，主要作用为破坏麻茎中的黏结物质（如果胶等），使韧皮层中的纤维素物质与其周围组织成分分开，以获得有用的纺织纤维，国内外普遍采用的方法有如下几种：

（1）雨露浸渍法

将亚麻茎铺放在露天20～30天，利用雨水和露水的自然浸渍和细菌分解条件来达到沤麻目的，此法操作简单，纤维质量较差。此法在国外农村中普遍采用。

（2）冷水浸渍法

将麻茎放入池塘河泊中浸渍7～25天，利用天然水浸渍和细菌分解来完成沤麻目的，此法亦很简单，纤维质量较差。此法在农村中采用。

（3）温水浸渍法

将麻茎放入沤麻池中，在32～35℃的水温下浸渍40～60 h，由于此法对沤麻条件能很好控制，麻纤维质量较好，我国亚麻初加工厂基本都用此法。

（4）嫌氧空气沤麻法

将麻茎置于缺乏氧气的空气条件下，利用嫌氧菌（如氮菌、果胶菌等）来完成沤麻任务，所得麻纤维呈灰色或奶油色，强度高、色泽均匀，浸渍时间比温水浸渍法省一半左右，在苏联及其他国家都有应用。

（5）汽蒸沤麻法

将麻茎置于一个密闭的蒸汽锅内，在2.5个大气压下蒸煮1～1.5 h，这种汽蒸麻质量较粗硬，我国仅个别工厂进行试验，国外应用较多。

亚麻纤维是亚麻原茎经浸渍等加工而成。经过浸渍以后的亚麻，采用自然干燥或干燥机干燥。自然条件干燥后的麻，手感柔软有弹性，光泽柔和，色泽均匀，为我国普遍采用。干燥后的麻茎经碎茎机将亚麻干茎中的木质部分轧碎、折断，使它与纤维层脱离，然后再用打麻机把碎茎后的麻屑（木质和杂质）去除，获得可纺的亚麻纤维，称为打成麻，它是单纤维用剩余胶黏结的细纤维束。亚麻纤维就是采用这种胶黏在一起的细纤维束纺纱，其纺纱方法有干纺和湿纺两大系统，因此，形成的纱线有长麻干纺、湿纺的纯麻纱和混纺纱；短麻干纺、湿纺的纯麻纱和混纺纱。除打成麻外，打麻机上的落麻含有40%左右的粗纤维，经进一步处理后可以利用。

三、大麻纤维脱胶

1. 大麻脱胶特点

大麻收获后，必须经过沤洗、剥制等初步加工过程，成为精麻或原麻，才能供工业上使用。大麻沤制方法很多，有冷水浸、热水浸、露浸、雪浸、堆积发酵、青茎晒法等。我国各地麻区盛行冷水浸渍法，少数采用堆积发酵法或青茎晒制。俄罗斯、美国、法国盛行露浸法，意大利盛行冷水浸渍法，日本盛行热水浸渍法。

大麻初加工常采用的天然水沤法存在着很大的缺点，主要是占用水面大，脱胶时间长，脱胶质量不稳定。另外，大麻与苎麻、亚麻相比，杂质含量高，其纤维的化学成分与品种、生长地区、收获时间、存放期、剥制、沤麻方法等诸多因素有关，尤其是大麻纤维的木质素、半纤维素甚至果胶含量较高，而其单纤维过短，这些特点都增加了其脱胶的难度，导致脱胶后精干麻的制成率低，直接影响大麻纺纱的成品质量、织造工艺和染整后处理加工。

由于大麻单纤维长度大部分在 15～25 mm，纤维整齐度差，刚性大，几乎无卷曲，因此，单纤维很难在目前的设备上进行纺纱。通过对大麻纤维结构的研究发现，大麻单纤维细胞在胞间层物质的黏结下交织成网状，纤维整齐度差，必须利用残胶将单纤维粘连而成纤维束（工艺纤维）才便于纺纱，这就只能考虑采用适度脱胶工艺。

2. 大麻脱胶方法

（1）传统天然水沤麻脱胶法

天然水沤麻就是将麻株扎成小捆，或者将从大麻茎杆上剥取下来的麻皮扎束，浸泡在池塘、沟渠、湖泊或河流等天然水域中进行微生物厌氧发酵脱胶，利用水中各种微生物的联合作用将高分子化合物的麻分解成为小分子化合物，从而将纤维素提取出来。

这种方法需要大量的水，在水资源不丰富的地区受到限制；并且受季节、气候的影响很大，脱胶的质量不稳定；由于水源的水质以及水中的微生物种类不同，使得沤麻的过程难以控制；脱胶时间较长，夏季需 10 天左右，冬季则要 3～4 个月；此种方法对水域的污染严重。这种方法是我国麻农采用的最传统的方法，已不能适应现代社会的生产方法，目前只有极少数地区在使用。

（2）化学脱胶法

目前我国的大麻纺织企业主要采用化学脱胶工艺，其原理是利用大麻纤维中的胶质和纤维素对烧碱作用的稳定性差异去除原麻中的胶质，保留纤维素成分。工艺中以碱剂为主，辅以氧化剂、助剂和一定的机械作用达到脱胶目的。基本的工艺路线是：原麻扎把→装笼→浸酸→水洗→煮练→敲麻→漂白→水洗→酸洗→水洗→脱水→开松→装笼→给油→脱油水→抖散→烘干→精干麻。

但上述工艺在实际生产中还存在一些问题：大麻胶质中木质素含量较高，可达 4%～7%，而上述工艺中木质素的去除并不理想，然而木质素的存在对纺织品质量有很大影响。木质素含量少的纤维光泽好、洁白、柔软、富有弹性，可纺性、染色性都好。反之，纤维质量较差。木质素在酸性环境中漂白是以氯化为主，再用稀碱液处理，可使其被次氯酸盐氧化而溶解，采用该工艺再处理可使精干麻木质素含量达到 0.8%以下，色白，松柔，能满足纺织印染等后加工的要求，但该工艺要求对漂白及碱液处理工艺参数严格掌握，否则难以得到满足后道工序要求的精干麻。这种方法的脱胶效果虽有所改善但还不是十分理想。

据研究报道，将化学脱胶和机械分离相结合可得到脱胶效果较好的精干麻纤维。其主要工艺流程是：煮练废碱液浸泡→头道打麻→煮练→酸洗→漂白→水洗→给油→烘干→分梳→

工艺纤维。整个工艺采用较为缓和的化学作用，同时辅以两次交替打麻的机械作用，从而达到既能适度脱胶，又保持适当的强度和长度，为梳理创造了条件。这种方法生产的大麻纤维，能纺出 36～40 tex 的纯大麻纱，及 11、14、16、21 tex 的麻/棉、麻/涤混纺纱。

（3）微生物脱胶法

前面提到的“天然水沤麻”虽也属于微生物脱胶，但只是利用微生物的自然作用。这里要介绍的是人工选育的微生物脱胶法。微生物脱胶法用天然的或人工培养的细菌发酵作用产生酶，酶使胶质分解，获得分离的纤维束的脱胶方法。其实质就是“胶养菌，菌产酶，酶脱胶”循环的结果。

依据多糖化学的最新研究，胶质成分应按物质结构划分，分为多缩戊糖、多缩己糖及其杂聚多糖和木质素等。绝大多数厌氧型微生物都能利用多缩戊糖、多缩己糖作为它们的糖源和能源。微生物分泌的酶将韧皮中的各种胶质分解为小分子化合物使纤维胶质分离。部分杂聚多糖的完全降解很可能需要几种细菌的协同作用。木质素不易为微生物所利用，是植物中最难分解的部分，因此，微生物脱胶的主要对象是去除纤维素和木质素之外的多缩戊糖、多缩己糖及其杂聚多糖。而木质素只能采取一定的后处理措施脱除。

目前研究和应用最多的是生物酶——化学联合脱胶，有些厂家已形成了相当成熟的工艺。工艺流程为：菌种→培养→发酵→生产细菌→细菌脱胶→精练→敲麻→漂洗酸→给油→脱油水→抖松→烘干。优点是可使环境污染大大减少，减少能源和化学药品消耗，纤维损伤小，得到的精干麻品质优良，手感蓬松柔软。

微生物脱胶专一性强，作用条件温和，可以提高麻的加工质量，降低生产成本，提高经济效益，减轻环境污染，工艺简单易行，是极具发展潜力的一项技术。但该技术仍需进一步完善。例如，对现有脱胶菌种加以改造，应用新技术，进一步加强对现有脱胶菌种改造的研究，提高脱胶菌的产酶能力与酶活性，以及酶的活性稳定性。并进一步加强对新菌种的筛选、培养。

（4）酶脱胶法

20 世纪 80 年代以来，我国不少研究者对脱胶菌种的分离、筛选以及采用单一菌种进行原麻的脱胶试验，主要面向苎麻、亚麻、红麻、黄麻等，大麻的酶法脱胶近几年才有研究。

酶脱胶就是将脱胶菌培养到细菌生长的衰老期后进行过滤或离心等处理，再用得到的粗酶液浸渍原麻，或者将粗酶液提纯、浓缩为液剂，也可将该浓缩液干燥成为粉剂，使用时将液剂稀释或将粉剂溶于水，把原麻浸渍在酶稀释液中进行酶解脱胶。

关于酶法脱胶，从对其他麻类作物的研究看，其优点是很明显的，工艺简单易行，无须专用设备，快速高效，无污染，生产的精干麻质量好。但从目前来看，单一的酶法脱胶还无法应用于工业生产，主要是产酶菌种或酶制剂的酶活力太低，酶脱胶后的原麻还含有较多的胶质，必须通过化学精练过程的弥补，才能达到脱胶的质量要求。

（5）超声波脱胶技术

超声波脱胶是最近出现的一种新工艺，具有“爆炸型”剥离的特征。它首先使外包胶质层产生大量的裂缝，然后在空化泡进一步连续作用下，形成胶质小团，并使之成团剥落而进入水中，然后借助超声波空化泡膨胀及破裂时产生的巨大压力和拉伸力来粉碎和冲击剥落的胶质团，使之被超声波粉碎成极小的胶质粒，甚至将其分解。这些胶质微粒被稳定地分散在液体中，从而又快又好地完成了大麻脱胶的预处理。超声波的脱胶加工主要是基于强超声波“空化效应”。利用超声波可以改善和加速大麻脱胶，而超声波本身的产生及在大麻脱胶前处理中所起的作用，不涉及任何化学药剂，属于物理加工。在“保护环境”呼声很高的今天，它具有十分重要的意义。超声波在大麻脱胶预处理中的这种独特的加工方式及作用机理，使它在大麻脱胶中具有极大的潜力。

（6）闪爆法脱胶

闪爆技术处理大麻纤维也是近年来发展较快、纤维分离和脱胶有效，并且低成本、无污染的一种脱胶方法。闪爆法脱胶分为两个步骤：首先是高温高压条件下热作用，经过预处理的原麻中的水分以及各组分吸收高热能量，使半纤维素降解成可溶性糖，同时木质素软化和部分降解，与纤维连接强度降低，为闪爆过程提供选择性的机械分离。其次，是闪爆过程利用高温高压热蒸汽和高温液态水两种介质共同作用于原麻聚合体，瞬间完成的绝热膨胀过程，对外做功。在闪爆过程中，膨胀的气体以冲击波的形式作用于原麻聚合体，使原麻聚合体中纤维素分子链（同时还有半纤维素分子链、木质素分子链以及果胶质分子链）在软化条件下产生剪切力变形运动，由于原麻聚合体变形速度比冲击波小得多，使之多次产生剪切，使纤维分离。该方法脱胶后的大麻纤维纤维素的比率显著增加，木质素等非纤维素成分明显降低，而且脱胶效果理想，该处理方法的实际工业化也有一定的潜力。

第二节　麻纺织品的染整

麻类纺织品是我国的传统产品，目前在国内外市场上仍为热销产品之一，但由于染整加工水平不高，麻类纤维的优良品质未能很好体现出来，以至于使我国麻类产品在国际市场上缺乏竞争能力。如何加工好麻及其混纺织物，使之能达到和满足国内外市场的需求，这是染整工作者急需解决的问题，因此，有必要再次认识麻类纤维的性能特征及其对染整加工的影响，才能对症下药。根据目前对麻类纺织品的生产实际的总结，发现麻类纺织品的染整加工以苎麻纤维最有代表性。

一、苎麻织物的前处理

1. 烧毛

由于苎麻织物毛羽多，因此烧毛比棉织物更为重要。苎麻烧毛要求高速、烧透，最适宜的设备是气体烧毛机，要求配置双喷射火口或旋风预混喷射式新型火口，这些火口火焰温度可达1 350℃，在高温快速条件下，能保证既烧去绒毛，又不损伤纤维，一次烧透。火口上方不要配置冷水辊，以增强火焰的穿透能力。烧毛可采用二正二反，车速为80～100 m/min。

为了提高烧毛质量，可在烧毛之前进行均匀烘干，使织物含水率在5%以下。加强刷毛，以使倒伏的毛羽竖立起来。并尽量缩短穿布路线，使织物表面的毛羽及杂质尽可能去除。烧毛后落布宜采用湿落布，防止粉尘飞扬，改善劳动环境。

2. 退浆和煮练

退浆的目的在于去除织物上的浆料和部分杂质。煮练的目的是去除纤维的伴生物，使织物具有一定的吸水性，便于染料及化学药剂的吸附和扩散。纯苎麻薄型织物，退煮可以合一，厚重织物或者麻/棉类产品，可以在退浆后再进行一次煮练。退煮的关键是要匀透，去杂要净。此外，由于苎麻对酸、碱和氧化剂的抵抗力较差，故在制定工艺时应特别注意。一般煮练都在常压下进行。

退煮采用平幅连续汽蒸设备，汽蒸宜在双层液下履带汽蒸箱或R型汽蒸箱中进行，这些设备具有上蒸下煮的功能，容布量大，汽蒸时间长，织物浸渍在碱液中作用充分，退煮较透，效果好。汽蒸前宜配置一个长蒸箱，以提高布面温度，保证汽蒸效果，汽蒸后宜配置一个高温蒸箱，加强蒸洗，水洗宜采用低液位溢流式高效平洗机。

退煮前后的水洗特别重要，轧碱前应进行二格热水洗，水温80～90℃，进蒸箱前的轧碱温度要高，汽蒸后浆料经热碱溶液膨化溶胀还黏附在织物上，应增加热水洗涤次数，并添加洗净剂5 g/L左右，采用85℃以上溢流热水充分冲洗，若温度低，退浆效果差。

3. 漂白

漂白可用氯漂或氧漂，次氯酸钠漂白时，采用稀溶液长时间漂白的漂白效果较短时间漂白效果更好，这是由于苎麻纤维较粗，短时间内化学试剂不能很好浸透的缘故。但次氯酸钠漂白会产生泛黄现象，这可使用双氧水脱氯来解决，或采用氯氧双漂工艺。苎麻织物练漂加工时除稀薄织物外都以采用平幅加工为好。

苎麻织物采用双氧水漂白白度好。由于苎麻脱胶时经过漂白，具有一定的白度，所以双氧水的浓度可以低一些。用硅酸钠作氧漂稳定剂白度高，但易产生硅垢，造成织物擦伤、折皱、破洞等疵病。但非硅稳定剂（EDTA 等）效果不如硅酸钠，因此以硅酸钠和非硅稳定剂混合使用为宜。

4. 丝光

苎麻丝光的目的在于提高染料的吸附能力，同时提高成品尺寸稳定性、降低缩水率。由于苎麻纤维遇浓碱后手感粗硬，刺痒感明显，所以漂布和浅色产品不丝光，但中深色产品必须丝光，以提高上染率。丝光宜采用低浓度的碱，其碱液浓度可在 150～160 g/L 之间。

设备宜采用布铗丝光机，目前国内研究的“织物松堆”布铗丝光机更适合于苎麻织物的加工。该设备是将普通布铗丝光机的绷布透风部分改成 J 形箱，织物在无张力状态下堆置 5～10 min，使纤维素的溶胀既匀又透，纤维的取向度和结晶度产生更大变化，染色得色率可比常规丝光提高 5%～10%。

丝光要求经向张力要低，尽量调小绷布辊的张力，纬向门幅不能拉得太宽，以免产生破边，一般扩幅只能达到坯布门幅的 95%～96%。织物在轧碱前的干湿程度必须均匀，以防止由于丝光不匀而出现染色不匀的现象。轧碱温度要低，可在轧槽夹层内通入流动冷水冷却。为了保证脱碱效果，后道冲洗要保持一定的温度。丝光落布 pH 值应接近中性，可在洗涤过程中用 2～3 g/L 硫酸处理，以去除织物上残留的碱。

二、苎麻织物染色

苎麻纤维属于纤维素纤维，可采用直接、活性、还原、硫化等染料染色。但由于苎麻纤维在形态结构和超分子结构方面与棉纤维有较大差异，因此在染色性能及染色织物的颜色特征等方面与棉纤维有较大差异。下面就苎麻常用的直接染料和活性染料染色与棉纤维染色进行比较。

1. 上染速率、吸附饱和值和颜色特征的比较

由于苎麻纤维直径较粗，胞壁较厚，加之较少的无定形区，无论直接染料或活性染料染色时的上染速率均比棉低，苎麻上达到染色平衡所需时间也较棉的长。在活性染料染色时，其固色阶段染料在苎麻上的上染速率较棉有不同程度的增加。

当用同一染料浓度染色时，染料在苎麻上的平衡吸附值和饱和吸附值也较棉的低，这归

因于苎麻纤维上具有较少的无定形区。当纤维上具有等量染料时，直接染料染色的苎麻织物其 K/S 值较棉低，且色泽萎暗。其主要原因可能是染料的线性分子在高度取向的苎麻上产生较高的二色性造成的。此外，染料在含有一定残胶的苎麻表面上的不均匀分布也加强了这种影响。当活性染料染色时，由于活性染料分子较小，并非线性结构，在苎麻上不产生明显的二色性，所以当染液浓度不是很高时，苎麻染色织物的 K/S 值可能超过相应的棉染色织物，但染料浓度超过一定界限时，情况将向反向转化。

2. 苎麻织物染色中的露白疵病及其防止方法

苎麻属韧皮纤维，其原麻因产地不同而质量差异较大。山区麻不成熟的较多，杂质含量大；湖区麻含胶量大，受收割及刮制质量的影响，原麻存在较多的表皮没有去除，并混有一定的死麻、不成熟麻、杂质等。尽管脱胶前经过了选配麻，浸酸处理工序，也难以完全除尽。另外，原麻在脱胶时，存在脱胶不匀，产生夹生麻、硬条等。

经脱胶、梳纺加工工序，不成熟麻、死麻、脱胶不匀透的夹生麻、麻皮、杂质等均匀分布于麻条、粗纱、细纱中，给印染加工带来了相当大的难度，是导致麻织物露白的根本原因。

此外，在后续的染整加工中因工艺设计问题，如前处理力度不够、染料选择不当、染色方法不适应等，也是造成苎麻织物染色露白问题的重要因素。

为了解决露白问题，首先应该从控制原麻质量、改进脱胶工艺、加强精干麻品质检测等方面着手，在印染加工方面，应加强前处理力度，合理选用染料和染色方法，也能有效地防止露白疵病的产生。

前处理是防止露白疵病产生的重要环节。煮练效果的好坏对消除露白影响很大，试验表明，提高碱液浓度、延长煮练时间，使织物毛效提高，能逐步改善露白现象。采用双层履带机上蒸下煮的煮练方法，对麻织物进行二次煮练，对消除夹生麻等的影响作用明显，能较大幅度地降低露白的程度。前处理中的丝光能提高苎麻织物上染率，有利于减轻或消除露白。除此之外，采用液氨处理，也能够获得很好的染色效果。

麻纤维制品对染料的依赖性也比较重要，为了解决露白问题，应该选择上染性能好、遮盖能力强的染料。活性染料遮盖性虽不如还原染料，但其成本低、色谱全，是苎麻染色的主要染料。

除选择染料外，合理选择活性染料的固色方法，对降低露白程度也是重要的。在活性染料染色方法中，采用焙固法和长蒸法较短蒸法能获得较深色泽。因此，使用这两种方法固色能较好地解决苎麻织物染色中的露白问题。

三、苎麻织物后整理

1. 树脂整理

苎麻纤维由于分子结晶度及取向度较高，致使纤维延伸度小，卷曲度少，弹性差，而呈现脆性，且纤维较粗，表面光滑，抱合力差。因此苎麻织物的手感粗糙，抗皱性能差，不耐磨，易起毛等。树脂整理是改善苎麻织物性能的主要途径之一。

用于苎麻织物整理的树脂仍是以 N—羟甲基类化合物为主，2D 树脂适宜于纯苎麻和涤麻混纺织物的整理，2D－UF 树脂也适宜于涤麻混纺织物的整理。作用原理与在棉纤维上相同。由于苎麻纤维的结晶度比棉高，纤维无定形区少，因此苎麻织物经树脂整理后，织物的强力和延伸性能都显著下降。因此，苎麻织物树脂整理工艺的选择应给予充分注意。

苎麻织物树脂整理的效果一般比棉差。有人认为这是由于两种纤维抗皱机理上的差异造成的。由于苎麻纤维具有较高的结晶度和取向度，使得可供整理剂分子进入并与纤维素分子发生交联反应的空间少。因此，棉纤维抗皱作用主要依靠纤维素分子上大量的反应性基团与整理剂交联，从而限制了结构单元之间的相对位移得到的。苎麻纤维的抗皱作用主要靠在纤维晶区之间及分子链之间，以整理剂与纤维分子上的部分反应性基团形成的具有较高内能的交联键取代了原来能量较低的氢键，增加了纤维大分子链及结构单元间的回复弹性而得来的。由于机理上的差异，在同样整理条件下，苎麻织物的抗皱性比棉织物差，而强力损失却比棉织物大。

2. 液氨整理

麻类织物虽然性能优良但存在着易皱易缩的缺点，将麻织物经液氨处理后再做后整理，可使上述缺点获得明显改善，不但能保持原有的外观特色，还能使织物的织纹特别清晰，提升染色织物的表面风格。

由于氨分子小于烧碱分子，氨液黏度低，极性大，从而渗透快而均匀，一般液氨处理比碱丝光提高强力达 10%左右。因此，可将液氨处理作为树脂整理的前处理，以弥补强力降损程度。可以采用液氨后平洗或液氨后染色再做树脂整理加工。液氨处理后的树脂整理宜用低浓度树脂加工，由于液氨处理作为前处理，回弹性已有基础，因此树脂整理的效果非常明显。

麻类织物液氨处理后，对麻纤维表面光泽仍保持良好，而手感上仍不失麻的风格，但其粗硬感有所改变，对皮肤的刺痒感也大有改善。苎麻织物经液氨整理后，不仅能改善光泽、尺寸稳定性、手感等性能，也能改善织物的染色性能。

3. 轧纹整理

轧纹整理包括轧花整理、拷花整理及局部光泽整理三种。前两种整理后的织物除有凹凸的花纹效应外，花纹无光泽。后一种整理则花纹有光泽，具有仿烂花效果，能使织物有丝绸般的轻柔感。拷花由于软辊是平面辊，整理后花纹的深度比轧花整理的浅，但似乎活泼些，且工艺简单，花样翻新快。在纯麻织物上进行轧纹整理时，为使花形取得耐久效果，应考虑采用树脂整理—轧纹工艺。对纯苎麻织物一般采用拷花整理。

4. 水洗整理

织物水洗整理时经松式绳洗机热洗后针板超喂烘燥，可保持织物自然皱纹，手感柔软，制成服装有自然美的观感，穿着舒适，在棉织物整理上甚为流行。用于苎麻织物也可弥补苎麻织物触感硬而粗糙的缺点，又可掩盖苎麻产品抗皱性差的弱点，应用于苎麻坚固呢的后整理，制作牛仔类产品在市场上甚受欢迎。

水洗整理工艺过程如下：退浆→煮练→氯漂→去氯水洗→加白或染色→浸轧水洗整理液（含 2D 树脂整理剂 30 g/L 及相应树脂整理添加剂）→烘干→焙烘（155℃，3～5 min）→松式水洗（60℃热水，松式绳洗机）→针板超喂烘干→验码→成品。

5. 柔软整理

苎麻织物可进行化学柔软整理，根据产品不同的风格选用不同的柔软剂整理，如要求手感滑爽、飘逸的应选用氨基有机硅类柔软剂，要求手感丰满、厚实的可选用脂肪烃类阴离子型柔软剂。柔软剂处理温度应在 140℃以下，以免苎麻纤维在高温干热条件下受到损伤。设备宜用布铗热风拉幅机，进布铗拉幅前要求布面回潮率在 30%左右。使用 SST 设备整理效果比布铗热风拉幅机更好。

除化学柔软整理外，还有利用高速气流对织物进行反复揉搓，从而使织物达到柔软的手感。可以干布或湿布处理，湿布处理时加入柔软剂，效果更好。

6. 预缩整理

预缩整理可以降低成品缩水率，同时大大改善织物手感。苎麻预缩机要求配备有效的给湿装置、橡胶毯收缩和呢毯烘干装置。如德国的门富士和美国莫里森的预缩机效果都很好。

预缩前的给湿要均匀，织物含水率以 20%～30%为宜。烘筒内蒸汽压力要达到 294.6 kPa 以上。

7. **酶整理**

苎麻纤维属于纤维素纤维，其主要成分是纤维素、果胶质和蜡质等。纤维素大分子区域主要由结晶区和无定形区组成。结晶区纤维素的取向度极高，分子排列紧密，纤维素酶试剂很难进入结晶区进行化学反应；无定形区取向度较低，分子排列松散，化学试剂和酶试剂容易进入并发生化学反应。因此，纤维素酶对纤维素结晶区的作用较小，主要作用于纤维素的无定形区部分。对纤维素纤维进行酶处理时，纤维素酶并不能直接进入纤维素分子的化学键，而是纤维素酶首先通过自身的催化作用，形成一种大分子的纤维素酶——纤维素复合物，这种大分子的酶复合物才能够渗透进入纤维素分子的化学键。因此，这种复合物进入纤维素的无定形区使其结构疏松、结晶度降低，无定形区和结晶区部分水解，结晶区之间的空隙变大，结晶区自身的体积变小。因此受到外力作用时，结晶区之间会产生相对滑移，从而纤维的抗弯能力降低。对于织物表面毛羽而言，毛羽变软、倒伏甚至脱落，从而达到消除刺痒感的目的。

酶处理宜在溢流喷射染色机中进行，成衣可用转筒式工业洗衣机处理，处理时织物需与处理液间产生较大的相对运动，处理比较充分，减量效果好。

纤维素酶整理的关键是选用合适的酶制剂。据有关资料介绍，绿色木霉 C 是对苎麻纤维分解能力强的菌株，由它培养出来的纤维素酶 CDF 对苎麻纤维有较强的剥蚀作用。它不仅使苎麻纤维表面发生部分剥蚀，也侵蚀到纤维的胞壁、胞腔和微原纤中，麻纤维表面初生胞壁被剥离，造成微纤分离，纤维变细，刚性降低，纤维中空穴和毛细管扩大，赋予织物一系列有价值的服用性能，使织物能获得轻薄感，吸水性、保水性均有所增加。而且，CDF 对苎麻纤维的表面剥蚀是连续分布的，并不局限于纤维横节等损伤点，这就有益于在较小强力损失下改善织物的服用性能。经 CDF 处理的苎麻织物，能达到改善和消除刺痒感的目的。苎麻织物在酶处理后再经柔软剂处理，刺痒感可基本消除，使织物获得柔软丰满、挺括飘逸的风格和舒适的服用效果。

第四章

毛纺织品的整理

毛织物整理工艺很多且繁杂，如果按整理的工艺方法和目的来分，可以分为湿整理、干整理、特种整理以及对毛织物的染色和印花。对毛产品进行湿整理和干整理，是为了发挥毛纤维的优良特性，以提高毛织物的身骨、手感、外观、光泽以及各项服用性能指标；特种整理可以使织物获得特殊的性能；通过染色和印花使织物色彩丰富，更加符合现代的审美观。

第一节　毛织物的湿整理

所谓毛织物的湿整理，就是指在湿、热的条件下，在压力的作用下利用机械力对织物进行的整理，包括烧毛、煮呢、缩呢和烘呢定幅等工序。

一、烧毛

烧毛就是将平幅织物迅速通过火焰或从炽热的金属表面擦过，烧去表面绒毛的工艺过程，主要是为了减少织物的起毛情况，从而使织物布面光洁，纹路清晰。烧毛主要用于精纺织物，对于要求有毛面的中厚型织物则不需要烧毛。烧毛还能够改善呢面色泽情况。

毛织物烧毛工艺必须结合产品要求、坯布质量以及所选用的烧毛设备的性能来制定。精纺薄型织物一般采用强火、快速双面烧毛工艺（如派力司、凡立丁）；而光面中厚织物则用弱火慢速单面烧毛。

烧毛工艺中毛织物的通过速度、火焰的强弱以及火焰与织物之间的距离要求相互配合制定，基本的原则是强火快、弱火慢。如果是混纺面料，化纤含量越高，织物通过烧毛区域的速度要越快。另外烧毛处理的角度也是需要考虑的工艺，当火焰与坯布相互垂直则烧毛彻底；若火焰与坯布角度小时，烧毛后的坯布有剪毛工艺后的特征；当火焰与坯布平行，则只能处理织物的外表面。

二、煮呢

毛织物在生产加工过程中，反复受到外力的作用，从而使织物内部积攒了内应力，下机坯布布面平整度不够，手感僵硬粗糙。如果直接进行洗染加工，毛织物各部分在湿、热条件下会释放内应力，从而导致不均匀的收缩。所以此时必须经过煮呢工艺。让毛织物在一定的温湿度和张力的条件下处理一段时间，来消除织物内部的内应力，使织物布面平整、尺寸稳定以及改善手感。

煮呢工艺会损坏毛纤维的鳞片层，从而影响纤维的缩绒性，所以对于需要进行缩绒工艺的毛织物一般是不进行煮呢的。常见的精纺织物一般都会进行煮呢，这样有利于提高织物的平整度和光泽等指标，所以煮呢是精纺织物后整理中的重要工序。

1. 煮呢原理

煮呢工艺过程是在湿、热条件下通过对织物施加张力，来减弱毛纤维的肽链交键（如二硫键、氢键和盐式键等），从而达到消除内应力的目的。

2. 工艺对煮呢的影响

（1）煮呢温度

仅从毛织物定形的角度来看，煮呢温度越高，定形效果自然越好。但温度过高，会使毛纤维过度受损，强度下降，手感变硬。实际生产中煮呢温度应当根据纤维性质、织物结构以及后序工艺来决定。一般高温约 950℃，中温约 900℃，低温约 800℃。温度过低将会影响定形效果。原色织物一般选取较高温度；有色织物选择较低温度；刚性大和粗的纤维，纱线捻度大或比较硬挺的织物，温度可高些；反之，温度可低些。

（2）煮呢时间

煮呢时间越长化学键拆散多，新的分子链结构更加稳定，所以定形效果好。但是煮呢时间不能过长，因为过长的时间，一样会使毛纤维受到损伤，所以煮呢时间必须结合温度设定。

温度高时间短，生产效率高，定形效果好，缺点是容易造成效果不匀，损伤纤维和颜色，适于手感挺括的薄型织物；低温度长时间，纤维不易受损，但定形效果差，适于手感丰厚的织物。

（3）张力和压力

张力的大小主要通过张力架角度进行调节的。张力越大，织物的幅宽方向收缩越多，手感就越硬；反之，手感柔软丰厚。张力大小是根据织物品种和风格要求来确定的。

利用辊筒的压力可以使织物在煮呢时表面平滑而富有光泽，手感挺括。但同时会让坯布丰满感降低，易产生水印。辊筒的压力各部分必须保持一致，否则会造成织物凹凸不平，产生水印。

水印是由于织物受到过高的压力，纱线发生位移和变形而引起布面纱线分布不匀，形成波纹斑块的布疵。一般来讲，斜纹织物容易产生，颜色越深越明显（如华达呢、哔叽）。减少水印的产生除了降低压力之外，还可以降低煮呢温度和垫加衬布。

（4）冷却方式

目前冷却方式主要有瞬间冷却、逐步冷却和自然冷却三种。瞬间冷却就是煮呢后利用冷水冷却，这样的方法可以使织物挺括性和弹性得到提升，适用于薄型织物。逐步冷却是煮呢后逐步加冷水，逐步降低温度的方式冷却，这样可以使织物变得柔软丰满，适于中厚织物。自然冷却是煮呢后织物不经冷却，出机后放置在空气中自然冷却若干小时，其织物手感柔软丰满、光泽柔和，适用于中厚织物。

3. 煮呢工序的安排

煮呢工序可以分为三种，其选择是根据织物具体要求和染整设备来确定的。

（1）先煮后洗

这样可以让织物先定形，在后序洗的过程中可防止织物的收缩变形，一般用于挺括织物（如凡立丁、华达呢等）。

（2）先洗后煮

这样做可以提升织物的柔软性，并且使织物变得丰厚有弹性。目前国内企业较多采用这种工序安排。

（3）染后复煮

一般用于定形要求较高的织物，可以提高定形效果，去除染色工序中产生的折痕，提高织物平整度。其缺点是易引起纤维损伤，成本也比较高。

4. 煮呢设备

（1）单槽煮呢机

其主要部件有张力架、煮呢槽、辊筒组成。其工作原理是平幅织物通过辊筒在煮呢槽内进行煮呢处理，最后冷却。这种设备结构简单，占地面积小，定形效果好。但是，效率相对比较低，容易煮呢不均匀。

（2）双槽煮呢机

由两台单槽煮呢机并列组成。各有一对不锈钢辊筒，下辊筒可以改变转向，为主动辊筒。煮呢时，其工作原理是坯布在两个辊筒上往复进行煮呢。

这种设备属于半连续式的，双向都可以出布，效率较高，煮呢均匀，织纹清晰；但是定形效果不理想。

(3) 两用型

结合前两种设备，不但可以单槽煮呢，也可以双槽煮呢，张力稳定。

(4) 蒸煮联合机

将湿蒸和煮呢结合到一起的设备，产品风格多变。

三、洗呢

洗呢就是利用洗涤剂溶液润湿、渗透毛织物，通过机械挤压、揉搓作用，使污垢脱离织物的加工过程。其目的主要有两个方面：一是去除织物上剩余的杂质，避免对后序染色工艺造成影响；二是使织物更加柔软丰满同时具有一定的身骨。洗呢是毛织物整理的重要工序，对精纺织物更加重要。

1. 洗呢剂

在实际生产中，以乳化法洗呢最常见。乳化法常用的洗涤剂有肥皂、胰加漂 T（209 净洗剂）以及平平加 O（乳化剂 O、匀染剂）等。

(1) 肥皂

肥皂是一种脂肪酸钠盐，它有较好的润湿性、渗透性、乳化性、扩散效果好、去污力能力强等优点，但对水质有一定要求，水的硬度如果较高容易在水中水解，生成难以去除的脂肪酸。

(2) 胰加漂 T（209 净洗剂）

由油酰氯和 N-甲基牛胆酸钠反应制成。水溶液呈中性，润湿和分散能力好。

(3) 平平加 O（乳化剂 O、匀染剂）

平平加 O 属于非离子型表面活性剂，为十八烷基聚氧乙烯醚，具有良好的匀染、渗透、乳化和分散性能，也有一定的净洗作用。

(4) 烷基苯磺酸钠（ABS）

净洗能力强，泡沫多，但不持久，洗涤后的织物手感较差，为市售洗衣粉的主要成分。

2. 洗呢工艺影响因素

(1) 洗呢温度

一般来讲温度越高，洗液对织物的润湿和渗透能力越好，同时能够加速纤维的膨胀。但同时更容易使织物发生毡化、手感和光泽变差，其他各类整理疵点也更容易形成。因此，温度是在保证洗净效果的前提下越低越好。一般来讲，纯毛织物及毛混纺织物的洗呢温度为40℃左右。

（2）洗呢时间

洗呢时间会影响洗净效果以及织物的风格和手感。一般来讲全毛精纺中厚织物洗呢时间需 50～120 min；薄型织物一般需 35～90 min；粗纺毛织物的风格特征主要依靠缩呢工艺来实现，所以洗呢时间比较短，一般需 30 min 左右。

（3）洗呢浴比

洗呢浴比不仅影响洗呢效果，同时也是成本的重要构成。浴比大，织物处理洗液浓度变化大，这就需要较多的洗涤剂保持洗液浓度；浴比小，使用的洗涤剂相对较少，但织物浸渍效果较差，容易造成洗净不匀，引起坯布收缩不匀，形成缩斑。精纺织物浴比一般为1∶5～1∶10。粗纺织物结构较疏松，浴比一般为 1∶5～1∶6。

（4）pH 值

从洗涤效果来讲，碱性环境有利于洗涤，因为碱性物质能使油脂皂化，同时增强肥皂的乳化能力，从而提高了洗涤效果。实际生产中，pH 值控制在 9～10。

（5）辊筒压力

洗呢机的辊筒对织物有挤压作用，以加快污垢脱离织物。一般来讲，纯毛织物压力选择较大些；混纺织物的压力要适当放小，以避免产生折痕。

（6）车速

洗呢过程中，车速也是必须考虑的因素。在同一工艺条件下车速对冲洗效果有直接影响。车速过快，坯布容易打结；车速过慢，将影响净洗效率。

3. 洗呢设备

常见的洗呢设备主要有绳状洗呢机、平幅洗呢机和连续洗呢机。其中常用的洗呢设备为绳状洗呢机。绳状洗呢机主要是将织物以绳状形式利用辊筒进行挤压，从而达到洗呢目的。

绳状洗呢机洗呢效率高，洗呢效果好，但容易产生折痕，所以绳状洗呢机一般用于粗纺或者中厚精纺织物的加工。对于薄型精纺织物的洗呢，一般使用连续式平幅洗呢机。

四、缩呢

毛纤维在湿、热条件下，经机械外力的反复作用，纤维集合体逐渐收缩紧密，并相互穿插纠缠，交错毡化。这一性能称为毛纤维的缩绒性。缩绒性又称毡化性。其形成原因是毛纤维（羊毛）正鳞片摩擦因数小于逆鳞片摩擦因数的差微摩擦效应。利用这种特性，可以使织物质地更加紧密，手感丰厚，提高保暖性，这一工艺过程称为“缩呢”。毛织物的缩呢加工，是在专门的缩呢设备上进行的。缩呢机有多种类型，其中常用的有辊筒式缩呢机和洗缩联合机两种。辊筒式缩呢机应用比较普遍。

五、脱水

常见的毛织物脱水方法如下：

（1）离心脱水机脱水

离心脱水机属于间歇式脱水机，脱水效率高，但脱水不均匀。脱水时织物为绳状加工，对抗皱性较差的产品容易产生折痕。

（2）真空吸水机脱水

利用真空进行吸水，达到脱水的目的。其脱水均匀，能连续工作，劳动强度低，但效率相对较低。

（3）压力脱水机脱水

压力脱水机脱水是利用压力将水压出，脱水效率高，能连续工作，脱水均匀，脱水后织物平整，但不适用于有绒毛的织物。

六、烘呢

毛织物在湿整理后，需要把织物进行烘干，以便存放或进行干整理。毛织物相对较厚，烘干效率低，烘干过程中所需的热量多，所以一般使用多层热风烘干机。

第二节　毛织物印染用染料

一、酸性染料染色

羊毛属蛋白质纤维，其外表面有致密的鳞片层，这对毛的染色造成较大困难。传统的毛纤维染色工艺往往采用酸性染料进行染色。酸性染料是一类在酸性介质中才能染色的染料，一般都含有磺酸钠盐，可以溶于水，色泽鲜艳、色谱齐全。按其化学结构和染色条件的不同分为强酸性染料、弱酸性染料两种。

1. 强酸性染料

这种染料要求在较强的酸性溶液中染色，其含有磺酸基或羧基，在羊毛上能获得匀移，所以染得比较均匀，故也称酸性匀染染料，缺点是耐洗牢度较差，染色过程会损伤羊毛造成织物手感较差，如酸性红 G。

2. 弱酸性染料

弱酸性染料的分子结构较复杂，对羊毛亲和力比较好，可以在弱酸性介质中染羊毛，对羊毛损伤小，色牢度相对比较高，如弱酸性艳蓝 RAW。

二、酸性媒染染料

酸性媒染染料主要包括偶氮类、蒽醌类、三芳甲烷类、氧蒽类等。染料分子结构一般具有强酸性染料的基本结构，同时含有能与金属元素形成络合物的结构。

这种染料分子量较小，水溶性和匀染性好。在染色过程中，染料与金属媒染剂形成络合物。常用媒染剂为重铬酸盐，对环境造成危害。染色后的织物有较好的耐晒牢度、耐洗色牢度，但染色工艺繁复，不易控制。

三、酸性含媒染料

染料可溶于水。染料色泽鲜艳度低于酸性染料，优于酸性媒染染料。耐日晒牢度好，耐洗牢度优于酸性染料，不及酸性媒染染料。染色后不需媒染处理，染色工艺较简单。根据染浴性质不同，酸性含媒染料可分为酸性络合染料（在强酸性介质中染色）和中性染料（在中性介质中染色）。

第三节　毛织物干整理

毛织物经过干整理，可充分发挥纤维的特性，改善其弱点，增进织物的身骨、手感、弹性、光泽和外观，提高毛织物的服用性能。毛织物的干整理包括起毛、剪毛、压呢和蒸呢整理。

一、起毛整理

起毛就是利用起毛设备将织物纱体中的纤维端拉出来，从而使织物表面均匀地覆盖一层绒毛的过程。根据不同的起毛工艺，这些绒毛可以是直立短毛、卧伏顺毛、波浪形毛等。通过起毛加工，织物变得丰满柔软、花型柔和特别。但因为经受了激烈的机械加工，织物强力有所下降。

1. 起毛设备

常见的起毛机有刺果起毛机、钢丝起毛机和起剪联合机等，其工作原理都是用钢针或刺钩把纤维端拉出，从而形成绒毛。钢丝起毛机起毛作用强烈，生产效率高，但同时易拉断纤维，钢针容易生锈，所以用于干起毛。刺果起毛机起毛作用柔和、损伤小，起出的毛细密、手感光泽好，但效率低。

2. 起毛方法

起毛方法按毛织物的状态可分干起毛和湿起毛两种。

（1）干起毛

干起毛还分为生坯干起毛和染后干起毛。生坯干起毛主要为了提高缩呢效果；粗纺织物一般采用染后干起毛，以简化工序，从而降低生产成本。

（2）湿起毛毛织物

先用钢丝起毛机二正二反起毛，再用刺果起毛机三正三反温水起毛，最后冷水起毛，起出绒毛更为柔顺密致，光泽增强，还可形成水波形绒毛，如水纹毛毯、水纹大衣呢。

二、剪毛

剪毛的目的是将起毛后织物表面上的绒毛剪为同一高度，从而使织物平整，获得良好的外观，粗纺织物的剪毛一般安排在起毛工序之后，精纺织物的剪毛安排在熟修刷毛以后蒸呢之前。

三、烫呢

烫呢就是把潮湿的毛织物通过高温辊子，使织物变得平整，提高手感和光泽。一般的粗纺织物均需要烫呢。烫呢的设备主要是回转式压光机，有单床、双床之分，以单床应用更为普遍。

四、蒸呢

蒸呢是为了去除毛织物经过整理处理后产生的内应力，如果将此织物制成服装，容易发生变形。其方法就是在张力下对织物进行汽蒸，从而使布面平整、形态稳定。蒸呢对织物尺寸稳定性和缩水率影响很大。蒸呢原理和煮呢相同，都是在热水中给予张力定形，从而减少内应力，消除不均匀收缩的现象。企业常用的蒸呢机有单滚筒蒸呢机、双滚筒蒸呢机。

五、电压

电压就是使织物在一定的温度、湿度及压力条件下整理一段时间，使织物更加平整，提高其手感和光泽。电压机有间歇式和连续式两种，目前多采用间歇式电压机。

第四节　特种整理

一、防缩整理

羊毛鳞片层是羊毛具有缩绒性的主要原因，所以通过破坏羊毛表面的鳞片层，降低定向摩擦效应，可以抑制毛织物的毡化现象，起到防缩的作用。羊毛防缩整理主要有：

（1）破坏羊毛的鳞片层。

（2）用树脂包裹羊毛纤维表面。

（3）采用交联剂，在羊毛大分子链间建立新的交联键，从而避免相对移动。

二、防虫整理

毛纤维是动物纤维，存放不当很容易生虫，从而降低毛的质量。常见的防虫整理主要是依靠防蛀剂对毛纤维的处理，预防毛纤维的虫害。防虫整理剂可以通过纳米胶囊包裹技术，通过固着剂在织物表面形成防蚊虫药膜，使毛织物对常见虫类具有良好的驱避作用。

第五节　羊毛绒线染色

一、纯羊毛绒线的漂白

纯羊毛绒线的漂白目的是将羊毛纤维中的色素破坏，使其颜色消失，进而提高羊毛纱的白度。目前常用的纯羊毛绒线的漂白方法主要有氧化漂白法和还原漂白法两种。氧化漂白法主要采用双氧水来对羊毛纤维进行氧化，此法的漂白白度较好，但漂白后容易使羊毛纤维手感粗糙或纤维强力受到损伤。还原漂白法主要采用漂白粉一类的还原剂对羊毛纤维进行漂白，此法对羊毛纤维损伤较少，但漂白的白度不够坚牢，在空气中与氧气接触，经长时间氧化后易恢复原色。因此，在纯毛绒线漂白工艺中，多采用氧化与还原相结合的漂白方法，也即绒线先经氧化方法漂白，然后再经还原方法漂白。氧化、还原漂白法对纯羊毛绒线的漂白效果很好，既提高了漂白白度，又不损伤毛纱。常用的纯羊毛绒线的氧化、还原漂白工艺如下：

（1）氧化漂白

双氧水（30%）	1.06%（绒线重比）
邻苯二甲酸酐	0.024%
焦磷酸钠	0.032%

50℃漂白 20 min，至 70℃再漂 40 min。50℃水洗 10 min，冷水溢流洗 10 min。

（2）还原漂白

漂毛粉	13%（绒线重比）
天来宝 WG	0.4%
荧光增白剂 VBL	0.6%
净洗剂 209	1%

从 40℃入漂 10 min 后，开始升温，35 min 至 70℃，70℃继续漂 1 h。

水洗：40℃水洗 10 min，冷水溢流冲洗 10 min。

酸洗：用硫酸调 pH 值至 4。

水洗：冷水溢流冲洗出缸。

二、纯羊毛绒线的染色

纯毛绒线的染色工艺应根据原料、纱线细度、色号以及所用染料的不同来确定。纯毛绒线一般使用酸性染料进行染色，设备一般使用液流式绞纱染色机。酸性染料的分子大小差异很大，因而其溶解度、匀染性、染色牢度等也有很大差异，为了使用方便，常将酸性染料分成强酸浴酸性染料、中性浴酸性染料、弱酸浴酸性染料三类。这三类酸性染料的染色方法如下：

1. 强酸浴酸性染料染色

强酸浴酸性染料的分子结构简单，水溶性好，色泽鲜艳，容易染匀，但染料分子量较小而导致对纤维的亲和力低、湿处理牢度较差，染色时需加入强酸将 pH 值调至 2～4 的强酸条件下进行染色。强酸浴酸性染料的色谱齐全、价格低廉，它是纯毛绒线染色中最常采用的染料。

染浴配方：

染料：浅色 1%以下，中色 1%～3%，深色 3%～6%

硫酸：2%～5%

元明粉：10%

染液 pH 值：2～4

浴比：针织绒线（1∶30～35），细绒线（1∶30），粗绒线（1∶20～25）

2. 中性浴酸性染料染色方法

中性浴酸性染料的分子结构复杂，分子量高，水溶性差，在染液中主要以聚集体状态存在。这类染料对纤维的亲和力高，匀染性差，染色在 pH 值 6～7 的近中性条件下进行，盐起促染作用，染料主要以氢键和范德华力与纤维结合。中性浴染色的酸性染料色泽虽不及强酸性染料鲜艳，但湿处理牢度好。

染浴配方：

染料：浅色 1%以下，中色 1%～3%，深色 3%～6%

硫酸铵：1%～3%

红矾钠：0.25%～0.5%

染液 pH 值：6～7

浴比：针织绒线（1∶30～35），细绒线（1∶30），粗绒线（1∶20～25）

3. 弱酸浴酸性染料染色方法

弱酸浴酸性染料的分子结构较为复杂，水溶性低，在染浴中有较大的聚集倾向。这类染料对纤维的亲和力较高，染浴 pH 值过低，染料的上染速率太快，易造成染色不匀，因此适合在 pH 值 4～6 的弱酸性条件下染色。弱酸浴酸性染料的溶解度较低，匀染性不及强酸浴酸性染料，但日晒和皂洗牢度都比强酸浴染料好。

染浴配方：

染料：浅色 1%以下，中色 1%～3%，深色 3%～6%

醋酸：3%～5%

元明粉：10%

染液 pH 值：4～6

浴比：针织绒线（1∶30～35），细绒线（1∶30），粗绒线（1∶20～25）

酸性染料可供参考的染色升温工艺为：

40℃入染（15 min）→40～50℃（15 min）→50～60℃（15 min）→60—70℃（15 min）→70～80℃（10 min）→80～90℃（10 min）→90～100℃（10 min）→100℃煮沸（或保温）（60 min）。

第六节　羊毛衫成衫染色

一、成衫染色特点

羊毛衫经过缩绒、水洗后直接染色的工艺过程称为成衫染色，常用于本白兔毛和羊毛混纺等粗纺毛衫。羊毛衫成衫染色的特点如下：

（1）产品色泽鲜艳、手感柔软、弹性好、外观质量好，并且还可减少织物上的色花、污渍等各种疵点，因此有助于产品质量的提高。

（2）成衫染色后的毛衫，其在服用时缩水率减少。

（3）由于采用成衫染色，因此可先织成一定款式的白坯服装，然后根据市场上流行色的变化来进行有效的成衫染色，使其能较好地适应市场上对毛衫色泽的小批量、多品种的要求。

二、成衫染色工艺

1. 成衫染色工艺洗程

毛衫衣坯→洗衫→缩绒→水洗→脱水→染色→水洗→脱水→烘干→蒸烫定形。

2. 染色工艺

(1) 强酸浴酸性染料染色

1) 配方：

染料：浅色1%以下，中色1%～3%，深色3%以上

硫酸：2%～5%

元明粉：10%～20%

染液 pH 值：2～4

浴比：1∶30～1∶40

2) 升温曲线：如图4—1所示。

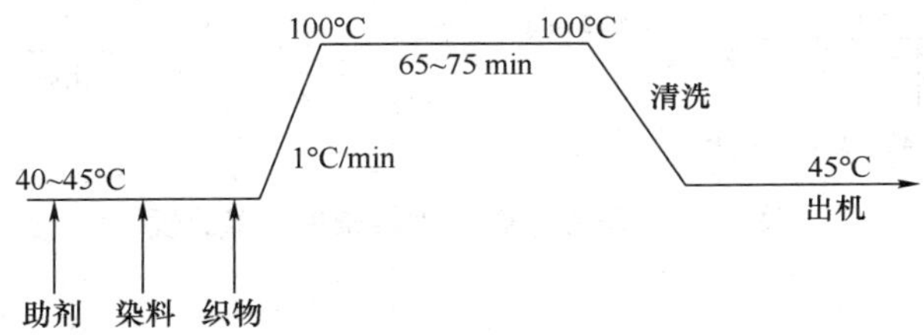

图4—1　强酸浴酸性染料染色升温曲线

(2) 中性浴酸性染料染色

1) 配方：

染料：浅色1%以下，中色1%～3%，深色3%以上

硫酸铵：2%～4%

红矾钠：0.2%～0.5%

染液 pH 值：6～7

浴比：1∶30～1∶40

2) 升温曲线：如图4—2所示。

(3) 弱酸浴酸性染料染色

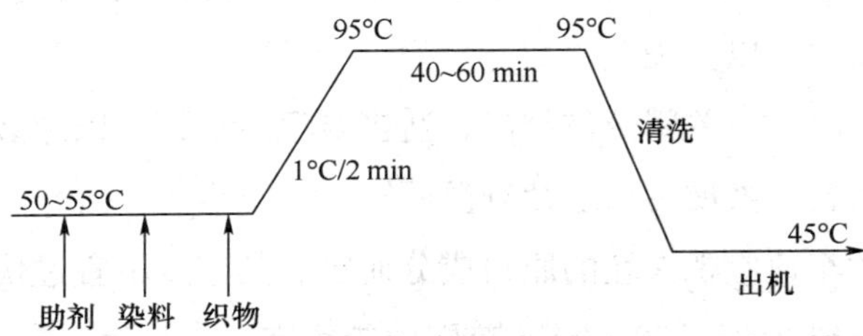

图4—2　中性浴酸性染料染色升温曲线

1）配方：

染料：浅色1%以下，中色1%～3%，深色3%以上

匀染剂：0%～0.5%

冰醋酸：1%～2%

元明粉：5%～10%

染液 pH 值：4～6

浴比：1∶30～1∶40

2）升温曲线：如图 4—3 所示。

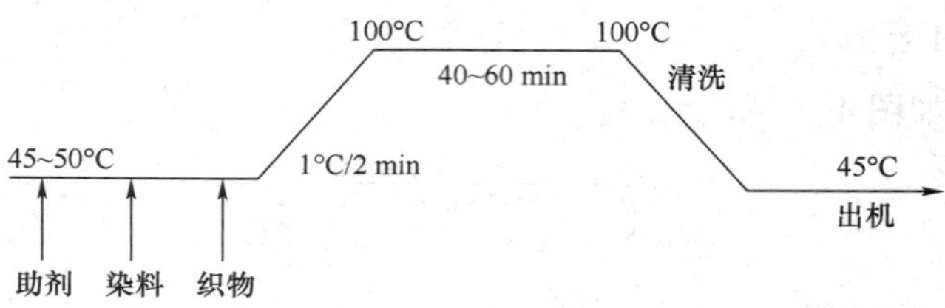

图 4—3　弱酸浴酸性染料染色升温曲线

三、染色注意事项

（1）成衫衣坯经缩绒、漂白、水洗、脱水后要随即进行染色。如间隔时间长，成衫衣坯干湿不匀，在染色前须重新用 70℃左右的热水将其均匀湿透后才能染色，否则因兔毛吸湿较慢、干湿不匀，易发生色花。

（2）染料溶解时，可根据染料溶解度和对酸的敏感程度，分别选用冷水或醋酸调成浆状，然后用温水或沸水溶解，过滤后加入染浴。元明粉、红矾钠等固体原料需事先溶解，硫酸、醋酸等液体原料也须先稀释，然后加入染浴。

（3）衣坯入染须浸入染浴，待均匀吸收染浴（一般需 5 min 左右）后方可升温，以使染色均匀。

（4）染液的升温速率应根据染料上染速率和衣坯品种加以调节。上染速率快的染料或染厚重衣坯，升温速率要慢，以免染花。

（5）染色中途加酸时，应关闭蒸汽阀门，适当降温后加入，以免酸液飞溅造成色渍；酸加入后也需要待染机运转染液搅匀后继续升温。

（6）成衫染色机的车速应视衣坯的原料成分而定。其速度不宜过快，否则容易使毛衫收缩或毡并，染机车速一般在 25～30 r/min 范围内较适宜。

（7）同缸染色时，宜采用同一品种，同一批原料的毛衫，以免染色后产生色差。

第七节　成衫的后整理

一、成衫的缩绒整理

1. 缩绒的目的

羊毛衫在一定的湿、热及化学试剂作用下，经机械外力反复挤压，纤维集合体逐渐收缩紧密，并相互穿插纠缠，交错毡化，使织物表面露出一层绒毛的加工过程为羊毛衫缩绒整理。缩绒是羊毛衫后整理工艺中的一项主要内容。目前缩绒工艺主要应用于羊绒、驼毛、兔毛、雪特莱毛等粗纺类毛衫中；精纺毛衫也常以常温、短时间做净洗湿整理或轻缩绒整理以改善外观。毛衫经缩绒整理可改善毛衫的手感、外观，并提高织物的保暖性。毛衫缩绒整理的效果主要有以下几个方面：

（1）缩绒能使织物质地紧密，长度缩短，平方米重量与厚度增加，强力提高，弹性和保暖性增强。

（2）毛衫经缩绒后，织物表面露出一层绒毛，可收到外观优美，手感丰满、柔软的效果。

（3）缩绒能使织物表面露出一层绒毛，这些绒毛能掩盖毛衫表面的轻微疵点，使其不致明显地暴露在织物表面。

2. 缩绒的原理

羊毛衫能进行缩绒，主要是因为动物毛纤维具有缩绒性，这是内因；而一定的温湿度条件、化学助剂与外力作用等是促进毛纤维缩绒的外因。现以羊毛纤维为例说明其缩绒机理。羊毛纤维表面有鳞片覆盖，鳞片的自由端指向羊毛纤维的尖端方向，使纤维具有定向摩擦性能，即顺摩擦因数小，逆摩擦因数大，两者之间存在一个差值。在湿热和缩绒剂条件下，羊毛纤维受到机械外力反复的搓揉作用时，具有指向纤维根端的单向运动的趋向，同时，羊毛优良的延伸性和回弹性以及空间卷曲，更使羊毛纤维易于运动，这样在机械外力反复作用下，毛纤维便相互穿插纠缠，交错毡化，使纤维毛端逐渐露出于织物表面，从而使织物获得外观优良，手感丰厚柔软，保暖性良好的效果。其他动物的毛纤维的缩绒机理也与此类似。

3. 影响缩绒的工艺因素

影响羊毛衫缩绒的工艺因素主要有缩绒剂、浴比、温度、pH 值、机械作用力、时间等。

(1) 缩绒剂

干燥的毛衫，缩绒比较困难。如果在缩绒时，加入一种缩绒剂，以增加纤维之间的润滑性，使之容易产生相对运动，并使羊毛纤维润湿与膨胀，鳞片张开，有利于纤维互相交错；湿纤维具有良好的延伸性和弹性，容易变形也容易快速恢复变形，增加了纤维之间的相对运动，因此，使羊毛纤维有利于缩绒。另外湿纤维性韧，当受到挤压和揉搓时，不致损伤纤维，缩绒剂对毛纤维还有洗涤作用，因此在缩绒时需加入缩绒剂。缩绒剂应具有较大的溶解度，对纤维的润湿、渗透性能要好，容易引起纤维的定向摩擦效应，缩绒后容易洗去等特点。

(2) 浴比

毛衫缩绒时的浴比应恰当。浴比过小，则毛衫之间的摩擦增加，并且其摩擦不均匀，故会使绒面分布不均匀，甚至产生露底现象；浴比过大，则会减少机械作用，并降低缩绒剂浓度，使缩绒耗时过长。较合适的毛衫缩绒浴比为 1∶25～1∶35。

(3) 温度

缩绒时温度高一些，羊毛衫纤维容易膨润，缩绒时间短、效果好。但温度过高，不易控制缩绒效果，并且易使纤维受到损伤。一般缩绒温度为 30～40℃。

(4) pH 值

pH 值对毛衫缩绒影响较大。pH 值较低，则毛衫缩绒后手感差，这是由于过低的 pH 值使纤维盐式键拆离，降低了羊毛纤维强度的缘故；pH 值过高，不仅造成纤维盐式键的断裂，而且会使毛纤维的二硫键断裂从而使毛纤维受到严重损伤。一般缩绒时，要求缩绒液的 pH 值为 5～10。

(5) 机械作用力

一定的机械作用力是羊毛衫产品缩绒的必要条件。机械作用力过大、过猛，将使毛衫受损并且缩绒不匀；机械作用力过小，则又使毛衫缩绒过慢，耗时较长。毛衫缩绒一般在专门的缩绒机中进行，缩绒机一确定，其机械作用力便确定了。

(6) 时间

在一定的机械作用力条件下，缩绒时间越长、毡缩越强。因此，毛衫缩绒时间过短，则达不到缩绒效果；缩绒时间过长，则缩绒过度。毛衫的缩绒时间一般为 3～15 min，兔毛衫的缩绒时间较长，一般为 20～35 min。

(7) 其他因素

比如毛纱原料、纺织工艺和染整工艺都会影响羊毛衫的缩绒性。

4. 缩绒方法与工艺

羊毛衫缩绒工艺的合理与否，对毛衫的成品质量影响很大。缩绒工艺合理，处理得好，在毛衫表面产生绒茸，给人以美观、柔和的感觉。反之，则会出现两种情况，一是缩绒不充分，毛衫达不到丰满、柔软的效果；二是缩绒过度，毛衫由毡缩直至毡并，毡并是不可逆的，毛衫毡并后，织物纵横向显著收缩，织物变厚，弹性消失，手感发硬、板结，毛衫品质完全被破坏。

羊毛衫的缩绒可以在弱碱性、中性或弱酸性缩绒液中进行，其中应用最多的为中性缩绒。毛衫缩绒主要有洗涤剂缩绒法和溶剂缩碱法两种，其中以洗涤剂缩绒法应用更为普遍。毛衫缩绒还可分为干坯缩绒和湿坯缩绒两种，并以后者更常用。

(1) 洗涤剂缩绒法

1) 工艺流程：

毛衫衣坯→(浸泡)→缩绒→(浸泡)→漂洗→脱水→柔软处理→脱水→烘干。

2) 常用工艺。毛衫衣坯可按缩绒的浴比、温度与助剂量调好缩绒液后，放入浸泡 10～30 min 后开始缩绒，缩绒后根据需要可浸泡 0～15 min，然后进行漂洗、脱水，接着浸泡柔软剂进行柔软处理，然后脱水、烘干。毛衫衣坯经浸泡后的缩绒为湿坯缩绒，毛衫衣坯不经浸泡直接缩绒为干坯缩绒。湿坯缩绒比干坯缩绒的起绒均匀，而且毛纤维受损伤小。因此湿坯缩绒应用较多。

(2) 溶剂缩绒法

1) 工艺流程：

毛衫衣坯→清洗→缩绒→脱液→柔软处理→脱水→烘干。

2) 常用工艺。毛衫溶剂缩绒法一般在缩绒前，先用四氯乙烯为洗剂，在 25～30℃的温度下对毛衫进行清洗，清洗时间为 5 min 左右。接着对毛衫进行脱液和抽吸溶剂，大约各需 2 min 左右。然后进行缩绒，毛衫缩绒在四氯乙烯、乳化剂和水作缩绒剂条件下进行，温度为 30～40℃，时间为 5 min 左右。溶剂缩绒一般在溶剂整理机中进行。

二、成衫的拉毛整理

拉毛（又称拉绒）也是羊毛衫的后整理工艺之一。经拉毛工艺，可使毛衫表面产生细密的绒茸，手感柔软、外观丰满、厚实、保暖性增强。

拉毛可在织物正面或反面进行。拉毛与缩绒的区别在于前者只在织物表面起毛，而后者则是在织物两面和内部同时出绒；前者对织物的组织有损伤，而后者不损伤织物的组织。拉毛工艺既可用在纯毛毛衫上，也可用在混纺与腈纶等纯化纤衫上。

目前应用最多的是对毛衫中不具有缩绒特性的腈纶产品（衫、裤、裙、围巾、帽子等）进行拉毛处理，以此来扩大其花色品种。毛衫圆机坯布拉绒一般采用钢针拉绒机，其与针织内衣绒布拉绒机基本相同。横机生产的毛衫产品一般进行整衫拉绒，为了不使纤维损伤过多和简化工艺流程，通常不采用钢针拉毛机，而以刺果拉毛机来做干态拉毛。

第五章

真丝纺织品的整理

学习目标

真丝绸的精练

真丝绸的染色、后整理

关键术语

精练　渗化印花

第一节　蚕丝和真丝绸精练

一、精练目的

精练是一种去除色素以外的杂质的工艺。蚕丝及其织物必须经过精练加工以去除丝胶及其杂质，为后续加工提供合格的半制品或直接得到练白产品，赋予蚕丝及其制品优良的服用性能。蚕丝织物精练的主要目的是去除丝胶，随着丝胶的去除，附着在丝胶上的杂质也一并去除，所以精练也称为脱胶。

蚕丝中除了纤维的主体丝素外，尚含有丝胶、蜡质、色素、无机物、碳水化合物和灰分等其他组分，而绸坯中还含有由于织造需要所加的一些油剂、浆料，以及为识别捻向所用的着色染料和在泡丝、制织和捻丝过程中沾上的油污等杂质。这些天然和人为的杂质如不从绸坯上去除，不但不能获得丝织物特有的柔软、光亮、洁白等性质；而且还将影响染色、印花和整理等后加工，因而蚕丝织物，除特殊品种外，都要经过精练处理。

蚕丝的精练因纤维状态而异，对使用生丝的织物要完全精练，对精练丝与生丝交织物既要防止精练丝的过度精练，又要保证生丝的充分精练；绢纺丝是在绢丝制造过程中进行精练，但仍残留少量丝胶，而且烧毛后为褐色，所以也要精练。

二、精练方法

蚕丝织物的精练原理是利用丝素和丝胶的差异性，采用适当的工艺和设备，除去丝胶而保留丝素，从而达到脱胶的目的。实质就是利用丝素与丝胶结构上的差异，以及二者对水、化学药剂及蛋白水解酶等的稳定性的不同，对蚕丝织物进行精练。如丝胶可溶于水，对化学药品及蛋白水解酶较敏感；而丝素则不溶于水，对化学药品及蛋白水解酶具有一定的稳定性。利用这一特性，在化学助剂及适当条件下除去丝胶及其他杂质，以获得具有手感柔软、质地细腻、外观洁白、形态飘逸、光泽柔和、吸湿性好、渗透性好的产品。

1. 水萃取法

水萃取法是在缫丝时，茧丝在 50～60℃的热水浴中约有 1%～3%的丝胶溶于水中。将此生丝放进热水中，丝胶会断续溶出，要完全去除丝胶，必须用 120℃的热水进行 4 次 2 h 萃取。这种不用精练剂而采用高温高压精练的优点是：可由精练废液中回收蚕丝丝胶，回收容易（回收的丝胶可用作食品添加剂及化妆品添加物）。经短时间的高温高压精练再进行酶精练，丝绸手感柔软不易泛黄。

2. 肥皂精练法

肥皂精练法是采用肥皂作为主要的精练剂，并加适量的纯碱、磷酸三钠、硅酸钠等碱剂，对蚕丝织物进行精练的一种方法。有时为了除去色素，提高织物的白度，可加入少量的保险粉或过氧化氢等漂白剂。此法精练后的织物，手感较好而且具有柔和的光泽。

肥皂能在水中水解，生成脂肪酸和氢氧化钠，水溶液呈碱性，pH 值为 9～10，有利于丝胶的溶胀、溶解，并对丝胶蛋白肽键的水解也有催化作用。同时，肥皂又是一种表面活性剂，具有润湿、乳化和洗净能力，有利于脱胶均匀，去除蚕丝中的脂蜡以及阻止精练液中的丝胶、污物重新沾上纤维，是一种性能优良的蚕丝织物精练剂。

3. 碱精练

碱精练的作用原理是利用碱性溶液中丝胶能够发生剧烈膨化甚至溶解而丝素较为稳定的特性，去除蚕丝中的丝胶。在使用碱剂脱胶时，应选择合适的碱剂以避免损伤丝素，常用的碱剂有强碱弱酸盐，如碳酸钠、硅酸钠、肥皂等。强碱弱酸盐虽然能起到脱胶而不损伤丝素的作用，但不具有去除蚕丝中油蜡质及色素的能力，也不能使脱除下来的丝胶和杂质均匀地分散在练液中，而不重新沾污纤维。而且长时间的碱处理会使脱胶后的织物手感粗硬。因此，脱胶时应将碱与肥皂、合成洗涤剂等表面活性剂合并使用。

4. 酸精练

酸精练与碱精练相似，酸能促使丝胶蛋白的膨化和溶解，催化丝胶蛋白的水解。丝胶具有两性性质，能与酸结合生成蛋白质盐，使其溶解度增大，同时，肽键也能发生酸性水解，生成溶于水的多缩氨基酸。但因为酸易损伤丝素，且工艺复杂，故较少采用。

5. 酶精练

酶精练常采用碱性蛋白水解酶退浆。其机理是利用碱性蛋白水解酶对丝胶分子中的多缩氨基酸键水解的催化作用，使丝胶蛋白质成为可溶性的朊、胨、肽等，再进一步催化水解生成氨基酸，借助水洗作用达到脱胶目的，且对丝素无影响。

由于酶的专一性，它仅对丝胶产生催化水解作用，对丝胶之外的其他杂质不能去除，而且分解后的丝胶，特别是内层丝胶，不能很好地与丝素本体分离，很难单纯依靠水洗去除干净。所以单独采用酶脱胶的效果不理想，需要辅助于肥皂、合成洗涤剂的乳化、洗净等作用，才能有效去除丝胶、油蜡质及色素等杂质。以酶—合成洗涤剂法最为常用。

三、精练剂

根据不同的脱胶方法，水萃取法常用的精练剂主要有热水；碱精练主要使用碳酸钠、硅酸钠、肥皂等；酸脱胶常用强无机酸如 H_2SO_4、HCl 等；酶精练采用碱性蛋白水解酶。

四、脱胶

1. 蚕丝的精练

蚕丝的精练是利用丝胶的溶解性质进行的，因此丝胶的溶解性是极重要的问题。丝胶含蛋白质，不溶于酒精、乙醚以及苯等有机溶剂，但能在水中溶解，在水中的性能与明胶相似，故得名。而溶解度的大小与处理温度、时间、溶液的 pH 值有关，电解质的种类与离子总浓度等因素有关。提高处理温度，一般可使丝胶在水中的溶解度增加，表 5—1 为 5 g 蚕丝在不同温度的水中处理 30 min 后，丝胶的溶解量。

表 5—1 蚕丝在不同温度的水中丝胶的溶解量

水温（℃）	20	30	40	50	60	70	80	90	100
丝胶溶解量（g）	0.05	0.063	0.072	0.098	0.36	0.394	0.410	0.441	0.480

丝胶在水中，60℃比 50℃时溶解量激增，低于 60℃实际上主要是有限溶胀。有的资料指出，当水温提高到 105℃时丝胶的溶解速率显著提高，110℃时将更快，但温度过高易使丝素受到损伤。

丝胶蛋白具有两性性质，当溶液的 pH 值等于其等电点时，溶胀程度最小，溶解速率最低，离开等电点越远溶解速率越高；同时丝胶蛋白分子肽链的降解也随之增加。在 pH 值为 9.5～10 的碱性溶液中，温度为 95～100℃时，能较快地达到脱胶目的，因而蚕丝的精练一般也是在此条件下进行的。丝胶在水和碱性溶液中的溶胀、溶解，具有非常重要的实际意义，直接关系到蚕茧的缫丝和丝织物的脱胶精练等。茧丝上的丝胶，在热水或弱碱液中处理时，外层的较易溶解，由表层到里层越接近丝素的部分越难溶解，尤其是最后 3%左右的丝胶，更难去除。丝胶遇热水特别是含碱剂的热水容易溶解，而丝素却难溶解，利用这种溶解性的差异进行蚕丝的精练。

蚕丝织物精练脱胶大致分三步：

（1）纤维上丝胶从精练液中吸水膨化。

（2）丝胶膨化的同时，碱、酸、酶等助剂催化加速其溶解和水解。

（3）丝胶从纤维上剥离，稳定分散在精练液中。

丝胶去除的程度取决于上述三个过程的进行情况。

2. 影响脱胶的因素

（1）脱胶溶液的 pH 值

蚕丝在不同 pH 值的溶液中，丝胶的脱除量是不一样的。当 pH 值介于 4～7 时，丝胶的脱除量最低，因为此时溶液的 pH 值处于丝胶的等电点（pH 值为 3.9～4.3）附近，丝胶在该条件下的溶解度最小；当 pH 值大于 9 或小于 2.5 时，丝胶的溶解度急剧增加，脱胶速度加快；当 pH 值大于 11 或小于 2 时，脱胶速度更快，同时，丝素也开始发生一定程度的溶解和水解，纤维素的强力显著下降。综合考虑，脱胶可以选择 pH 值为 1.75～2.5 的酸性溶液或 pH 值为 9～10.5 的碱性溶液。但由于酸性溶液脱胶后成品手感粗糙发硬，且对设备要求高，所以蚕丝脱胶溶液的 pH 值一般控制在 9～10.5，即使如此，由于丝素的耐碱性较差，在脱胶时还要严格控制其他工艺条件，如温度、时间等。

（2）温度

丝胶在酸、碱、酶条件下的水解是一个吸热反应，温度升高，丝胶的水解速度加快，丝胶及其水解产物的溶解度提高，因此，脱胶温度对脱胶速率的影响在酸、碱性条件下均很显著。在生产中，考虑到丝素的稳定性以及设备的安全性，pH 值为 9～10.5，温度为 98～100℃时，保持练液沸而不腾，既可以通过练液的自然循环使脱胶均匀，又可防止由于织物间的摩擦而造成擦伤、发毛等疵病，进而避免染色时色斑的产生。

（3）浴比

浴比是指单位重量织物与加工所用溶液的体积之比，在脱胶时，浴比大小直接影响脱胶的质量。浴比过小，织物不利于练液的循环导致脱胶不均匀、不透彻，造成“生快”疵病；同时紧贴的织物阻碍了已经膨化的丝胶向练液中转移，降低脱胶效率。浴比过大，织物周围与溶液中丝胶浓度梯度加大，可加速脱胶过程，但易造成试剂、水及能源的浪费，增加生产成本；同时排污量加大，不利于环境保护。

（4）脱胶时间

至于脱胶所需要的时间，除决定于练液的浓度、pH 值和温度等因素外，还与生丝的含胶量、坯绸的厚薄、经纬密度、丝线捻度的大小以及精练时坯绸的折叠方式等有关。如在 25％的肥皂液中煮练一小块单层蚕丝织物，经过 20～30 min 即可完全除去丝胶，但精练大量组织紧密的坯绸很难在半小时内达到脱胶要求，需要较长的精练时间，而轻薄织物，则精练时间相对较短。

（5）脱胶水质

精练用的水质十分重要，除了蚕丝较易吸附钙、镁以及铁、锰等金属离子外，用肥皂精练时，硬水还会生成钙、镁等金属皂，沾污到织物上影响光泽、白度、手感以及染色、印花等后续加工，同时增加肥皂的消耗。用蛋白水解酶精练时，某些金属离子也会使酶的活力降低或丧失。因而蚕丝织物精练时，应以软水为宜。

五、精练程度的评价

评价蚕丝织物脱胶后的质量标准主要有练减率、白度、泛黄率、渗透性、手感和光泽等。

1. 练减率

经精练处理，生丝重量减少，叫生丝练减，其减少比率称作生丝练减率，又称为生丝的脱胶率，是以织物脱胶后的失重（脱胶前与脱胶后的重量差）对脱胶前织物重量的百分率来表示。

$$L=\frac{G_A-G_B}{G_A}\times100\%$$ （式 5—1）

式中 L——练减率，%；

G_A——生丝脱胶精练前的干量，g；

G_B——生丝脱胶精练后的干量（丝素干量），g。

丝织物练白绸的脱胶率一般控制在 23%～24%。在脱胶过程中可用指示剂苦脂酸红来检验脱胶程度。将 pH 值约为 9.5 的指示剂溶液滴于被测织物上，根据其呈现的颜色判断脱胶程度。若呈柠檬黄色，表示丝胶已经脱净；若呈橘红色或橘黄色，则表示丝胶有残留。

用指示剂检查脱胶程度只是定性检验，生产中一般通过计算脱胶率来进行测定。脱胶率高于工艺要求称为“过练”，会导致丝绸手感粗糙，撕破强力下降；脱胶率低于工艺要求，则丝绸的手感粗硬，易产生各种折皱。生产中需要进行染色或印花的品种的脱胶率比练白绸稍低，控制在 21%～23%，剩余丝胶可起保护作用，避免在后道加工中损伤纤维。

2. 白度

练白绸的白度可用白度仪来测定，一般电力纺、斜纹绸织物的白度在 85%左右；绉类织物白度稍低，一般在 80%以上；精练后作为染色、印花用的坯绸，对白度要求可稍低些，只要能满足染色鲜艳度和印花绸的要求即可。

3. 泛黄率

泛黄率的测定仍用白度仪。用白度仪测定练白绸的白度后，即可求出泛黄率。方法是将同一块练白绸先测白度，然后放在日晒牢度机中用紫外线照射规定时间后，再测定白度，根据如下公式计算出泛黄率：

$$\text{泛黄率}=\frac{\text{练白绸成品白度}-\text{照射后白度}}{\text{练白绸成品白度}}\times100\%$$ （式 5—2）

对练白绸要求泛黄率越低越好，精练后充分洗净，彻底去除织物上的肥皂、表面活性剂等杂质，或用双氧水漂白，均有利于降低成品泛黄率。

4. 渗透性

练白绸一般用作印染加工半成品，要求渗透性均匀良好。一般用毛细管效应测试渗透性。取经向 30 cm，纬向 5 cm 的织物，用 2～3 g 的砝码使其均匀下垂，放入蒸馏水中，水温一般为室温即可，半小时后观察水在织物上上升的高度。一般要求电力纺类织物达到 8～10 cm；斜纹绸、双绉类织物达到 13～15 cm。一般毛细效应在 10～13 cm 以上，已基本能适应后加工的要求，关键是其整体渗透性要均匀一致。

5. 手感和光泽

手感和光泽是练白绸的又一重要指标。对于手感和光泽的测定主要凭借经验，采用手摸和目测的方法。练白绸要求手感柔软、滑爽、丰满，光泽明亮自然，摩擦后有“丝鸣”等。符合这些要求为优质品；反之，手感粗硬、疲软、光泽差或有极光等为质量较差或不合格的产品。

六、漂白

去除蚕丝所含色素的工艺过程叫漂白。蚕丝所含的天然色素较少，而且大部分存在于丝胶中，所以蚕丝织物一般在脱净丝胶后便很洁白，无须进行漂白处理。但在实际生产中，完全脱胶是较难控制和不适宜的。因此，对白度要求高的产品以及某些有色蚕丝的织物，有的在精练后还要加以漂白，而且对要求特别高的产品，尚可再以增白剂增白处理。柞蚕丝的色素含量较高，不但存在于丝胶也存在于丝素中，所以即使是丝胶脱净也不能将色素完全去除，精练后一般必须经过漂白，才能获得洁白的产品。

七、精练设备、工艺

蚕丝织物脱胶采用的设备有精练槽、平幅连续精练机、星形架等。由于精练槽精练工艺成熟，仍是绝大多数厂家的主要设备。

1. 精练槽结构

精练槽是用不锈钢板制成的长方形桶，表面光滑，槽口有搁置挂架的较宽沿口，槽的宽度为 120 cm 左右，深度视织物的门幅而定，一般是织物门幅加吊襻（浸入 10 cm），再加上织物距槽底蒸汽管 30～40 cm，槽深大约 140～180 cm。长度根据所需容积和允许占地面积而定，一般为 220 cm。常用的精练槽容量有 3 200 L、4 000 L、4 600 L 等。在精练槽底部均匀分布有蒸汽喷口朝下的直接加热蒸汽管，在蒸汽管上装有均匀布满空洞的不锈钢花篮假底，纺织蒸汽喷出时扰乱槽内溶液。按照工艺操作要求，精练槽一般排列成 7～9 只一组，在其上方装有电动吊车，用以升降织物和移动织物到下一槽处理。精练槽结构简单，操作方便，目前被各厂家广泛使用。

2. 精练槽精练工艺

在实际生产中，以精练槽为主要设备进行蚕丝织物精练的常见方法有皂—碱法、合成洗涤剂—碱法和酶脱胶法。

（1）皂—碱法

其工艺为：精练前准备→预处理→初练→复练→练后处理。使用的主精练剂为肥皂，助练剂有纯碱、泡花碱、磷酸钠和保险粉。

（2）合成洗涤剂—碱法

其工艺为：前准备→预处理→初练→复练→练后处理。常用合成洗涤剂有分散剂 WA、净洗剂 209、净洗剂 LS 等，助练剂有纯碱、泡花碱、平平加 O 和保险粉。

（3）酶脱胶法

其工艺为：前准备→预处理→酶脱胶→精练→练后处理。使用的主精练剂为 2709 碱性蛋白酶、S114 蛋白酶等，助练剂有纯碱、硅酸钠或磷酸三钠。

第二节　真丝绸染色

一、染色特性

蚕丝纤维具有良好的染色性能，理论上各类合成染料如酸性、中性、直接、活性、阳离子、还原、可溶性还原、不溶性偶氮等染料都能上染。但在实际生产中，因为蚕丝纤维在碱性介质中容易受损，所以染色一般以酸性染料为主，辅以中性和直接染料。活性染料和阳离子染料经接枝后，上染真丝织物色泽鲜艳、色牢度较好，应用渐渐广泛。近年来随着人们更加注重健康以及对环境保护意识的加强，天然染料也越发受到重视，但存在制备染液烦琐、色牢度较差和需要媒染等缺点。

二、常用染料及染色工艺

真丝绸染色常用的染料有酸性染料、直接染料和活性染料。

1. 酸性染料

酸性染料因染色性能及染色方法不同可分为强酸浴酸性染料、弱酸浴酸性染料及中性浴酸性染料。适用于真丝绸织物染色的主要是后两种。这类染料色谱齐全，用于真丝绸染色操作方便，颜色鲜艳，价格也低廉，是真丝绸染色的主要染料。

酸性染料染色注意事项：

（1）真丝织物用酸性染料染色，操作方便，色彩浓艳，是真丝织物染色的主要染料。其中强酸性染料因为色牢度较差，真丝织物较少用到。弱酸性染料相对分子质量大，结构比较复杂，与丝纤维的亲和力高，根据各染料性能不同，可在弱酸浴（pH＝4～6）或中性浴（pH＝6～7）中染色，染色牢度较好，真丝织物染色主要采用这类染料。

（2）弱酸性染料分子结构复杂，在溶液中分子聚集倾向较大。温度升高，可以降低染料的聚集度；同时，温度升高可以使纤维膨化度提高，有利于染料上染纤维。但温度过高，织物长时间沸染，会造成丝纤维损伤，影响产品质量。所以染色温度一般控制在95℃。

（3）要使纤维膨化，让染料分子扩散进入纤维内部，都需要一定的时间，扩散速度较慢的染料，更需要足够的扩散渗透和移染时间。但是，染色时间过长，会使生产效率下降，织物长时间高温浸渍，对已脱胶的真丝纤维不利。所以染色时间一般控制在60min左右即可。

（4）真丝纤维在酸性介质中能抑制羧基电离和增加正电荷。酸性越强，酸性染料的上染就越快。因此，酸在上染的过程中起促染作用。为了提高染料的上染率，并控制一定的染色速率，达到匀染的目的，生产上要根据酸性染料的结构，或者按照染料亲和力的大小分别采用不同的染色pH值。对于染料分子中磺酸基所占比例较小的弱酸性染料，一般可用冰醋酸调节染液pH值至4～6。但要注意，冰醋酸过早加入会造成上染过快而产生染色不均匀。对于分子结构中磺酸基所占比例更小的中性浴染料，其扩散性较差，适合在中性浴中染色，用醋酸铵调节染液pH值至6～7，因为它们也会引起上染速度加快而造成染色不匀，可以添加缓染剂平平加O来提高匀染性。也可以先中性浴染色，再逐步加酸，提高上染率。总之，染液pH值应随染料亲和力的增加而提高。

（5）加入电解质（如食盐、元明粉等），能促使染料上染，尤其是中性浴染色的弱酸性染料，电解质的促染作用更为明显，这主要是因为染料是以氢键和范德华力与纤维结合。为了防止上染过快而造成染色不匀，电解质宜在染色中分次加入，但要注意过多的电解质会使真丝织物的手感变硬，所以需要控制加入电解质的量。

（6）染色浴比的大小因染色设备不同而不同。卷染机浴比较小，一般为1∶（3～5）；绳染机稍大，为1∶（30～50）；而星形架染色浴比则更大。一般来讲，浴比小，上染率会增大；浴比大则染色更均匀，但上染率低。

染色用水的硬度高，容易使染料生成难溶性的染料钙盐或者镁盐，这样不仅浪费染料，还易造成色斑、色块，使色泽暗淡。如果水质不稳定，水的硬度忽高忽低，会使染色绸批与批之间极易产生色差。所以，染色用水的硬度一般控制在10×10^{-6}以下为宜，如果水质不达标，还可在水中加入纯碱或六偏磷酸钠等化学软水剂来降低水的硬度。

2. 直接染料

直接染料能在中性浴或者弱酸性浴中直接对蚕丝染色，也可以用于蚕丝/黏胶纤维等交织物的染色。由于其结构中含有亲水性基团，因此，染色物水洗牢度较差，通常可用固色剂进行后处理，使染色牢度有不同程度的提高。直接染料色谱齐全，价格较低，使用方便，但其色泽不够鲜艳，在真丝绸织物染色中主要用以弥补酸性染料色谱的不足，尤其是深色色谱方面。

直接染料染色过程与酸性染料一样，同样包含吸附、扩散、固着三个过程，直接染料在蚕丝等蛋白质纤维上的染色原理也类似于弱酸浴或中性浴染色的酸性染料。直接染料可以单独应用于蚕丝织物的染色，也可以与酸性染料拼混染色。染色时一般采用中性浴。用直接染料染色的蚕丝织物，其色泽、手感、鲜艳程度不及酸性染料染色的织物。因此，直接染料用于真丝绸织物染色，一般是用来与酸性染料拼色，调节色光；或者只是使用少数品种，主要用于染深色。

染色时应注意元明粉、食盐等在中途加入，以免由于染色初染率的提高而造成色花，并且用量要适度，避免过量的电解质造成染料聚集，导致染料从染液中析出的现象，即盐析。析出的染料会沉积在织物上形成浮色，影响染色效果。直接染料易聚集，且大部分直接染料都能与硬水中的钙、镁离子络合成不溶性的沉淀，因此，染色时必须用软水。

3. 活性染料

活性染料也称为反应性染料，因为其含有的活性基团能与纤维反应以共价键结合，染色牢度好，色泽鲜艳，经过筛选和改性，活性染料也可用于染真丝绸织物。

活性染料是 20 世纪中叶发展起来的一类染料。它溶于水，并含有活性基团，染色时活性基能与纤维上的基团（如—OH、—NH_2）发生反应形成共价键，使染料成为纤维大分子上的一部分，故活性染料也称为反应性染料。由于蚕丝纤维的耐碱性较差，所以，活性染料染色真丝绸织物，一般采用在酸性浴或中性浴中染色、碱浴中固色的方法，不常用碱性浴染色。

酸性浴染色工艺需要染液调整至弱酸性，pH 值在 4～6。加入中性盐可提高上染率，但中性盐加到一定量后，又会使上染率下降。因此，需要控制中性盐的加入量和加入时间。在弱酸浴中，可以适当提高染色温度以增加上染率。一般在 80～90℃条件下染色，效果最好，但也要视具体染料的性能而定。

中性浴染色、碱浴固色的染色固着率、色牢度较酸性浴染色好。一般采用一浴二步法，即活性染料先按直接染料或弱酸性染料的染色工艺操作，加中性电解质促染，染色后期在染液中加入碱剂固着。

第三节 真丝绸印花

一、真丝绸印花糊料

为了在真丝绸上印出清晰的花纹，要将染化料加入印花原浆中制成色浆，才能印花。印花原浆在色浆中对染化料起着溶解、分散、保护胶体和防止泳移渗化的载体作用。而在蒸化时则作为吸湿剂，并能防止渗化，使花纹轮廓清晰。因此，原浆的性能关系到印花成品的质量。

原浆的糊料，按来源分为天然糊料和人造糊料两大类。天然糊料可分为植物类、动物类和矿物类，人造糊料可分为化学糊料、合成糊料和乳化糊料。

植物类：包括淀粉及其衍生物类，如玉米淀粉、小麦淀粉、蒟蒻、可溶性淀粉、改性蒟蒻、黄糊精、白糊等。植物树脂类，如龙胶、阿拉伯树胶等；野生植物类，如瓜尔豆粉、橡籽粉、槐豆粉、野绿豆粉等。海藻类，如海藻酸钠、鸡脚菜、石花菜等。

动物类：包括动物胶类，如牛皮胶等。蛋白类，如明胶等。

矿物类：包括膨润土、白黏土和陶土等。

化学糊料：如羧甲基纤维素（CMC）、甲基纤维素（MC）、羧甲基淀粉（CMS）、羟乙基皂荚胶（合成龙胶）、醚化种子胶（如 Indalca AG、RHEOTEXS－110 等系列产品）。

合成糊料：如聚乙烯醇（PVA）、聚丙烯酰胺等。

乳化糊料：如油/水型乳化糊、水/油型乳化糊。

二、印花方法

真丝绸印花方法如按印花工艺分类，大致有直接印花、拔染印花、防染印花和渗化印花等。

真丝绸印花方法因设备而异。目前国内主要采用筛网印花设备，包括手工筛网印花台板、半自动筛网印花机、平版式自动筛网印花机、圆筒筛网印花机等。近年来，圆筒印花机发展迅速，特别是高密度网孔圆网的问世，解决了精细线条和云纹层次丰富的花形的生产，并可用于泡沫印花和转移印花等。此外，还发展了喷雾印花、平版印刷印花和无版印花等。

1. 直接印花

（1）酸性染料、金属络合染料和直接染料印花

经筛选的酸性染料和金属络合染料适合印制耐洗衣料，经阳离子系固色剂处理，其皂洗、干洗牢度均能满足要求，日晒牢度几乎不受影响。但在用拔染法采用色泽鲜艳的染料时，就难以显出这些特性。

印花处方举例：Aandolan、Lanasyn、Lanasyn S及Solar染料 x、尿素50 g、硫二甘醇或Lyocol BC液状50 g、沸水 y、糊料400～600 g、酸剂 z，共1 000 g。

处方中，必须使用高浓度的染料来保证真丝绸印花的色泽，还要兼顾印花浆料的稳定性和坚牢度，尿素是用来促进染料的溶解和固着，但是在有渗色危险时，可减少尿素用量甚至不用。硫二甘醇或Lyocol BC液状均为溶解剂，可独用或混合使用。为了得到良好的固着，使用酒石酸或者酒石酸铵，也可使用硫酸铵，但不宜使用有挥发性的醋酸。

印花色浆的制备方法是：将染料、尿素和溶解剂混合，在混合物中添加沸水。将溶液搅拌，混入糊料中。冷却后，在印花浆料中添加酸剂。印花绸用悬垂型蒸化机102℃连续蒸化30～60 min，或用星型蒸化机在常压102～104℃时蒸化固着。金属络合染料、酸性染料和直接染料印制真丝绸适宜用冷水净洗，因为热水常会造成渗色。

（2）用活性染料直接印花

由于要求印花绸高度耐洗牢度，国外活性染料应用日益广泛。适用于直接印花的活性染料有Drimarene R/K染料、DrimalanF染料和Drimarene P染料等。一般深色活性染料的湿摩擦和干摩擦牢度较酸性染料和金属络合染料稍低。

印花处方举例：Drimarene R/K和DrimalanF染料 x，尿素100 g，Revatol S粒状10 g，碳酸氢铵8～10 g，糊料 y，水 z，总量1 000 g。

染料先放入印花浆料或与尿素混合放入，加入热水。尿素起溶解剂作用，促进固着。在因蒸化状态有渗色危险时，尿素用量减少到50～80 g/kg。Revatol S是硝基苯磺酸钠，可抑制印花浆的还原作用。碳酸氢钠有助于染料固着提高得色量。Drimarene R/K和DrimalanF染料反应快，用较少量的碳酸氢钠就能固着。在某些染料的色泽不鲜艳时，可用醋酸钠为碱剂。在蒸化前，对干燥的印花绸要加以保护，使其不受酸的影响。蒸化用悬垂型蒸化机或星型蒸化机，条件是Drimarene R/K和DrimalanF染料，102℃处理10～20 min。为了得到良好的坚牢度，活性染料净洗温度要高于酸性染料或金属络合染料。要注意使真丝绸不受机械损伤。

2. 拔染印花

在真丝绸印花中，拔染受到重视。它能在深地色上得到浅花细茎的效果，使花纹具有鲜明的清晰度和立体感，但印花难度相应加大。

（1）地色染色

真丝绸染色所选用的染料，主要考虑对纤维的亲和力、上染速率、色泽鲜艳度和色牢度。但拔染印花的染色地还需要经过印花、蒸化和水洗等工序，因此，所选用的染料既要经得起高温蒸化，又要具有较好的色牢度。在实际生产中，选择地色染料需要先做拔白试验，以确切掌握地色拔白程度。地色染料主要采用易被还原且分解物易被去除的酸性和直接染料，其中又以具有对称结构的含单偶氮和双偶氮基团的染料为好。如在地色多为黑、大红、墨绿、深蓝等深色时，通常选用拔白性能好的酸性染料，如 Polar Orange GSN、Coomassie Navy Blue C 等，同时拼用拔白性能好的直接染料，如直接黑 2V—25、直接湖蓝 5B、墨绿 BE 等，以弥补酸性染料色谱的不足。

真丝绸地色染色通常视织物种类和组织来选择染色设备。在真丝绸拔印产品为电力纺、斜纹绸、双绉等时，相应染色设备可采用卷染和绳状两类。

地色染色时的注意事项如下：

1）要严格控制燃料的用量，以防止雕白后返色。

2）地色绸不要固色，以利于拔印。

3）地色绸的透染性越好，染料分子在纤维内部扩散得越深入，拔染印花工艺越困难，拔白度和色拔部位的鲜艳度越差。因此，在真丝绸染色地色时，要尽量使温度降低，染色时间缩短。

4）必须使用软水，否则染色绸易于产生色点。

5）地色在拔印工序中除印染部分被还原浆消色外，未印浆部分也有可能因染料类型而发生变色和褪色。如在蒸化过程中，在助溶剂和还原剂存在的条件下，墨绿色黄光消失，由 Polar Orange GSN 和 Polar Red B 拼染的大红色色泽变暗。因此，要事先做好地色蒸化试验，区别对待各地色的染色。

6）湿处理牢度低的地色在水洗工序中会褪色，导致地色变浅并沾染花色。防止办法有染色时深度比来样加深一成左右，染后加强水洗，退浆前加强固色。

（2）拔白剂

用于真丝绸印花的拔白剂必须具备以下条件：有较高的破坏地色的能力；被拔部位轮廓清晰度高；有良好的透网性；对设备腐蚀性小，对环境无污染；对真丝绸脆损小。在真丝绸拔染印花中，应用得最多的拔白剂是氯化亚锡、德古林（Decroline）和雕白粉。

3. 防染印花

真丝绸防染印花产品精细度优良，防印地色与花色鲜艳度较好，与拔染印花产品相比，有其特色。防染印花可分为两类：物理防染和化学防染。

（1）物理防染

适用于真丝绸的物理防染剂品种不多。日本的防白浆 520 号，其所含活性炭颗粒大小经过筛选，水洗时易于去除，防白效果也较好。

（2）化学防染

在真丝绸印花中，氯化亚锡既是拔染剂，又是防染剂。在真丝绸采用氯化亚锡防染印花工艺中，发现蒸化时易产生局部或大部分不均匀的发焦黄或红棕色现象，在雕白花中出现尤其严重。经研究，认为它是高温长时间干热蒸化所致。氯化亚锡在拔染工艺的高温汽蒸时起还原作用的时间很短，而防印工艺不排汽汽蒸 20 min，因而容易造成升温快而导致局部过热（因不排汽），引起发黄变色。

回修方法：用小绳状机，每缸 3 匹，浴量 250～300 L，先在清水中运行 5 min，边升温边运行直到 60～70℃，分 3～4 次加入醋酸 5～10 g/L。在焦黄色消失后，再加入 1～2 g/L 洗涤剂，运行 5 min。去除织物上污物和浮色。最后出水两次，然后脱水烘干。

防止蒸化中发黄，可对防印织物先按雕印工艺蒸化，再按直印蒸，这样蒸出来的织物无黄棕色，其他色牢度也不受影响。

国外生产的化学专用防染剂，一般以日本的 Uniston E3000（防白）、Uniston MC3（色防）和瑞士山德士公司的 Thinoton WS 为代表。其中 Thinoton WS 被认为是较好的化学防染剂，其优点是作为色防浆时，对染料的选择范围广；缺点是作为防白浆时，所得白度不够理想。

4. 渗化印花

渗化印花是通过电子分色获得黑白稿，或人工分色描稿，并用适当的工艺路线和染化料及糊料，在印花绸上表现富有立体感，由深到浅向四周渗化的印制效果。

影响渗化印花的因素主要有以下几个方面：

（1）织物组织

一般织物越薄，渗化越容易；而织物越厚，组织越紧密，渗化越难，就渗化难易来说，双绉＞斜纹绸＞电力纺。

（2）精练脱胶

用于渗化印花的坯绸，毛细管效应应在 12 cm 以上，以利于染料向纤维内部扩散与渗化。

（3）感光制版

采用电子分色直接将原样中各种颜色分别制成分色片，以利于加强由深到浅逐渐渗化的印制效果。同时，采用解像率高，在网孔中架桥性好，可制成精细、清晰图像的重氮感光胶进行感光制版，来提高渗化效果。

（4）糊料

用于渗化印花的糊料，表面张力小，保水性差，含固量小，透网性好，因而宜将乳化糊与润湿性能好、保水性较差的可溶性淀粉浆以 1∶1 的比例混用，再加入适量的渗透剂、扩散剂和吸湿剂等，并合理选用染料，以利于收到渗化印花的印制效果。

（5）染料

为了提高渗化效果，应选用扩散速率相差悬殊的染料拼色，就扩散速率来说，一般活性染料>酸性、中性染料>直接染料。在同色相配色时，选择扩散速率最快和最慢，色相一致的两种染料来拼色，经印花、蒸化、水洗，可在同色相中表现出由深到浅的渗化效应。

（6）助剂

渗透、扩散、吸湿等助剂关系到渗化效果，就扩散性大小来说，分散剂 NNO>平平加 O>分散剂 WA>渗透剂 YS>拉开粉 BX>渗透剂 JFC。但有的生产厂家鉴于渗透剂 JFC 具有良好的稳定性，不会与染料发生沉淀，与纤维无亲和力等特点，而乳化浆中含有过量的平平加 O，将两者拼用，有助于使染液形成深浅不同的层次，因而选用渗透剂 JFC。此外，还在渗化印浆中加入太古油、尿素、甘油及古立辛 A，以加强渗化扩散作用；加入硫酸铵，使印浆 pH 值保持在 6 左右。

第四节　真丝绸整理

真丝织物经过练、染、印之后，织物尺寸稳定性和表面平整度都较差，有的还会出现丝缕歪斜等现象，影响产品质量，因此，真丝织物出厂前必须经过整理。随着人们生活水平的提高，对真丝绸的性能要求越来越高，其用途也越来越广泛，新产品不断开发，品种繁多。因此，丝织物整理不仅是利用物理作用来提高织物的外观质量，而且还利用化学作用，赋予织物一些特殊的性能。

真丝绸织物整理主要有以下几个目的：一是改善织物的外观和手感，改善织物的光泽，提高织物表面平整度，使织物具有光亮柔和的色泽，光滑柔软的手感，洁白轻盈的外观；二是织物在练、染、印过程中，受到张力的作用，使尺寸稳定性下降，门幅不齐，通过预缩、拉幅整理后，可使门幅整齐划一，尺寸稳定，恢复织物在加工时受到影响的光泽和风格；三是赋予织物一些特殊功能，提高附加值，通过各种化学整理可以增加织物抗皱防缩、增重、防水、防静电、抗泛黄、阻燃等性能；同样，也可利用化学整理和机械整理相结合，使之具有桃皮绒的外观，提高真丝绸的附加值。

一般常用的真丝绸整理方法按照其工艺性质可分为机械整理和化学整理；按照整理效果可分为暂时性整理和耐久性整理。丝织物整理主要是以机械、物理性整理为主，即利用填充剂、水分、热能、压力和机械的作用，以达到整理的目的，体现真丝绸所固有的风格。除此以外，化学整理也逐渐应用于丝织物，以进一步提高织物的服用性能。丝织物经过整理后，要求表面平整、尺寸统一、缩水率小、手感柔软、光泽柔和，保持丝织物优良的品质。

机械整理主要是指脱水、烘干、拉幅（定幅）、预缩整理等。在印染行业，脱水、烘干都是分属于练、染、印各车间的，而在丝绸印染厂，脱水、烘干设备的选择与织物品种的关系密切。烘干工艺对丝织物的手感、光泽都有较大的影响，且烘干往往与熨烫等同时进行，一机多用。因此，丝绸印染厂将脱水、烘干划归整理车间管理。

一、抗皱整理

抗皱整理是用防皱整理剂和纤维作用，赋予真丝绸一定的抗皱性。作为真丝绸抗皱整理剂，纤维反应型树脂 N—羟甲基化合物是效果比较好的，它能改善真丝绸的抗皱性和防缩性。通常真丝绸用合成树脂的防皱整理方法为：

真丝绸浸轧树脂液→烘燥（60～90℃，5～10 min）→焙烘（120～130℃，5～10 min）→皂洗或者碱洗。

常用树脂整理剂有缩合型树脂（硫脲—甲醛树脂、三聚氰胺甲醛树脂等）、纤维反应型交联剂，但 N—羟甲基型树脂在存放和洗涤过程中，容易产生游离甲醛，影响人们的身体健康，可利用尿素、聚丙烯酰胺等含有氨基的化合物拼用到整理液中，或对其进行醚化改性，如用甲醇或多元醇醚化的 2D 树脂来进行整理，从而降低织物上甲醛的释放量。

二、防缩整理

织物收缩的百分率叫缩水率，真丝绸织物的缩水率一般要求在 5%以下。丝织物产生缩水的原因主要有三方面。一是在染整加工过程中，由于受到较大的拉伸，产生伸长，经烘干后被暂时固定下来，纤维内存在内应力，织物经洗涤润湿后，在内应力的作用下会产生收缩。二是织物织缩的改变会引起织物缩水。纤维润湿后发生膨化，大多数纤维膨化时各向异性，一般直径膨化程度比长度方向大。织物织造时，经、纬纱是互相弯曲交错的，当经

（纬）纱润湿后，纬（经）纱吸水膨化变粗，但经（纬）纱长度增加不多，要保持经（纬）纱原有的弯曲程度，只有通过减小纬（经）纱的间距，从而使织物缩短。三是织物组织结构、所用原材料的性质等因素，与织物缩水也有很大关系。

丝绸印染厂针对织物产生缩水的原因和真丝织物的特点，主要是在练、染、整等各工序加工过程中采取措施，例如尽量使用张力小或无张力的设备，减小因张力大而使织物伸长。另外，厂家还会采取在丝织物出厂前，让其原来存有的潜在收缩预先缩回去的方法，例如采用机械预缩的方法来改善织物中经向纱线的织缩状态，使织物的纬密和经向织缩增加到一定程度，使织物具有松弛的结构。或者是将织物落水或者给湿，让它在湿、热状态下回缩，然后再烘干。

第六章

化学纤维及混纺产品的整理

学习目标

涤纶织物的染色与后整理

涤纶纱线的染色

锦纶织物的染色与后整理

腈纶织物的染色与后整理

腈纶纱线的染色

涤棉混纺织物的染色与后整理

锦棉混纺织物的染色与后整理

关键术语

热定形　碱减量　起毛　刷毛　剪毛　烧毛

第一节　涤纶产品的染整

涤纶制品在整个纺织品中占有很大比例，其品种越来越多、变化更新越来越快。涤纶仿真丝产品和新型合成纤维的开发，使涤纶制品品种更繁多，同时也使涤纶具备了更广阔的发展空间。

涤纶织物的染前加工主要包括退浆、精练、松弛、碱减量和热定形，通过这些加工可以去除织物上的杂质、增强手感、提高织物尺寸稳定性，使后续加工能顺利进行并满足服用要求。涤纶的染前加工与其他合成纤维有不同之处，在加工过程中，既要加强去除杂质处理的工序，也要十分重视提高服用性能处理的工序。松弛、碱减量加工是涤纶织物特有的，对涤纶织物服用性能的改善很重要，在加工过程中应特别重视。

涤纶织物的染整加工过程要根据织物品种和要求来设置。一般的涤纶织物不含浆料，不需退浆，也不需松弛和碱减量，其染整工艺流程为：坯布准备→精练→染色→脱水→烘干→热定形整理。

涤纶仿真丝织物染整工艺流程一般为：坯布准备→退浆、精练→松弛→脱水→烘干→热定形→碱减量→水洗→染色→水洗→整理，在此过程中，退浆、精练、松弛常合为同一工序进行。

涤纶织物的染前及染色加工有间歇式和连续式之分，由于涤纶织物有批量小、品种多、更新快的特点，根据这一特点，印染厂常采用间歇式加工。对于轻薄平整的涤纶织物多为平幅间歇式加工，其他织物以绳状加工为宜。

随着科学技术的进步，涤纶染整工艺及设备也在不断发展。如涤纶染前及染色设备日益向着小浴比、高流速的方向发展；随着对水的问题越来越重视，用水作为染整介质的地位受到动摇，染整技术人员经过大量研究，开发了节水染色新工艺及开始探索用有机溶剂、超临界二氧化碳流体代替水的染色工艺。

一、涤纶织物的退浆精练和松弛

1. 涤纶织物的退浆精练

涤纶织物上的杂质主要由油渍、浆料、色素和其他沾污物组成，这些都是附加杂质。织物上的油渍有两部分，一部分是纤维在制造过程中带上的油剂，另一部分是织物在织造过程中从设备上沾上的油污。如果织造过程控制得当，织物沾上的油污应很少；反之，就会很多，如出现后一种情况，在涤纶织物的精练中就要进行去油处理。因为涤纶纤维的强度较高，大部分织物中的纱线没有上浆，浆料主要存在于喷水织机织造的织物和其他特殊织物中，因此，退浆只是针对有浆料的涤纶织物，大部分涤纶织物不需退浆。织物上的色素主要来自于织造时为辨别纱线而用的染料，它是水溶性的，可以通过水洗加以去除，其他的沾污物如锈渍可用草酸去除。

涤纶织物的精练加工应根据织物上的杂质不同而采用不同的工艺。下面介绍三种精练工艺。

(1) 如织物上没有浆料，油剂很少，织物较干净，可以用纯碱 0.5～1 g/L、洗涤剂 2 090.8 g/L，温度 60℃进行处理，时间 20 min。

(2) 如织物上含有浆料，退浆精练工艺可以用 400 g/L 浓烧碱溶液 2 g/L、洗涤剂 2 090.5 g/L，纯碱 2 g/L，温度 80℃进行处理，时间 20 min。

以上两个工艺的加工设备可用高温高压溢流染色机、喷射染色机或高温高压卷染机，也可在平幅松式连续精练机上进行退浆精练处理，其工艺流程如下：

织物在40℃浸轧润湿剂1～2 g/L、纯碱1～2 g/L→80～90℃汽蒸60 s→80℃热水冲洗→60℃热水冲洗→40℃温水冲洗。

(3) 如织物上油渍较多，可以在高温高压染色机中进行如下处理：去油灵1 g/L、纯碱或烧碱1～2 g/L、洗涤剂2 091 g/L，温度115℃，时间20 min。

2. 涤纶织物的松弛整理

使涤纶织物的加捻丝解捻并收缩定形、恢复加捻丝的卷曲性、得到绉效应，这种处理称作涤纶织物的松弛整理。松弛又叫起绉或预缩，其目的是使织物的经纱和纬纱充分收缩，以达到较好的手感和绉效应。松弛整理主要应用于涤纶仿真丝或涤纶仿麻、仿毛产品，此类织物在织造前，先将纱线加捻，再经汽蒸定形使捻度固定，防止织造时收缩卷曲。通过松弛整理，涤纶织物加捻纱线的内应力在高温无张力状态下释放出来，使纱线恢复原来状态，织物表面呈现出纱线的回缩和扭曲。

(1) 松弛工艺条件分析

1) 温度。温度是影响松弛效果的主要因素。因为只有达到一定的温度时，经、纬向纱线才会充分收缩（包括解捻收缩和热收缩），特别是紧捻织物需要充分退捻以获得明显的绉效应，使织物具有良好的松弛效果。

当温度处于80～100℃时，织物的收缩微小；温度高于100℃时，织物的解捻收缩明显，因为已超过了加捻定形的温度，所以纱线开始解捻；温度高于110℃时，热收缩加大；温度升到120℃时，纱线充分解捻，解捻收缩趋缓，但热收缩继续增加；温度超过140℃后，过度的热收缩会影响织物的手感。综合以上分析，松弛温度在120～130℃为宜。当然，根据织物类型要求不同，可以将范围扩大到110～140℃。

2) 张力。张力的大小对松弛效果也起着重要作用。张力越小，越有利于织物的收缩，所以从自由收缩的角度考虑，最好采用无张力的状态进行整理。但适当给织物一些冲击力，使织物充分受到处理液揉搓，有利于织物均匀收缩和形成良好的绉效应。张力不能过大，否则会影响织物的收缩。

3) 浴比。浴比的大小也会对松弛效果起一定作用。浴比越大，织物越容易收缩，松弛效果越好。在松弛设备允许范围内，要尽可能加大浴比，最好采用溢流染色机等浴比较大的设备来进行松弛整理。

(2) 松弛整理的设备和工艺

松弛整理工艺有两种，一种是先退浆精练，后松弛整理，另一种是退浆精练和松弛整理同时进行。两种工艺比较，因后一种成本较低，故使用较广泛。

1）高温高压转笼式水洗机松弛整理。高温高压转笼式水洗机是间歇式设备，适用于小批量生产。因这种设备松弛效果好，所以使用较广泛。其特点是，加工过程中织物完全处于松弛状态，织物较易收缩，且不会产生皱印，但加工时，织物需钉吊襻，容易形成吊襻印。

松弛加工和退浆精练如同时进行，其用料可参照退浆精练的工艺处方，其温度曲线如图 6—1所示。

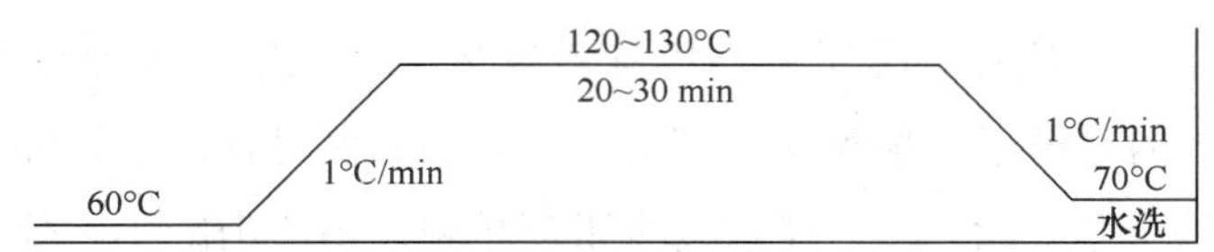

图 6—1　涤纶织物松弛整理温度曲线

水洗过程可以用：70℃热水洗 15 min，然后冷水洗 10 min。

工艺说明：

①升温速度和降温速度要慢，不超过 1℃/min，以防止产生绉效应不均匀和压折痕。

②所钉的吊襻要长一些，一般在 5 cm 左右，以防绸边吊紧和减少吊襻印。

③织物退浆精练松弛后的质量要求：pH 值为 7～8，绉效应明显，幅缩达到 12%～20%。

2）高温高压溢流染色机松弛整理。用于松弛整理的系列设备有高温高压喷射染色机、高温高压溢流染色机、高温高压喷射溢流染色机。从松弛效果看，高温高压溢流染色机好于其余两种设备。如果松弛效果要求不高，也可以使用喷射染色机，因涤纶机织物的染色大都采用此设备，让松弛和染色在同一设备中进行较方便。在此设备的松弛加工中，要保持慢速升温和降温，喷嘴压力和布速要相对小一些。

3）平幅松式连续精练机松弛整理。该设备的特点之一是平幅加工，在退浆精练、松弛整理过程中，不会产生皱印，收缩很均匀，但绉效应和收缩率不大，松弛效果不太好。如果和其他设备的松弛整理连起来加工，可以弥补各自的缺点，并消除由于收缩大而产生的皱印，会得到很好的松弛效果。

二、涤纶织物的热定形

热定形就是将织物保持一定的形态和尺寸，经高温处理一定时间，然后使温度迅速降低的热处理加工过程。其主要目的是消除织物上已有的皱痕和防止产生难以去除的皱痕，同时提高织物的尺寸热稳定性。此外，热定形还能改善织物手感，防止起毛起球以使织物表面平整，对织物的染色性能也有一定影响。

涤纶等合成纤维织物由于具有热塑性，在纺织和染整加工中，容易发生收缩变形和产生皱痕，因此，合成纤维织物及其混纺织物在染整加工中都要经过热定形。

1. 热定形原理

以涤纶为代表的合成纤维大都是线型高分子化合物，其分子链段在玻璃化温度以下只能本位振动，不会发生相对位移，分子链的内旋转等运动被冻结。当加热温度超过玻璃化温度、低于软化点温度时，分子链段发生剧烈运动，在一定张力作用下，部分分子链段间的结合力被拆散，并使处于紧张状态的分子链发生重新排列，内应力减小，分子链间在新的结构位置进行更稳定的结合，这时使纤维迅速降温冷却至玻璃化温度以下，链段的运动再次被冻结，则分子链段新的结构被固定。这样所形成的纤维分子结构比较稳定，达到了定形效果，织物如在低于热定形温度的条件下受作用力时，不易产生难以消除的变形。

2. 热定形工艺条件分析

热定形效果的好坏主要取决于温度、时间、张力及水（或蒸汽）等工艺条件，热定形后冷却的程度等工艺因素也会影响热定形效果。

（1）热定形温度

温度是影响热定形质量的最主要因素，热定形温度的高低直接影响着织物热定形后的尺寸热稳定性、抗皱性能、染色性能等。

1）温度对织物尺寸热稳定性的影响。对涤纶长丝织物进行热定形试验，其方法为：将经过精练的涤纶长丝织物在不同温度下热定形后放置在不同的温度下任其自由收缩，试验结果如图 6—2 和图 6—3 所示。

由图 6—2 和图 6—3 可知：在 120～220℃范围内，定形温度越高，自由收缩率越小，则织物的尺寸热稳定性越好。例如，未定形的和在 120℃、170℃、200℃、220℃定形的涤纶长丝织物在 150℃放置时的自由收缩率分别为 11%、7%、2%、0.9%。而且可进一步看出：放置的温度（收缩温度）越高，自由收缩率越大。如要使自由收缩率减小，必须提高定形温度。如放置温度为 150℃，要使自由收缩率较小（有良好的尺寸热稳定性），必须将热定形温度提高到 180℃，但继续提高温度，则自由收缩率减小不多，尺寸热稳定性的改善不大。从以上的分析情况看，涤纶织物的热定形温度应高于后序加工的最高温度，才能使织物获得良好的尺寸热稳定性。一般涤纶长丝织物的热定形温度要比后序加工的最高温度高出 30～40℃。

2）温度对抗皱性能的影响。热定形温度对织物的抗皱性能有一定的影响。如将未定形的和在100～200℃定形的涤纶长丝织物在水中挤压煮沸1 h，发现未定形织物产生的皱痕多而深，虽经熨烫也不易去除；而经过定形的织物，随着定形温度的提高，皱痕变得少而轻，并且经熨烫后易于消除。以上现象可以说明，经定形后织物的湿抗皱性提高了，并随温度的增高和时间的延长而提高。

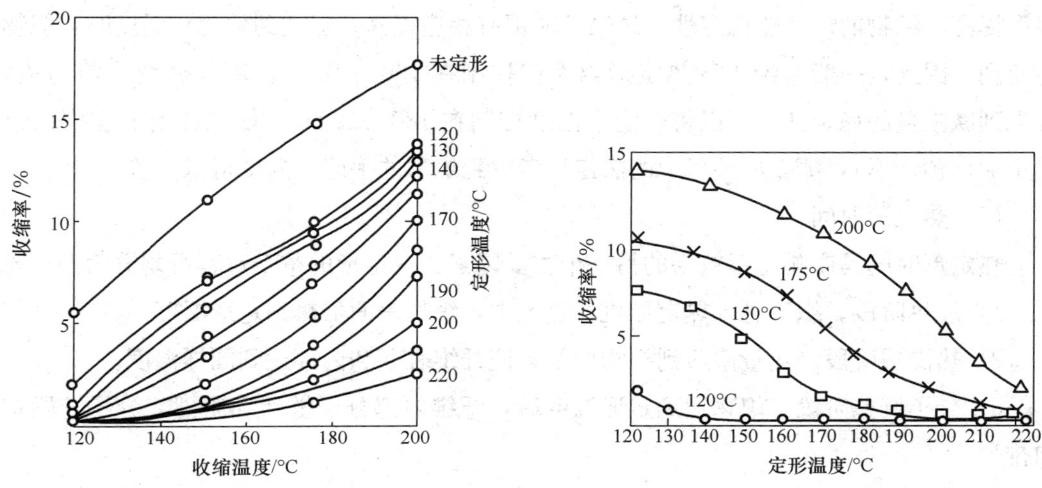

图6—2　涤纶长丝织物热定形后不同温度下的收缩率　　图6—3　涤纶长丝织物不同定形温度的收缩率

3）温度对织物染色性能的影响。涤纶织物经过热定形后，由于其微结构发生了变化，吸附染料的性能也会发生变化。从图6—4热定形温度与染料吸收率的关系可以看出，随着定形温度的升高，织物对染料的吸收率逐渐降低，到170～180℃时为最低值；当温度超过180℃后，染料吸收率又逐渐上升，到220℃时已超过未定形织物的染料吸收率；超过220℃，染料吸收率又急剧上升。

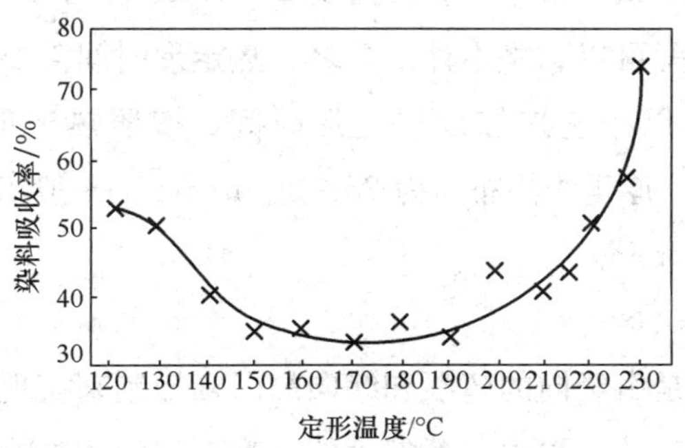

图6—4　热定形温度与染料吸收率的关系

4）温度对织物其他性能的影响。热定形温度除了对涤纶织物的以上几方面性能产生影响外，还会对涤纶织物的碱减量的减量率、手感等产生影响。热定形温度与碱减量的减量率有着密切的关系，经过热定形后的织物进行碱减量整理，随着定形温度提高，减量率减小，超过 140℃以后，减量率又随温度的升高而增大。热定形温度对织物的手感影响较大，其硬挺度随定形温度的上升而直线上升。但硬挺度的提高只是一种暂时现象，经过后续加工的湿热处理或其他一些简单处理，就可得到改善。

热定形的温度必须在涤纶的玻璃化温度以上、软化点温度以下。根据以上分析，热定形温度提高，织物的尺寸热稳定性、抗皱性能都有相应提高，但达到软化点温度时，织物的手感变硬。因此，一般涤纶织物热定形温度应控制在 190～210℃。对于碱减量前的热定形，考虑到碱减量的稳定性，可以将热定形温度控制在 180～190℃。如果在前处理中已经过了热定形（预定形），那么后整理中的热定形考虑到织物的手感，温度可低一些。

（2）热定形时间

热定形时间是影响定形效果的另一个主要因素。热定形的整个过程可划分为四个阶段：

1）加热阶段。织物进入热定形机加热区中，织物表面加热到定形温度。

2）热渗透阶段。热量渗透到织物内部，使纤维表面和内部达到同样温度。

3）分子调整阶段。织物达到定形温度后，纤维内部分子链活动激烈，分子链段重新定向排列。

4）冷却阶段。织物出烘房后，快速降低温度，把分子链段重新排列的状态固定下来。

热定形时间，是指前三个阶段的所需时间，即加热时间、热渗透时间和分子调整时间。加热时间和热渗透时间决定于热源的性能、织物单位面积重量、纤维导热性和织物含湿量等因素，也和热定形温度有关。织物越厚、含湿量越高，加热时间和热渗透时间越长，需要的热定形时间也就越长。热定形温度越高，则加热和热渗透时间越短，热定形时间也就越短。

加热所需时间可用无接触连续测定织物表面温度的仪表准确地测出。而热渗透所需的时间，至今仍无有效的仪表测试，根据试验，需要 2～15 s。至于分子调整所需的时间是很快的，平均需 1～2 s，此时间可以忽略不计。总之，热定形时间需要 15～30 s。

在实际生产中，常常以布速来控制热定形时间。按照热定形机烘房常用长度 12 m、15 m来定布速，可以定为：厚重织物布速为 25～35 m/min；一般织物布速为 35～45 m/min；稀薄织物布速为 45～60 m/min。

（3）热定形张力

热定形张力在生产中是由经向的超喂和纬向的门幅控制来实现的。热定形时织物所受到的张力对织物的尺寸热稳定性、强力、断裂延伸度都有一定的影响。

热定形后织物的尺寸热稳定性有较大提高，经向尺寸热稳定性随着经向超喂的增大而提高，纬向尺寸热稳定性随着门幅的拉大而降低。织物热定形后其单纱的强力比未定形时略有提高，经向超喂和纬向拉伸大小对其影响不大。纬向断裂延伸度在织物热定形后随着拉伸程度的增大而降低，而经向断裂延伸度则随着超喂的增大而增大。

热定形所施加张力大小，还会对织物的手感、平整度等产生影响。若要求织物的手感柔软、蓬松，纬向的张力不宜过大，可接近或稍大于成品幅度，经向予以适当的超喂，通常为2%～4%；如要使成品更加厚实，可将超喂增大到10%以上；若要求织物的平整度较高，则张力可略大些，经向超喂－1%～－2%，纬向拉伸比成品幅宽2～3 cm。

3. 热定形方式和设备

（1）热定形方式

1）湿热定形。织物定形时在水分作用下，纤维分子间力减弱，分子链段的热运动变得容易进行，内应力也较容易松弛，织物只要在较低温度下（玻璃化温度 T_g 以上）就可获得较好的定形效果。因此，在同样定形效果下，湿热定形的温度比干热定形低，而且湿热定形织物比干热定形织物的手感柔软、丰满。合成纤维中吸湿性较好的锦纶多采用湿热定形，某些涤纶变形纱织物也可采用湿热定形。

湿热定形可分为热水浴定形和汽蒸定形两类。热水浴定形的工艺经常变化，常用的有两种，一种是在100℃的沸水中处理织物，该工艺简单，但定形效果差，织物仍有较大收缩率；另一种是在125～135℃的高温高压下处理20～30 min，可获得较好的定形效果。汽蒸定形工艺也有两种，一种是饱和蒸汽定形，如用110～135℃的高压饱和蒸汽处理织物，定形效果良好；另一种是常压过热蒸汽定形，如190℃过热蒸汽定形，时间短，定形效果与干热定形接近。

2）干热定形。由于涤纶的吸湿性差，水对涤纶的膨化作用很小，所以涤纶织物常采用干热定形。干热定形的加热方式主要是用热风加热。由于热辊筒接触加热会对涤纶织物的外观和手感产生不良影响，现已较少应用；红外线辐射加热，由于效率不稳定也应用不多。

（2）热定形设备

常用于涤纶织物干热定形的设备是热风布铗、针板链热定形机，它采用了布铗针板两用链，可以在同一种机器上进行织物热定形和织物拉幅等不同整理，达到一机多用的目的。

从图6—5可以看出，热风布铗、针板链热定形机主要由进布装置1、超喂上针装置2、布铗、针板扩幅链3、烘房4、冷却装置5、落布装置6、冷水辊7、出布装置8等组成。

织物在热风布铗、针板链热定形机上进行热定形时，先经过超喂装置，然后进入布铗、针板链部分，由左右两条长链上的布铗夹住或针板刺住织物两边，随长链前进而逐渐拉幅到所要求的幅宽后，织物继续在拉伸状态下，进入烘房（或称加热室），受到上下对吹的风嘴喷出的高温均匀热风加热。在烘房内，织物在加热区被加热到热定形温度，然后进入热定形区予以定形。织物离开烘房后先喷风冷却，在脱离布铗或针板后再经冷水辊冷却，最后经落布装置摆入堆布箱或卷成大卷装。

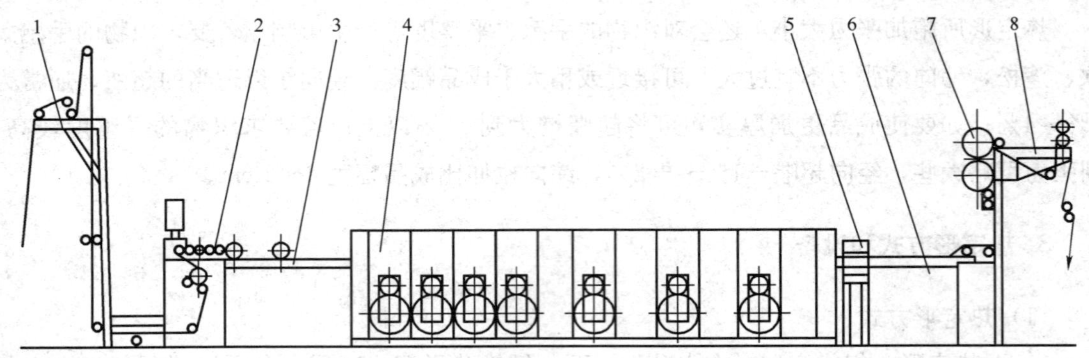

图 6—5 热风布铗、针板链热定形机

1—进布装置 2—超喂上针装置 3—布铗、针板扩幅链 4—烘房 5—冷却装置
6—落布装置 7—冷水辊 8—出布装置

热定形机主要结构及特点如下：

1）超喂上针装置。所谓超喂就是使织物的喂入速度 v_1 大于长链运行速度 v_2，即超速喂布。它可以降低织物的经向张力而有利于扩幅，同时又使织物的经向收到一定的回缩效果。超喂率可以在－10％～40％范围内调节。

织物进入布铗、针板链之前，先经超喂辊，而后织物左右边部通过三辊剥边器，防止卷曲，再经两只小导辊所组成的柔性托特带和大毛刷轮之间，由大毛刷轮将布边压向针板根部，再由小毛刷轮继续深压，以避免脱针。在三辊剥边器上装有高灵敏度的探边器，保证布边正确纳入针板，使加工织物两边的上针宽度接近一致。

2）布铗、针板扩幅链。织物是由两条环状布铗、针板链夹住或刺住边部而逐渐进行扩幅，图 6—6 为布铗扩幅示意图。织物边部进入布铗时，由于铗舌的自重作用，铗舌上的不锈钢刀将织物边缘 3～5 cm 夹住在铗座的不锈钢板上。织物边部进入针板时，用大、小两只毛刷轮将织物边部压入针板刺住织物，针板上长针刺住织物边，短针阻止织物边部继续向下刺入。针的表面光洁、针尖锐利，针尖向内倾斜 10°～15°，以防脱针；针板光滑，厚薄均匀。可根据工艺要求而选用布铗或针板。

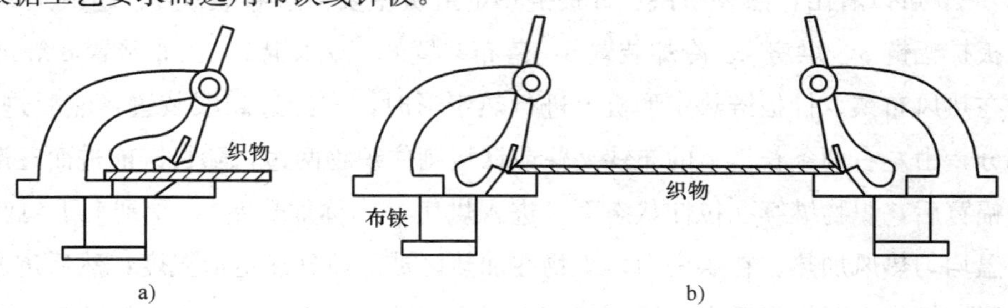

图 6—6 布铗扩幅示意图

a）开铗时 b）布铗正常运转时

布铗、针板链在运动过程中，由于部分运行过程是在烘房外，针板的温度比热风房的温度低50℃左右，所以织物边部和中间会产生定形不一致的现象。

3）烘房。烘房是由风道、热风循环风机、排气系统、喷嘴和隔热板等组成。烘房由多室组成，每室用挡板隔开，常用的为4～5室，每室烘房内有一组风管，分上下两层，从烘房风机侧伸出。烘房前后有加热区和定形区之分，把织物表面达到所需定形温度前经过的距离称为加热区，而把加热区后一直到出烘房的这段距离称为定形区。

织物加热方式采用热风对流加热，分为直接加热法和间接加热法两种。

①直接加热法是利用城市煤气、丙丁烷或柴油燃烧，直接将空气加热后由鼓风机送入烘房。

②间接加热法是用道生油或热油等高温载热体汽化后将空气加热，送入烘房。间接法加热的热风温度比较稳定。

4）冷却装置。织物离开烘房后，其表面温度超过涤纶的玻璃化温度，此温度下落布容易使织物变形和产生折皱，所以要对织物进行迅速冷却。常用的方法有吹风冷却和冷水辊冷却两种。目前多采用先吹冷风，后用冷水辊冷却的方法，即织物离开烘房后，对织物正反两面强吹冷风，织物离开布铗、针板链后，再用冷水辊冷却。

4. 热定形工序安排

热定形的工序安排，目前有三种方式，即坯布定形、染前半成品定形和染后定形。

（1）坯布定形

坯布定形能使织物在开始染整加工时就处于比较稳定的状态，在以后的加工过程中不易发生变形和收缩。如涤氨弹力织物，在练漂前需进行坯布定形，否则会产生难以消除的皱痕；涤棉混纺织物在绳状练漂前也需进行坯布定形。但纯涤纶织物一般较少进行坯布定形。坯布定形会使织物上的浆料、油污等杂质被固着而难以去除，所以必须加强练漂工艺。

（2）染前半成品定形

涤纶仿真丝织物在碱减量前精练松弛后需进行热定形，其目的是使碱减量处理能稳定进行。经过热定形的涤纶仿真丝织物只要在后整理中再经过一次高温拉幅，便能达到成品所要求的尺寸及尺寸热稳定性。由于半成品热定形安排在练漂（涤纶织物精练、涤棉织物退浆煮练漂白）之后进行，所以不会给去杂质带来困难，而且能消除练漂中产生的皱痕，并使布面平整，有利于平幅染色加工。半成品定形大都安排在染前进行，涤棉织物可安排在丝光前或丝光后，也可在两次漂白之间进行。

（3）染后定形

染后定形可以消除染色及前处理过程所产生的皱痕，并可结合化学整理一起进行，由此染整加工过程可以减少，并且只需进行一次热定形。由于热定形后不再进行湿热处理，染后定形的成品的尺寸热稳定性较高、外观较平整。但染后定形要求定形前各工序尽量少产生皱痕，以免在高温染色后将这些皱痕稳定下来，难以消除；采用染后热定形还会使涤纶织物在高温染色过程中的幅宽发生较大的收缩；此外，染后定形还对染料的升华牢度要求较高。目前实际生产中一般对涤纶织物都采用此方法进行热定形。

三、涤纶织物的碱减量

所谓碱减量是指涤纶织物在烧碱溶液中经过高温和一定时间的处理后，变得柔软、滑爽、富有弹性，并且质量减少的整理方法。经过碱减量整理，还可以使涤纶织物的光泽变得较为柔和，悬垂性得到提高，吸汗性略有改善。碱减量整理的应用初期主要针对的是涤纶仿真丝绸产品，随着技术的进步，其应用范围不断扩大，有的涤纶混纺和交织产品也进行碱减量整理，如涤棉织物，甚至涤粘织物也可以进行轻度的碱减量整理。在实际生产中，考虑到碱减量对分散染料的影响，碱减量整理一般安排在印花或染色前进行。

1. 碱减量原理和减量率的控制

（1）碱减量原理

涤纶大分子的化学组成是聚对苯二甲酸乙二醇酯，其分子结构中含有大量的酯键，在强碱作用下，酯键水解断裂，生成较低的不同聚合度的水解产物，而最终会生成水溶性的对苯二甲酸钠和乙二醇。

水解反应首先发生在纤维表面，并逐渐向里发展，并形成龟裂的表面状态，使纤维表面对光的反射作用改变，从而赋予织物柔和的光泽。涤纶织物碱减量后，纤维直径变细，使纤维及纱线间的空隙增加，纱线间发生相对滑移受到的摩擦阻力减小，织物的手感变得滑爽而又柔软。

季铵盐类表面活性剂（阳离子表面活性剂）对涤纶的碱减量能起催化水解作用，所以称为碱减量促进剂。其原理一般认为，主要是由于季铵盐类表面活性剂其表面电荷呈阳性，而涤纶纤维在水中其表面电荷呈阴性，因此促进剂能自动吸附到涤纶纤维表面，且使纤维表面改呈阳性，帮助碱中 OH—的吸附，从而使纤维表面的碱液增加，水解速率加快，减量率增加。

伴随着涤纶大分子的水解和纤维直径变细，涤纶织物的强度相应地下降。为了既达到碱减量整理的目的，又使纤维强度损失较少而不致脆损，必须控制减量率。

（2）减量率的控制

织物经碱处理后，质量减少的程度叫减量率。其实际减量率的计算式如下：

$$实际减量率=\frac{m_1-m_2}{m_1}\times100\% \quad (式 6—1)$$

式中 m_1——减量前织物重；

m_2——减量后织物重。

2. 碱减量后涤纶的性能

碱减量整理后，涤纶的性能发生了变化。主要表现在以下四个方面：

（1）吸湿性和透气性

织物经碱减量加工后，吸湿性变化不大，但毛细管效应改善较大，纤维表面的亲水性改善较明显。织物内纤维间的抱合力减小，纱线和纤维间的空隙增大，织物的透气性增加。

（2）仿丝绸性能

织物经碱减量整理后，光泽柔和，手感柔软，摩擦因数减小，悬垂感增强，变得轻盈、飘逸，风格性能更接近真丝绸。但由于纤维间相对滑移增加，容易产生所谓“排丝”现象，影响织物的服用性能。为了改善“排丝”现象，在织造时可改变织物的组织结构，增加织物表面交织点，减少表面纱线浮长，最主要的还是要严格控制减量率。如出现严重的“排丝”现象，可用适当的树脂整理来改善。

（3）强力

织物经碱减量加工后，纤维的直径变细，绝对强力随减量率的增加而下降。但在正常的减量率下，其强力下降还是在可控制的范围内。

（4）染色性能

随着织物减量率的增加，涤纶纤维的表面变得粗糙，而色泽变浅（因纤维表面积增加，而对光的漫反射增加所致），可适当增加染料用量来达到要求的深度。

3. 影响碱减量效果的因素分析

（1）氢氧化钠用量

氢氧化钠的用量对碱减量效果的影响很大。减量速率和减量率都随着氢氧化钠用量的增加而增大，但利用率下降，成本增加。

（2）温度

温度会影响碱减量效率，减量速率和减量率都会随着温度的升高而增加。由于温度升高使水解反应速率加快，高温条件下进行碱减量时减量率更难控制，所以尽可能采用较低温度下的碱减量加工。

（3）时间

碱减量整理随着时间的增加，受碱侵蚀程度提高，减量率增加。若采用间歇式碱减量整理，对不同织物不同减量率的要求是以固定其他工艺条件、改变时间来控制减量率的，因此要合理地控制减量率，就必须严格掌握时间。

（4）热定形

热定形时涤纶纤维分子链运动加剧，纤维的结晶度和取向度提高，使纤维碱减量的反应速率和减量率发生变化。如前所述，热定形后，织物的减量率发生了变化。随着热定形温度的升高，减量率下降，到140℃后，减量率又随着温度升高而提高。经过热定形后，可以使织物碱减量的均匀性提高，避免碱减量不匀而导致织物局部脆损。

（5）促进剂

如前所述，加入促进剂后，减量速率加快，减量率增加。但当促进剂达到一定浓度后，促进剂浓度继续增加，减量速率不再加快，减量率不再增加。在间歇式的碱减量整理中，不加促进剂和加促进剂的两种工艺都在使用，若是高温高压碱减量整理，少加或不加促进剂更有利于工艺的控制；常压条件下的碱减量整理，须加入一定量的促进剂。而在连续式的碱减量整理中，一般不加促进剂。在相同减量率情况下，加入促进剂还可减少碱的用量。但促进剂加剧了纤维受损的不均匀性，织物强力下降会大大超过理论计算值。

（6）涤纶丝的形状性质及织物组织结构

在相同的碱减量工艺条件下，消光的异形截面的涤纶丝比有光的圆形截面的涤纶丝减量率更大，而变形丝的减量率超过未变形丝的，预取向丝比常规丝的减量率要大，加捻数小的涤纶丝比加捻数大的易减量。从织物组织结构来看，结构紧密的涤纶织物不易碱减量。因此，对不同的涤纶织物要采用不同的碱减量工艺，并严格控制工艺条件。

4. 碱减量整理设备和工艺

涤纶碱减量整理有间歇式和连续式之分。而按设备不同，间歇式的可分为挂练槽加工、高温高压染色机加工、间歇式碱减量机加工；连续式的为平幅连续碱减量机加工。挂练槽碱减量加工劳动强度大，减量后水洗较慢，现使用较少。

（1）高温高压染色机加工

采用高温高压染色机进行碱减量加工，织物受到的张力低，温度高，碱反应完全，手感较好，适用性广，但重现性不理想，减量率较难控制，强力损失较大。常用设备有高温高压喷射染色机，高温高压喷射溢流染色机。具体工艺如下：

氢氧化钠的浓度一般为4～8 g/L，具体浓度应视织物的减量率而定。如添加0.2～0.4 g/L的促进剂，氢氧化钠浓度可降至3～6 g/L。

工艺流程和工艺条件：先将织物在染色机内循环均匀，然后加入已溶解的碱液和促进剂再循环均匀，升温至 70℃时开始控制升温速度为 1℃/min，升至 120～130℃，保温 30～40 min，之后以 1.5℃/min 降温至 70℃排液。

涤纶织物碱减量后的水解产物有聚酯低聚物、对苯二甲酸钠、乙二醇，其中低聚物有可能黏附于织物上，此外涤纶织物上还含有残留的烧碱。所以碱减量后要进行充分水洗，以免对后序加工产生不利的影响。水洗工艺为：80～85℃热水洗 10 min 后排液，加阴离子表面活性剂再洗一次，然后用 2 mL/L 醋酸温水中和 10 min，最后冷水洗。

（2）间歇式碱减量机加工

间歇式碱减量机加工时，碱反应速率较高温高压染色机加工时慢，减量率易控制，张力小，重现性较好，由于配有碱回收装置，碱利用率高。此种方式适合小批量多品种的生产，是一种较实用的碱减量整理方式。

间歇式碱减量机为常压设备，主要由槽体、热交换器、循环泵、加料槽、处理槽、碱液回收槽等组成。

（3）平幅连续碱减量机加工

该加工方式的优点是生产效率高，适用于大批量生产，操作方便，减量效果较好，重现性良好，批与批之间的减量率差异极小。缺点是一次性投资大，织物受到的张力大，对绉类织物的绉效应有一定程度影响。

平幅连续碱减量机由进布装置、浸轧装置、汽蒸箱、水洗装置、落布装置等组成。

四、分散染料染色

分散染料是一类分子结构较简单，水溶性很低，染色时以微小颗粒均匀地分散在染液中的非离子型染料。

在 20 世纪 20 年代初，分散染料就广泛地用于醋酯纤维的染色。随着合成纤维的发展，分散染料发展迅速，它主要用于合成纤维，特别是聚酯纤维的染色与印花。

合成纤维尤其是聚酯纤维的结构紧密，疏水性强，吸湿性低，分散染料在其中扩散很慢，除部分淡色可以常压（100℃）染色外，一般都要使纤维膨化，才能提高染料的上染速率和上染百分率。分散染料染涤纶的方法有高温高压染色法、热溶染色法和载体染色法三种。

1. 高温高压染色法

采用高温高压染色法，染料的利用率高，色谱齐全，匀染性好，适用的染料品种广；染物色泽鲜艳，手感良好，透芯程度好。但此法是间歇式生产，生产效率较低，需用压力设备。

高温高压染色法和热溶染色法是分散染料染色最重要的两种染色方法。两种染色方法都能获得较好的染色质量，但在染料利用率方面，热溶法只能达到70%左右，而高温高压法可达90%左右。此外，高温高压染色法其染物的摩擦牢度也优于热溶法染色。纯涤纶纺织品的染色主要采用高温高压染色法，而热溶染色法主要应用于涤棉混纺织物的染色。

高温高压染色法适用于多品种、小批量生产，除用于涤纶纺织品的染色外，还用于涤纶混纺织物、其他合成纤维的纱线、针织物的染色。

(1) 染色原理

在分散染料的分散液中，有少量的染料溶解成为单分子，还有染料颗粒以及存在于胶束中的染料。染色时染料单分子被纤维表面所吸附，接着向纤维内部扩散。随着染液中染料分子不断上染纤维，染液中的染料颗粒不断溶解，胶束中的染料也不断释放出染料单分子，又被吸附并继续扩散，最后完成上染过程。

涤纶对疏水性的分散染料有很好的亲和力。常温下涤纶的溶胀很小，染色难以进行。当温度升高，在高温条件下，纤维无定形区内分子链段运动加剧，纤维结构内形成了许多可以容纳染料分子的“空隙”，与此同时，染液的热量增加了染料分子的动能，使其加快了向纤维内部的扩散。此外，温度高时，水对纤维的增塑膨化作用也增加，染色完成后，染液降温至涤纶的玻璃化温度以下，染料分子被凝结在纤维固体内，不再溶出，从而获得很高的染色牢度。

分散染料所以能舍溶液而上染纤维，是由于染料和纤维之间存在着作用力，主要是范德华力和氢键。范德华力是分散染料和涤纶纤维间的一种重要结合力。涤纶分子呈直线型，苯环上没有取代基，涤纶分子中的苯基与染料分子中的芳香环之间容易靠拢，有较大的色散力。涤纶纤维分子中的各原子对电子的引力不等，便产生偶极，而染料分子由于吸电子基团或供电子基团的存在也有一定的偶极，故在纤维分子和染料分子之间有定向力和诱导力。

(2) 染色工艺讨论

1) 温度。为保证透染好，高温型分散染料适宜的染色温度为130℃，中温型为120～130℃，低温型为120～125℃。因为生产中常将三类染料相互拼染，为便于生产管理，高温高压染色法的染色温度一般控制在130℃，此时上染百分率较高，得色鲜艳，透染及匀染性好，且大多数染料的上染百分率差异较小。

2) pH值。某些分散染料在高温及碱性条件下会分解，因此分散染料的染液一般控制在微酸性，以pH值在5～6为宜。pH值过低，会影响染料染色后的色光和上染百分率；pH值过高，部分染料会分解，导致色光发暗，同时上染百分率会降低。现正在开发使用碱性条件下染色的分散染料，以便和前处理碱性浴连接并可解决染色设备的沾染的问题。染液的 pH 值常用醋酸、硫酸铵和磷酸二氢铵等来调节。

3）时间。在染色过程中，当染液升温至 130℃时，染料仍不能被纤维吸净，因此需要足够的保温时间。保温时间的长短，由染料的扩散性能和染色浓度决定。

4）染色助剂。除了以上三个工艺条件需严格控制外，为了防止染料凝聚而产生色斑，在染液中要加入染色助剂。如果在染料内已含有较多的分散剂或是染料的扩散性能较好，则可不加或少加。一般情况下，浅、中色染色需要加入染色助剂，而染深色或深浓色可以不加。

染色助剂有两类，一类是分散剂，通常是阴离子表面活性剂，常用的有分散剂 N 和木质素磺酸钠；另一类是高温匀染剂，通常是阴离子表面活性剂或非离子表面活性剂，较多应用的是非离子表面活性剂和阴离子表面活性剂的混合剂，常用的有胰加漂 T、拉开粉 BX 和分散剂 N 的混合剂等。平平加 O 有分散效果，还能起匀染作用，但浊点低，需加入阴离子表面活性剂提高其浊点，但加入量不能过多，否则会降低上染百分率。

（3）染色设备和工艺

高温高压染色法的染色设备要根据涤纶的状态合理选用。散纤维、毛条、纱线的染色可以在高温高压染纱机中进行，纱线也可用高温高压筒子纱染色机染色，涤纶针织物可以在高温高压溢流染色机、喷射染色机或高温经轴染色机中染色，而涤纶机织物则可用高温高压溢流染色机、喷射染色机或高温高压卷染机染色。从目前生产情况和发展趋势看，涤纶织物的染色以快速和环保为主题，由于高温高压喷射染色机染色的浴比小（1∶10 以下）、布速快，其使用的广泛性已远远超过了高温高压溢流染色机，是目前较好的一种高温高压染色设备。出于对能源和环保的更高要求，国际上已开发出了气流喷射染色机，并投入使用。而高温高压卷染机由于张力大，染后织物手感稍硬，主要应用于平整性要求较高的轻薄织物上。

1）浸染。低弹涤纶织物喷射染色工艺举例。

①染液处方：

分散染料	$x\%$（相对织物质量）
醋酸	0.3～0.6 mL/L
匀染剂	0～0.5 g/L

②工艺操作。织物在 70℃以下的助剂浴中先运行 5 min，加入用温水化料和冲淡的分散染料再运行 5 min，以 3℃/min 升温至 85℃；再以 2℃/min 升温至 115℃，最后升温到 130℃，保温染色 15～45 min；染毕降温至 80℃，取样核对色光。如有必要追加染料，则升温至 130℃，续染 20 min，最后进行后处理。分散染料化料应先用冷水打浆，后用温水（<50℃）调匀。在此过程中，温度不能过高，否则染料凝聚，染色后织物产生色点。

③后处理。涤纶染色中深色产品都要进行还原清洗，以除去浮色和其余残留物。还原清洗可用纯碱 2 g/L、保险粉 1 g/L、净洗剂 0.3 g/L，在 80℃下处理 20 min，再热水洗、冷水洗。浅色产品用净洗剂 0.5 g/L 在 60～70℃下处理 10 min，再冷水洗净。染色后织物用离心脱水机、轧水机或真空吸水设备，使织物的含水量降低到 15%～20%，然后烘干、后整理。

2）卷染。一般纯涤纶长丝织物的染色工艺举例。

①染液处方：

分散染料	x%（相对织物质量）
高温匀染剂	0～125 g
醋酸	125 mL
或磷酸二氢铵	400～600 mL
液量	250 L

每轴织物长 660 m，重 67 kg。

②工艺流程及条件。冷水进缸→水洗 2 道（60～70℃）→染色 2 道（60～70℃）→1 道升温至 100℃→1 道升温至 110℃→1 道升温至 120℃→1 道升温至 130℃→130℃，保温染色 6 道→降温至 90℃→热水洗 2 道（80～90℃）→还原清洗 4 道或净洗剂清洗 4 道→热水洗 2 道（70～80℃）→水洗 1 道（40～50℃）→上卷。

2. 热溶染色法

热溶染色法是连续化生产，生产效率高，适宜于大批量生产。但染料利用率比高温高压染色低，特别是染深浓色时，对染料的升华牢度要求较高，染料选用有一定限制（低温型不适用）；染色时织物所受的张力较大。与高温高压染色法相比，染色织物的色泽鲜艳度和手感略差。热溶染色是目前染涤棉混纺织物的主要染色方法。

热溶染色的工艺流程为：浸轧染液→预烘→烘干→热溶→后处理。

（1）染色原理

热溶染色时，通过浸轧的方式使分散染料附着在涤纶纤维表面，而浸轧涤棉混纺织物时，分散染料却由于涤纶疏水性高而大部分为棉纤维所吸收。当织物进入热溶高温阶段，涤纶分子链段运动加剧，分子间的瞬时空隙增大，有利于染料分子进入纤维内部。此时，存在于涤纶纤维表面及织物空隙处的染料颗粒解聚或发生升华形成染料单分子迅速向涤纶纤维内扩散。而在棉纤维上的分散染料，由于对涤纶有较高的亲和力，也从棉纤维上转移到涤纶上。当温度降至玻璃化温度以下，纤维分子间空隙减小，染料通过范德华力、氢键而固着在纤维内部。

纵观全部染色过程，正是由于棉纤维能吸收大部分分散染料并提供给涤纶纤维，才使涤棉混纺织物的涤纶纤维能染得浓艳色泽，而纯涤纶织物由于浸轧后吸收染料较少，不能染得浓色。

（2）染色工艺讨论

1）浸轧染液。热溶染色时，染液中包含染料、防泳移剂和润湿剂等。热溶染色温度高，所以要求染料的升华牢度要高。防泳移剂是用于防止烘干时受热不匀而产生的染料泳移。防泳移剂是具有一定黏度的物质，要求耐热性高，不妨碍染料的扩散，不影响色光，不沾黏滚筒且容易从织物上洗除。可以用海藻酸钠、合成龙胶等做防泳移剂。染液中一般可不加或加很少量的润湿剂，否则影响色泽鲜艳度和得色。

染液的 pH 值一般控制在 5～6。pH 值过高色淡而萎暗，pH 值过低得色较浅淡。可以用醋酸或磷酸二氢铵调节 pH 值。浸轧染液的方式，按要求一浸一轧即可，染液新鲜，较易控制。也可二浸二轧，优点是渗透性好。轧槽内的染液量要少，使新旧染液交换快，并可减少染料沉降。轧液温度控制在室温，温度过高，个别染料会发生凝聚。轧余率宜保持在 65%左右。

2）烘干。烘干时应防止染料的泳移，以无接触烘燥较适宜。例如：①红外线或远红外线预烘→热风烘燥；②红外线或远红外线预烘→烘筒烘燥；③热风烘燥，温度为 100～105℃。

3）热溶。热溶染色时，热溶温度的高低与纤维的性质有关。染色温度应高于涤纶的玻璃化温度，但不能过高，涤纶纤维在 235℃时会发生消定向作用，而棉纤维在高于 230℃温度下处理 2min，纤维的物理—机械性能会受到影响，并可能发生分解，所以热溶温度必须在 225℃以下。热溶温度还应与染料的性能相适应。不同的染料，要有不同的热溶温度。

热溶染色的时间和温度有密切关系。一般采用较高的温度和较短的时间比采用较低的温度和较长的时间有利，常用的染色时间为 1～2min。热溶染色后织物应迅速冷却，可通过冷却滚筒或冷风冷却至 50℃以下。

4）后处理。分散染料热溶染色后必须经水洗，可采用还原清洗或皂煮和水洗的方法，以去除纤维表面的浮色。

3. 载体染色法

分散染料借助于载体的作用进行染色的方法称为载体染色法。分散染料在 100℃以下对涤纶染色时，上染缓慢，上染百分率低，很难染深，而当加入某些化学助剂时，上染速率大大加快，在 100℃以下的温度即可获得良好的染色效果，这些化学助剂称为载体。

载体染色设备简单，操作简便，易于生产，但染色时间较长，色光萎暗，染色后载体不易去除，残留在涤纶上对偶氮分散染料的日晒牢度有影响。载体应用的另一缺点是对环境有污染。

（1）载体作用原理

载体是一类有机化合物，大都属于简单的芳香烃衍生物。一般认为其作用原理是载体对纤维有较大的亲和力，因此在染液中能很快地被纤维吸附，并不断扩散到纤维内部，使纤维分子之间的引力减弱，玻璃化温度降低；载体在进入纤维时，使纤维分子间距离增大，具有增塑作用，结构变得疏松，微隙增大，染料分子易于进入纤维内部；另外，载体对分散染料有溶解作用，在纤维表面的载体吸附层可溶解较多的染料，使纤维表面的染料单分子浓度增加，提高了纤维内、外染料的浓度差，加速了染料向内的扩散。

在分散染料染色中，载体有以下几方面用途：

1）在常压染色条件下对涤纶进行染色。

2）降低高温高压染色温度，避免温度过高对某些产品带来的不利影响。

3）对匀染性差的分散染料，加入适量载体，可改善匀染度。

4）对需要改染或回修的涤纶染色产品，可以用作剥色的助剂。

（2）载体

采用载体染色法染色应选用无毒、无臭，染色效果好、价廉、使用方便，染后容易从织物上洗除，不引起纤维脆化和不影响染色牢度的载体，但实际上这些方面很难都兼顾到。目前常用的载体有邻苯基苯酚、水杨酸甲酯、甲基萘等，但它们都有环保问题。

1）邻苯基苯酚。邻苯基苯酚是最常用的载体，它价格低，得色量高，匀染性较好，气味和毒性小。但对染色产品的日晒牢度影响较大，对羊毛有损伤，染色后需用碱液或干热处理才能去除。邻苯基苯酚不溶于水，其商品是邻苯基苯酚钠盐溶液（用烧碱和邻苯基苯酚作用），商品名称为膨化剂 OP。邻苯基苯酚钠盐没有载体作用，在染色过程中要加入酸，使邻苯基苯酚钠盐转变成邻苯基苯酚，才能发挥载体作用。邻苯基苯酚的用量一般为 2～4 g/L。

2）水杨酸甲酯。又称冬青油。它价格较高，得色量较高，匀染性较好，毒性小，对日晒牢度影响小，但有难闻的气味，且载体残留物从染物上去除较难。水杨酸甲酯不溶于水，用前必须先把它制成乳化液。制法是 10 kg 冬青油和 1 kg 平平加 O 或乳化剂 OP 加水至 100 L，加热高速搅拌 1h，制成稳定的白色乳液。水杨酸甲酯载体用量为 4～6 g/L。

3）甲基萘（α-甲基萘，β-甲基萘）。甲基萘使用方便，得色量和匀染性好，残留物对日晒牢度影响较大。甲基萘要制成乳化液，其商品名称是膨化剂 MN 或助染剂 P。乳化方法是将甲基萘和乳化剂以 10∶1 比例加热水高速搅拌 1 h，配成 20%的白色乳液。载体用量为 3～8g/L，视染料浓度而定。

此外，对苯基苯酚、氯苯类、联苯、乙二醇苯醚类等也可作为载体，但由于各种原因，使用较少。

(3) 染色工艺

载体染色法使用的设备用普通染色设备加罩即可。涤纶弹力衫裤常采用载体染色法染色，其工艺如下：

1) 染色处方：

分散染料	x%（相对织物质量）
30%冬青油乳化液	0.5～10 mL/L
醋酸	0.3～0.6 mL/L

2) 染色操作。分散染料用50℃温水调匀，依次加料，织物在50℃入染，按1.5℃/min升温至沸，沸染30～100 min，染毕水洗。

3) 后处理。涤纶弹力衫裤中、深色一般都要进行后处理，去除浮色及载体残留物，以提高摩擦牢度和日晒牢度。染后进行的热定形，对染料向纤维内渗透，更好地发色是很有帮助的。

工艺处方：

纯碱	2 g/L
保险粉	1 g/L
净洗剂	0.5 g/L

在70℃处理10 min，之后清洗、脱水、烘燥、整烫定形。

4) 注意事项。

①载体和醋酸用量要根据染料浓度来确定，浅色少加，深色多加。

②染中色和深色时，必须应用载体。

③尽可能延长染色时间，以提高染物的染色牢度。

④应选用低温型分散染料进行染色，高温型分散染料不宜用载体法染色。

五、涤纶织物的整理

涤纶织物的整理目的和其他织物一样，也可以归纳为三个方面。

(1) 使涤纶织物门幅整齐划一和尺寸稳定，属于此类整理的有热定形等。

(2) 改善涤纶织物的手感和外观：以物理—机械或化学方法增进涤纶织物柔软或硬挺等手感；改善涤纶织物的光泽、白度等外观。属于此类整理的有柔软整理、硬挺整理、光泽整理、增白整理、磨毛和起绒整理等。

(3) 提高涤纶织物的服用性能。如通过化学方法，使涤纶织物舒适性提高。此类整理有亲水性整理、防污和易去污整理、抗静电整理等，也可采用某些化学制品，使涤纶织物具备一些特殊性能，如阻燃整理、防水整理等。

涤纶织物在后整理中都要经过热定形加工，即使染色前已经过预定形，为了消除织物已产生的皱痕和保证织物的门幅，在后整理中还必须经过热定形。

涤纶织物的整理按方法分，可分为物理—机械整理、化学整理、机械—化学整理。物理—机械整理有热定形整理、光泽整理、磨毛整理等。化学整理有柔软整理、硬挺整理、增白整理、亲水性整理、防污和易去污整理、抗静电整理、阻燃整理、防水整理等。机械—化学整理有起绒整理等。

在实际生产中，涤纶织物化学整理的一般工艺流程为：浸轧整理液→烘干→焙烘。其加工过程一般是结合热定形同时进行，用热定形替代焙烘过程，使化学整理和热定形同时完成。

1. 机械整理

涤纶织物机械整理的目的是清除织物上存在的皱痕，并使织物保持良好的尺寸热稳定性。由于涤纶织物的缩水率低，一般不需进行机械预缩整理，可以通过热定形时的超喂，使涤纶织物光泽柔和、手感丰满而富有弹性。涤纶织物的机械整理主要包括热定形和轧光等。其机械整理工艺流程一般为：脱水→烘干→热定形。热定形可参阅本章第一节，这里主要介绍脱水、烘干和轧光整理。

(1) 脱水

涤纶织物经过练漂、染色或印花后，含有大量水分，这些水分的存在，对烘干的负担很重，所以必须在烘干前把大部分水分有效地除去。

脱水方式有三种，即轧水机脱水、离心脱水机脱水和真空吸水机脱水。三种脱水方法不同，适用品种也不同。

轧水机脱水方式有两种，即平幅轧水和绳状轧水。绳状轧水由于易产生皱痕而在涤纶织物上应用不多；平幅轧水适用于易起折皱的涤纶织物以及前加工为平幅水洗的织物。

离心脱水机脱水是涤纶织物常用的脱水方式，这种方式脱水效率高，易起皱痕，但此皱痕可以在热定形时消除，所以前加工为绳状水洗的涤纶织物常采用此方式，但不适用于涤纶变形丝织物的脱水。

真空吸水机脱水后织物的组织不会变形，能保持平整外观，但由于动力消耗较大，主要适用于涤纶针织物、厚织物及卷装织物的脱水。

(2) 烘干

涤纶织物经脱水后，大部分自由水分都已除去，留下来的结合水分相对天然纤维织物要少得多，但还潮湿，需进行烘干。为了缩短流程，降低成本，一些生产企业对轻薄涤纶织物采用直接进入热定形，在热定形中烘干的做法，但中厚织物必须用烘干机烘干。另外，如轧水时是绳状的涤纶织物在烘干前必须展幅。

涤纶织物的烘干设备有烘筒烘燥机、气垫式热风烘燥机、圆网烘燥机和悬挂式烘燥机等。由于烘干过程对涤纶织物的手感和光泽等性能有较大影响，所以要合理选用烘干设备。

1）烘筒烘燥机。烘筒烘燥机烘干后的织物较平挺，因此适宜要求平挺的织物的烘干。但由于烘干时织物经向张力较大，易产生伸长，缩水率较大，而且还会因摩擦产生极光，手感也偏硬，因此不宜用于涤纶仿真丝绸织物及其他绉类织物的烘干。

2）气垫式热风烘燥机。气垫式热风烘燥机在烘燥过程中，织物处于松弛状态，由于不断受到热风的搓揉作用，因此烘燥后织物手感柔软，尺寸稳定。此烘干机主要用于涤纶仿真丝、仿麻和仿毛织物的松式烘燥，特别适合于厚织物的松式烘燥。

3）圆网烘燥机。圆网烘燥机烘干时织物呈松弛状，烘干效率高，绸面平挺，适应性强。吸附式圆网烘燥机广泛用于涤纶针织物、各种散纤维和丝束等物料的烘燥。喷射式圆网烘燥机烘燥后手感柔软，一般用于涤纶经编织物的烘燥。

4）悬挂式烘燥机。悬挂式烘燥机烘燥时张力小，烘干均匀，缩水率很低，尤其适用于涤纶绉类织物，但烘干后织物不够平挺，因此不适于某些绸类及要求平挺的涤纶织物。

（3）涤纶织物轧光整理

涤纶织物光泽较强，一般不需进行轧光整理。但有些涤纶织物经染整加工后光泽不足，有些涤纶织物对光泽有更高要求，对于这些织物也可进行轧光整理。涤纶织物的轧光整理一般在三辊轧光机上进行，关于轧光机结构、工作原理及影响轧光效果的因素，可参阅第二章的有关内容。涤纶织物的轧光温度通常控制在160～200℃，其余工艺参数可参阅棉织物的轧光整理。

2. 柔软整理

由于涤纶纤维刚性较大，其织物的手感较硬，虽然涤纶仿真丝织物经碱减量后，手感会变得柔软、滑爽，但经过印染各道工序的加工尤其是高温处理后，手感仍会变得粗硬。因此，在后整理中为改善涤纶织物的手感要进行柔软整理，使织物柔软、滑爽、丰满或富有弹性。常用的柔软整理方法有机械整理法和化学整理法。

机械柔软整理主要有两种方法，一种是利用超喂改善织物在印染加工中因机械拉伸而造成的僵硬，另一种是采用呢毯整理机或橡胶整理机适当改善织物因接触金属表面而造成的粗糙手感。这两种方法可以结合使用，但效果不是很好，而且不耐洗，所以常采用化学整理方法。

化学柔软整理实际上就是柔软剂整理。对涤纶织物进行柔软整理时，首先要选用适当的柔软剂。阴离子型柔软剂一般不使用在涤纶织物上，非离子型柔软剂由于对合成纤维几乎无作用，主要应用在合成纤维的纺丝油剂中作柔软和平滑组分。但随着新型合成纤维和微纤织物的迅速发展，为非离子型柔软剂中的聚氨酯类柔软剂的应用打开了空间。采用聚氨酯柔软剂单独处理或与其他柔软剂拼混处理，可使纺织品获得良好的仿桃皮手感。另外，应用于涤纶织物的柔软剂中，有机硅乳胶型柔软剂也是很重要的一类。

用于涤纶织物的柔软剂，除了要求有柔软滑爽作用外，还要求具有抗静电性、防再沾污性、润湿性和热稳定性，经整理后不影响染色或印花织物的色光及色牢度。

（1）适用于涤纶织物的柔软剂

1）柔软剂 TN。柔软剂 TN 是非离子型柔软剂，由季戊四醇与脂肪酸酯化，再复配乳化后制得，系稠厚白色乳液，pH 值为中性，能分散在水中形成稳定乳液，1%乳液静置 24h 不分层，化学稳定性好，能与多种助剂同浴使用。用于涤纶织物高温热定形整理，可获得优良的柔软手感和蓬松、丰满、增厚感，经过多次洗涤仍有明显柔软效果。

2）有机硅柔软剂 CGF—343。有机硅柔软剂 CGF—343 是甲基硅油的聚醚和环氧化合物接枝聚合物，属非离子型，外观为淡黄色或琥珀色透明黏稠液体，能直接溶于水，无毒。在 180℃能自然固化成膜，在催化剂存在下于 130℃即可固化成膜。能与非离子、阳离子染料及助剂混用，也可与耐久压烫整理剂混用，能促进整理剂交联反应和游离甲醛的转化，提高整理剂的性能。加入少量的 CGF—343 可降低 50%的整理剂用量，而织物释放甲醛量降低 80%以上。

柔软剂 CGF—343 对涤纶、锦纶、棉、麻、蚕丝等纤维均具有较强的亲和力，能赋予织物耐洗、柔软、滑爽的风格，以及较好的亲水性、抗静电性和透气性。

柔软剂 CGF—343 用于涤纶织物整理时，用量为 1～5 g/L，一般为 3 g/L，可单独使用，也可和防皱整理液同浴使用。为了获得耐洗性，还应加入催化剂氯化镁（或硝酸锌）与柠檬酸（或冰醋酸）起协同效应，其比例为柔软剂 CGF—343∶$MgCl_2 \cdot 6H_2O$∶柠檬酸＝1∶3∶0.15。如果与防皱整理同浴时，一般 $MgCl_2 \cdot 6H_2O$ 用量为 15 g/L，柠檬酸为 1 g/L，柔软剂可视要求增减。整理工艺为：一浸一轧或二浸二轧，烘干（100℃），焙烘（160～180℃，30～40 s）。

3）有机硅柔软剂 SI—10。有机硅柔软剂 SI—10 由有机硅聚合物复配而成，属阳离子型，外观为白色乳液，溶解温度为 45～50℃，pH 值为 5～6。能与防皱剂、金属盐催化剂、增白剂同浴使用。

有机硅柔软剂 SI—10 适用于丝绸、合成纤维及其混纺织物的柔软整理，可采用浸渍工艺加工，用量为 10～20 g/L，加平平加 O 1 g/L，温度 45～50℃，时间 10～15 min。

4）柔软剂 KC。柔软剂 KC 为季铵盐阳离子柔软剂，外观为米白色浆状体。在水中能成为均匀白色乳液，1%水乳液的pH值为4～6。主要用于涤纶、腈纶等化纤及其混纺织物的柔软整理，其用量为10～15 g/L，工艺流程为：二浸二轧→烘干→拉幅定形（200℃，车速40 m/min）。

5）柔软剂DH、DHF、DHG。柔软剂DH、DHF、DHG为阳离子和非离子化合物的混合物。将脂肪酸、有机胺、碳酰化合物反应，用脂肪醇聚氧乙烯醚进行分散乳化而成DH、DHG，再经与蜡质有机物复配而得DHF。外观为白色或乳白色乳化液，易溶于水，耐酸、不耐强碱，具有耐高温性能。对涤纶织物、腈纶织物、棉织物、毛织物有良好的柔软效果，并具有抗静电作用。

柔软剂DH、DHF、DHG可与其他整理剂同浴使用，其用量为15～20 g/L，适用于190℃快速焙烘。

6）柔软剂SG。柔软剂SG为脂肪酸与环氧乙烷缩合物，属非离子型。外观为白色软膏体，呈中性。可溶于水，具有渗透性。主要用于合成纤维和黏胶纤维织物的柔软整理，用量一般为10～30 g/L。

（2）柔软整理工艺

涤纶织物柔软整理有浸轧法和浸渍法两种。浸渍法整理柔软剂利用率低，成本高，一般只用于纱线或成衣加工。涤纶织物常采用浸轧法进行柔软整理，工艺流程及工艺条件如下：

浸轧整理液（一浸一轧或二浸二轧，30～50℃）→烘干（100～120℃）→焙烘（160～200℃，30～50s）→平洗→烘干。

柔软剂的用量一般为10～30 g/L，具体用量要根据柔软要求进行调整。焙烘过程常用热定形来完成。为了使操作更加简便，平洗和烘干在实际生产中常不做要求。应用举例：涤纶仿真丝织物用有机硅柔软剂CGF—343整理工艺。

整理液处方：

柔软剂CGF—343	3 g/L
柠檬酸	0.5 g/L
$MgCl_2 \cdot 6H_2O$	9 g/L

工艺流程：一浸一轧→预烘（100℃）→热定形（180～190℃，30 s）→成品。

3. 增白整理

涤纶织物的漂白产品以及白地面积较大的印花产品，为了增加织物的白度，均需经过增白整理。关于增白方法及原理已经在第二章中做了叙述，这里只介绍增白剂及增白工艺。

（1）上蓝增白剂

涤纶织物上蓝增白剂分为分散染料和涂料两种，涂料也是一种常用的上蓝增白剂，主要应用在涤棉混纺织物轧染增白中，可以和分散染料混用。分散染料常用品种有分散蓝HBGL（或分散蓝 2BLN），用量为 0.03～0.05 g/L；分散紫 HFRL，用量为 0.03～0.08 g/L。涂料常用品种有涂料蓝 FFG，用量为 0.004 6～0.018 g/L；涂料紫 FFRN，用量为0.005 4～0.006 g/L。

（2）荧光增白剂

用于涤纶织物的有荧光增白剂 DT、EBT、KBS、PS—1，常用的是荧光增白剂 DT。

荧光增白剂 DT 外观为乳黄色浆状分散液，属非离子型。不溶于水，但可用冷水任意稀释，浆体内含有效成分 10%。耐酸碱程度为 pH＝2～10。荧光增白剂浆液中，常用聚乙烯醇或羧甲基纤维素作为保护胶体，这两种物质在强碱性介质中会发生凝聚现象，所以荧光增白剂最好在中性或微酸性溶液中使用。

荧光增白剂 DT 在高温水溶液中进行整理的效果较好，如经短时间焙烘，效果更好。其主要用于涤纶、锦纶、醋酯纤维等合成纤维及混纺织物的增白。增白后的织物具有较好的耐晒、耐洗牢度，色泽鲜艳。

（3）增白整理工艺

涤纶织物增白整理有浸染增白和轧染增白两种，以前者为主。

1）浸染增白。

①工艺处方：

荧光增白剂 DT	2%
分散蓝 2BLN	0.000 6%
分散紫 HFRL	0.001 5%

②工艺条件：

温度	120～130℃
时间	10～15 min

使用设备为高温高压浸染染色机，入染温度 60℃，在 30～40 min 内升温至 120～130℃，续染 10～15 min，染毕降温水洗，然后烘干。

2）轧染增白。

①工艺处方：

荧光增白剂 DT	25 g/L
分散蓝 HBGL	0.031 6 g/L
分散紫 HFRL	0.048 g/L

②工艺流程：浸轧增白液（二浸二轧，室温，轧余率 70%）→预烘→焙烘（180～200℃，20～30 s）。

4. 抗静电整理

(1) 涤纶织物产生静电的原因

两个物体相互接触和摩擦并分离后，在两个物体上都会产生正负不同的电荷，如果两者都是绝缘体，则一侧物体表面带正电，另一侧物体表面带等量的负电。

两物体摩擦后所带的电荷取决于两者的性质，介电常数高的带正电，低的带负电。

当两种纤维相互摩擦时，在电序列中靠左边的纤维带正电，而靠右边的纤维带等量的负电。如涤纶和棉摩擦时，涤纶带负电，棉带等量正电；而棉和羊毛摩擦时，则棉带负电，羊毛带等量正电。

织物的带电量主要取决于纤维的吸湿性。纤维吸湿后，在其表面及毛细管中能形成表面水膜或纤维中的水脉，由于空气中 CO_2 及人体汗液中的盐会溶入水中，成为导体，有利纤维中静电的释放。天然纤维如羊毛、蚕丝、棉、麻等因为吸湿性高，静电现象并不严重，而涤纶等合成纤维由于吸湿性较低，则容易产生静电。

织物上静电的多少还与空气相对湿度、温度和摩擦条件有关。空气的相对湿度越低，纤维的吸湿率越低，越易产生静电。即使是天然纤维，如空气相对湿度很低，也易产生静电，因为在绝对干燥的情况下，任何纤维都是绝缘体。织物表面越粗糙，则摩擦接触点越多，越易产生静电。相对摩擦速度越快，所带电荷密度越大。摩擦时，纤维间的压力越大，则摩擦面积越大，带电量也越大。温度对织物的带电量也有影响，温度升高，有利于电子离开其轨道，带电量增加。

涤纶纤维的静电现象，对纺织加工和消费者的使用带来了很大影响。在生活中，涤纶服装由于容易带静电，因而容易吸附尘埃和沾上油污，静电还会使服装发生畸态变形，如裤子粘在袜子上，外衣紧贴在内衣上等。带静电织物有放电现象，若在爆炸区，易发生爆炸事故，静电还干扰计算机及其他灵敏电子仪器的正常工作。因此，对涤纶及其混纺织物应做抗静电整理。

(2) 抗静电整理的方法

抗静电方法一般分物理方法和化学方法两种。

1) 物理抗静电方法。此方法主要使用在涤纶等合成纤维纺织加工过程中，如将涤纶和天然纤维交织或混纺，使两种纤维所带的相互电荷进行中和来减弱或消除涤纶纤维的静电量；涤纶纤维纺丝时添加油剂，增加纤维间的润湿性以减少摩擦；增加工作环境的相对湿度，如通过织造车间的加湿来消除静电。

2) 化学抗静电方法。此方法是利用抗静电剂对纤维或织物进行整理来消除静电。主要有以下两种途径：

①提高纤维的吸湿性。用亲水性的非离子表面活性剂或高分子物质进行整理。涤纶织物经这类整理剂整理后，能吸附空气中的水分，在纤维表面形成水的吸附层，使纤维表面比电阻降低，改善导电性能，减少静电现象，但这类整理剂会因空气中相对湿度的降低而影响其抗电性能。

②表面离子化。用离子型表面活性剂或离子型高分子物质进行整理，可得到很好的抗静电效果。一般离子型抗静电剂比仅有吸湿作用的非离子型抗静电剂更为有效，因为此类整理剂能在水中发生电离，增强导电能力。

（3）抗静电整理剂

1）非耐久性抗静电整理剂。此类抗静电整理剂中，应用较广的是表面活性剂类化合物。

①阴离子型表面活性剂

此类整理剂的活性离子带有负电荷，为脂肪酸铵盐、烷基硫酸酯类、烷基磷酸酯类化合物，常用的抗静电剂 P 就是烷基磷酸酯和二乙醇胺的缩合物。

②非离子型表面活性剂

此类整理剂的分子中不含有活性离子，而具有亲水基团如—OH、—CONH—和聚醚基等。脂肪胺和脂肪酰胺的聚醚衍生物都是良好的抗静电剂。

③阳离子型表面活性剂

该类抗静电剂的活性离子带有正电荷，对纤维的吸附能力较强，具有优良的柔软性、平滑性、抗静电性，既是抗静电剂，又是柔软剂，并且具有一定的耐洗性。脂肪族的季铵盐衍生物是目前应用最广泛的阳离子抗静电剂。抗静电剂 TM 是三乙醇胺和硫酸二甲酯的缩合物。

非耐久性抗静电剂对纤维的亲和力小，不耐洗涤，但挥发性低，毒性小，而且不易泛黄，腐蚀性较小，常用于合成纤维的纺丝油剂以及地毯等装饰织物的抗静电整理。

2）耐久性抗静电整理剂。此类整理剂在织物上有较好的耐久性，能耐 20 次以上洗涤。在生产中应用较广泛的是高分子量非离子型和离子型整理剂。

①高相对分子质量非离子型抗静电整理剂

a. 含有聚氧乙烯基团的多羟基多胺类化合物。

这类整理剂是在合成纤维上最早应用的非离子型抗静电整理剂。在分子结构中，含有吸湿性的聚氧乙烯基团和可以与交联剂进行交联的羟基和氨基等。

b. 聚对苯二甲酸乙二酯和聚氧乙烯的嵌段共聚物

这类整理剂是涤纶织物应用较广泛的抗静电和易去污整理剂。常用的有抗静电剂 G、抗静电剂 XFZ—1。

c. 聚醚型聚氨酯化合物：这类整理剂的分子结构中含有亲水性的聚氧乙烯，是涤纶和锦纶织物的良好的抗静电整理剂。

②高相对分子质量阳离子型抗静电剂

a. 聚丙烯酸和丙烯酸酯的阳离子衍生物：这类整理剂须制成乳液使用，耐久性良好。

b. 甲基丙烯酸酯和甲基丙烯酰胺衍生物：这类整理剂本身为非耐久性抗静电剂，但将其与交联剂反应或与羟甲基丙烯酰胺在纤维上共聚，形成不溶性的导电高聚物，便可达到耐久抗静电效果。

其他非耐久性季铵盐型的阳离子抗静电剂，也可通过交联作用提高耐久性。

(4) 抗静电整理工艺

以抗静电剂 XFZ—1 整理工艺为例，其工艺流程和工艺条件为：浸轧抗静电剂 XFZ—1 工作液（10～15 g/L）→预烘→高温处理（180～190℃，30 s）。

高温处理的目的是促进共结晶作用，可与热定形同时进行。

5. 防污和易去污整理

纺织品在日常使用过程中常发生沾污，由于涤纶纤维的疏水性较强，因而有一定亲油性，易沾上油性污垢。且疏水性又使涤纶织物易带静电，对干性污垢有一定吸附力，所以涤纶织物更易沾上污垢，且不易洗除。经过防污和易去污整理，能使涤纶织物在大气中具有良好的防污效果，并赋予织物良好的亲水性，使沾在织物上的污垢在洗涤过程中容易脱落，也能减轻织物在洗涤过程中重新被沾污的程度。

(1) 织物沾污分析

1) 涤纶易沾污的原因。在日常生活中，涤纶织物沾污的原因可归纳为以下三点：

①物理性接触。织物在服用过程中，人体皮肤上的油污转移到衣袖、领口等处；外衣、床上用品、窗帘和其他装饰绸在使用时，吸附了大气中浮游的尘污；服装与服装或服装与其他物体的接触，也会发生污垢转移的情况。

②静电作用。涤纶的表面导电能力较差，吸湿性较低，摩擦时易产生静电。空气中的尘埃微粒由于摩擦、感应等原因也带有电荷，织物上的静电对带电的尘埃微粒产生吸引作用，使涤纶织物吸附尘埃现象严重，又因涤纶极性低，所以一旦沾污，就不易洗除。

③再沾污。在洗涤过程中，涤纶的疏水性使其在水中界（表）面能反而增加，造成了在水中容易再沾上油污的可能，如若干件衣服同浴洗涤时，油污容易从重污衣服转移到轻污衣服上去。

2) 污垢的组成。织物上的污垢来自人体和环境两方面，其形态有固态和液态两种。据分析，人体污垢由黄色或棕色色素、甘油酯、脂肪酸、蜡状酯类、角鲨烯、胆固醇、汗液（氯化钠及其他无机盐类、尿素、乳液、丙酮酸）等组成，而环境尘污主要是无机物，还有脂肪和着色剂等。

(2) 沾污及易去污原理

织物是否易于沾污，与三个因素有关。首先是纤维的种类。涤纶由于疏水性大，易产生静电，因而易沾上污垢，又由于其在水中的界面能高，因而污垢难以洗去。其次是织物的表面张力。织物沾污一般是在织物的表面张力高于油污的表面张力时发生。涤纶的表面张力为 43×10^{-5} N/cm，而油类的表面张力为 $20\sim40\times10^{-5}$ N/cm，由于涤纶的表面张力高于油污，使涤纶织物没有防油污性。最后是织物的结构。由于污垢主要吸附在纤维或纱线之间、纤维表面的凹陷处或缝隙和毛细孔中，因而纱线密度低、表面张力不均一以及较疏松的涤纶织物更易沾上油污。

基于以上原因，可通过改变织物组织和纤维的表面状态、降低织物的表面张力来获得较好的防污性能。例如，用无色的硅、铝、铅等金属氧化物细粒嵌在纤维间隙中，以减少污垢的立足点而将污物拒之于外；在涤纶纤维制造中进行变性处理或加入抗静电剂，通过亲水性整理来改变涤纶的疏水性；涤纶织物经聚四氟乙烯处理，其表面张力降到 18×10^{-5} N/cm，具有拒油能力。

涤纶织物的洗涤过程实际是织物上污垢的解吸过程，解吸的难易，主要取决于织物的表面张力，只有当水/纤维的界面张力低、油/纤维的界面张力高时，油污才易于洗去。而由于涤纶的疏水性，在水中涤纶的界面张力很高，因此亲油性强，油污不易洗去；即使采用有效措施将油污洗去了，稍有不慎，油污很容易重新回到涤纶表面，即发生再沾污。因此，对涤纶引入亲水性基团或用亲水性聚合物进行整理，可提高涤纶织物的易去污性能。

(3) 拒油、易去污及防污整理剂

1) 拒油整理剂。一般采用全氟聚合物做拒油整理剂，因其表面能比其他聚合物低，因而具有拒油作用。在拒油整理发展初期，采用的是全氟单羧酸铬络合物，一般制成28%～30%的乳液，但乳液略带绿色，不宜用于白色织物的拒油整理。

近年来，拒油整理剂又向全氟烃基丙烯酸酯共聚体发展，采用此类整理剂整理可以进一步改善拒油性和降低成本。例如全氟烃基丙烯酸酯、氟乙烯、双丙酮丙烯酰胺羟甲基化合物三元共聚体（73∶25∶2)，此整理剂既拒油又拒水，而且耐水洗和干洗，成本较低，整理后织物手感柔软。

一般在织物上的拒油整理剂含量为1%效果已很好，但要获得耐久性效果，则含量要提高到1.5%。

2) 易去污整理剂。目前易去污整理剂有以下两类：

①聚醚酯嵌段共聚物。这类整理剂是聚氧乙烯和聚对苯二甲酸乙二酯的嵌段共聚物，这种整理剂的部分结构与涤纶很相似，在高温条件下，能与涤纶大分子产生共溶和共结晶物，

固着在涤纶纤维上，形成耐久性效果。而且共聚物中的聚氧乙烯基中氧原子和水能形成氢键，使涤纶表面的疏水性转变为亲水性，提高了织物的易去污能力。所以这类整理剂是涤纶的耐久性易去污剂，也是较好的抗静电剂，并适用于涤棉混纺织物。这类整理剂对碱较敏感，当 pH>10 时易被水洗除。常用的品种有抗静电整理剂 G、XFZ—1。

②聚丙烯酸型共聚物。这类易去污整理剂一般是共聚物乳液，具有良好的低温成膜性能，且与纤维有良好的黏着力。一方面，这类共聚物具有亲水性，可降低织物的亲油性，从而提高织物的易去污能力。另一方面，丙烯酸酯共聚物在碱性溶液中会电离而带有负电荷，与油污在碱性溶液中带有相同电荷，相互排斥，从而提高易去污效果。同时，聚丙烯酸酯形成的薄膜在碱性溶液中会产生剧烈的溶胀，嵌在织物表面的污垢可借溶胀作用而排斥到洗涤液中。易去污整理剂 SP 是具有这类结构的整理剂，由甲基丙烯酸甲酯和甲基丙烯酸合成带蓝光的均匀乳化液，含固量 20%～22%，可与 2D 树脂或 PP 整理剂同浴进行，经整理后，赋予织物抗皱、免烫、易去污等性能。

3）防污整理剂。为了使涤纶织物在空气中有良好的防油效果，洗涤时又较容易去污，且不易再沾污，现已开发出了兼有拒油与易去污双重效果的整理剂。此类整理剂既具有拒油性链段，又具有亲水性链段，常用的是以全氟脂肪基为拒油性链段和聚氧乙烯基为亲水性链段的嵌段共聚物，因此，防污的实质为拒油＋易去污。防污整理剂 FC—218 便具有此类结构。

（4）防污和易去污整理工艺

1）防污整理工艺。

工艺流程和工艺条件：浸轧整理液（二浸二轧）→预烘（100℃）→焙烘（180℃，30 s）→平洗和皂洗（2 g/L 皂粉，60℃）→水洗→烘干。

浸轧液组成：防污整理剂 FC—218 30 g/L。

2）易去污整理工艺。

工艺流程和工艺条件：浸轧整理液（二浸二轧）→预烘（100℃）→焙烘（190℃，30 s）→平洗（60℃）→水洗→烘干。

浸轧液组成：聚丙烯酸型易去污剂 3%～5%，防凝胶剂适量。

六、涤纶纱线的染整

涤纶纱线的染整可以以绞纱或筒子纱的状态进行，但绞纱染色由于工艺流程长，且每个环节都易造成纱支散乱等麻烦，所以较少应用。而筒子纱染色的损耗小、质量好、效率高，因而被广泛采用，其设备为高温高压筒子纱染色机。

涤纶纱线筒子纱染整的工艺流程为：准备→预定形→络筒→前处理→染色→后处理→脱水→烘干。

1. 预定形

涤纶纤维在纺丝过程中因经过拉伸，所以在高温高压染色过程中，纱线长度有明显的收缩，缩水率若在3%～6%范围内，染色不会有困难；如果缩水率大于6%，则必须进行预定形。预定形可以采用如下方法：涤纶纱线连同纱管进入蒸箱，经125～135℃汽蒸15 min；或在蒸箱内，以100℃饱和蒸汽，汽蒸60 min。

2. 络筒

将在紧式筒子上的纱线由络筒机卷绕成松式筒子纱线，以便于在高温高压筒子纱染色机上进行染整。筒子纱卷绕成形的质量是涤纶纱线染色的关键之一，要求松软均匀，卷绕密度一般为0.35～0.40 g/cm^3。涤纶纱线常用的是松式络筒机。

3. 前处理

前处理的目的是去除涤纶纱线在纺丝时加入的油剂和络筒等加工过程中沾污在纱线上的油污。通常采用的工艺是：净洗剂1 g/L，纯碱3 g/L，于80℃下处理20 min。注意前处理后要水洗干净，以免影响染色加工。

4. 染色

(1) 染色工艺流程

进水→软水处理（螯合分散剂）→加匀染剂→调pH值→加染料→升温→保温→排液(90℃)→后处理（还原清洗→水洗）。

(2) 染色处方

分散染料	x%（相对织物质量）
匀染剂	0.5～1 g/L
螯合分散剂	0.5～1 g/L
HAc	0.5 mL/L

(3) 工艺条件

温度	130℃
时间	40 min
pH值	5左右

（4）保温时间

中深色为 40 min，浅色可适当缩短，深浓色可适当延长。

5. 后处理

后处理是染色后的重要整理环节，涤纶纱线上的浮色、残留助剂、析出的聚酯低聚物等杂质需去除，否则会影响纱线的强力和色泽。后处理工艺为：400 g/L 的 NaOH 溶液 5 g/L，85％保险粉 3 g/L，洗涤剂 209 0.5 g/L，在 80℃下处理 15 min，然后充分水洗。

6. 脱水

筒子纱线染色后含有大量的水分，为了提高烘干效率，采用离心脱水的方式，以降低筒子纱线中的含水率，减轻烘干负担。

7. 烘干

涤纶筒子纱染色后，可以采用热风高温烘干和低温高频烘干两种方式。高频烘干机烘干温度只有 60℃，对涤纶纱线影响很小，而且干燥时间短，效率高，是涤纶纱线一种很好的烘干方式。

第二节 腈纶产品的染整

腈纶属于合成纤维，但腈纶纤维的外观、手感及一般性能与羊毛相似，可以认为是一种毛型合成纤维。腈纶纤维不但可用于一般机织物、针织物，还大量用于制造膨体纱或膨体绒线。相对来说，腈纶在丝织物上应用较少。

腈纶制品的染整工艺，必须十分注意腈纶纤维的性能和特点，特别是腈纶的热性能及化学性能。

腈纶纤维没有真正意义上的结晶，但玻璃化温度高。一旦温度超过了其玻璃化温度，它的抗形变能力急剧降低，在应力作用下很易发生伸长变形，因此腈纶纱线或织物要避免高温高张力，尤其在湿热情况下，稍有应力，就会发生很大的形变。还要避免由高温突然冷却的操作方法，这将会使腈纶膨体纱的蓬松性及手感受到严重影响。

腈纶纤维的耐磨强度特别是曲磨强度差，因此纯腈纶织物一般要避免进行树脂整理。树脂整理后的腈纶制品，服用性能下降，手感变差。

阳离子染料是染腈纶的主要染料，除此之外，也可用分散染料染色，但分散染料在腈纶上的染色饱和值一般比较低，在实际染色中只能染得浅色或浅中色，且有些分散染料在腈纶上的色光比较暗，所以分散染料在纯腈纶上的应用很少，在本章中不予介绍。但分散染料在涤腈织物上有一些应用。

腈纶织物在染整加工中，由于织物的类型和要求不同，其染整加工工艺路线具有较大灵活性，印染厂应根据产品的风格和本厂设备情况综合考虑工艺路线。现将腈纶织物一般染整工艺流程介绍如下：

腈纶针织物的染整工艺流程一般为：坯布准备→缝头→精练→染色→脱水→开幅→烘干→热定形→轧光→成品检验包装。

腈纶机织物的染整工艺流程一般为：坯布准备→烧毛→精练→脱水→湿热定形（煮呢）→染色→脱水→湿热定形→脱水→烘干→干热定形→柔软整理→刷毛→剪毛→刷毛→汽蒸定形→成品检验包装。

对于以上的染整工艺流程，各印染厂可根据织物类型和要求不同，简略或增加某些整理工序。

一、腈纶织物的精练和增白

1. 精练

腈纶织物精练的目的是去除在纺丝或织造过程中加入的油剂和沾污物，由于所含的杂质较少，精练一般采用较为缓和的方式进行，常采用肥皂或洗涤剂在各种绳状染色机或平幅精练机中进行洗涤，必要时可加些纯碱。

腈纶织物的绳状精练一般是在绳状染色机或溢流染色机中进行，平幅精练是在平幅连续精练机或松式平幅精练机中进行，这四种设备精练效果都较好。溢流染色机精练时由于织物不断受到高压练液的冲击和浸渍，故精练均匀，手感柔软丰厚，精练效果最好。腈纶织物的精练剂一般用阴离子洗涤剂或非离子洗涤剂，用量为 0.5～1 g/L，精练温度为 50～60℃，时间 20 min。精练后用温水（40～45℃）冲洗，然后用冷水洗净。

2. 增白

腈纶纤维不含天然色素，所以腈纶织物本身具有一定白度，一般无须进行漂白，但对于白度要求较高的织物，还需进行增白。有些鲜艳的浅色也可以先进行增白或将增白与染色同步进行，增白后由于亮度增加，能使浅色增艳。腈纶织物的增白常用相应的荧光增白剂以浸染方式进行，其增白设备与精练相同。

腈纶的荧光增白剂主要用分散性增白剂（如荧光增白剂 DCB）或阳离子增白剂（如阳离子增白剂 AN）。由于增白剂被腈纶吸附的速率很快，在初染阶段就吸附 50%～60%增白剂，因此要防止增白不匀。

荧光增白剂 DCB 的结构为 1-对磺酰胺苯基-3-氯苯基-2-吡唑啉，非离子型，不溶于水，但能分散于水中，呈稳定悬浮液，对酸碱稳定，但不耐次氯酸钠，对硬水比较敏感。

工艺处方：

荧光增白剂 DCB	1.2%
尿素	2%
醋酸	2.5%～3%
pH 值	3.5～4

工艺操作：腈纶织物投入 60℃增白浴中，以 1℃/min 升温至 98℃，处理 30～40 min，间接冷水降温至 75℃，直接冷水缓慢降温，水洗至 50℃出机。

二、腈纶织物的湿整理

腈纶织物的湿整理包括坯布准备、烧毛和煮呢，下面主要介绍烧毛和煮呢两个工序。

1. 烧毛

烧毛是使精纺腈纶织物表面光洁并改善起毛、起球现象的一道重要工序，粗纺腈纶织物一般不烧毛。腈纶是一种热塑性纤维，在高温下会软化变形和发黏，为了使烧毛既达到目的，又不影响织物的手感、强度、幅宽等，要采用专用气体烧毛机并严格控制烧毛工艺条件。

其设备特点如下：

(1) 在火口上方安装不锈钢冷水辊，使腈纶织物包绕在冷水辊上进行烧毛，避免过烧现象。

(2) 在出布装置前安装三只冷水滚筒或冷风装置，使织物干态落布温度不超过 50℃。

为了防止火焰穿透织物使纤维熔黏，还可采取弱烧（切线烧毛）方式：烧毛时火焰温度不能很高，一般采用弱火（火焰温度 400～500℃）或中火（火焰温度 800～900℃），要避免强火烧毛。在中火烧毛时，布速可用 75～90 m/min。

2. 湿热定形（煮呢）

腈纶织物的湿热定形又叫煮呢，目的是使织物平整并在后续湿处理中不易变形。腈纶纤维在湿态时，玻璃化温度降低到75℃左右，如在高温张力作用下，很容易发生变形，造成纬斜等病疵，所以腈纶织物在染前需进行湿热定形。而对于要求高的腈纶织物，由于染色温度较高，染色时定形效果会受到一定程度的破坏，在染色之后，有必要再湿热定形一次。

腈纶织物常采用双槽煮呢机进行湿热定形。湿热定形温度可选择在85℃，双槽煮呢可往复6～10次，上辊筒压力不宜太高。湿热定形后可打卷自然冷却。

三、阳离子染料染色

阳离子染料分子中含有离子基团，如叔胺基、季铵基、肼基、吡啶基等，染料溶解后，色素离子带有正电荷，所以称为阳离子染料。最早生产的是普通型阳离子染料，后来，在扩大色谱改进上染性能方面又研制了X型阳离子染料。再后，为了改善传统阳离子染料的移染性，又研制生产了移染性好的M型阳离子染料。为了解决腈纶与其他混纺织物的一浴法染色难题，又研制了分散型阳离子染料。

腈纶属聚丙烯腈纤维，由三种单体共聚而成。国产的腈纶是用丙烯酸甲酯作为第二单体，用衣康酸钠或丙烯磺酸钠作为第三单体。因此是含酸性基因（—COOH或—SO_3H）的腈纶，可用阳离子染料染色。

腈纶染色性能与第二、第三单体，特别是第三单体的种类和含量有很大关系。第二单体含量高，纤维结构松弛，染料容易扩散进入纤维。纤维内酸性基团含量高，染料的上染速率高，染色饱和值也高。如果比较含强酸性基团（相当于—SO_3H）和只含弱酸性基团（相当于—COOH）的腈纶的上染速率，则只含弱酸性基团的腈纶上染速率较低。

阳离子染料是腈纶染色的主要染料，色谱齐全、色泽鲜艳、给色量高。染色后的日晒和皂洗牢度较好。阳离子染料在腈纶上的上染速率快，而且移染性差（类似于还原染料隐色体法上染棉纤维），一旦发生初染不匀，很难再通过移染的方法加以纠正。在拼色时这种情况将更为严重。为了适应拼色的需要，特将阳离子染料按配伍性能分为5组，称配伍值，以K表示。上染最快的配伍值为1，最慢的为5。在拼色时只有选用配伍值相同或相近的染料，才能实现匀染的目标。

1. 阳离子染料染色原理

腈纶纤维第三单体所含的酸性基团在染液中发生电离，使纤维带负电荷。

$$\text{腈纶—COOH} \rightarrow \text{腈纶—COO}^- + H^+$$

$$\text{腈纶—SO}_3\text{H} \rightarrow \text{腈纶—SO}_3^- + H^+$$

阳离子染料在染液中电离后，染料色素离子带正电荷：

$$DX \rightarrow D^+ + X^+$$

在染液中带负电荷的腈纶纤维与带正电荷的染料色素离子发生静电引力，使染料首先被纤维表面吸附，进而向纤维内扩散。随着吸附染料的增多，纤维所带的负电荷逐渐减少，吸附速率也随之减慢。当纤维表面的负电荷为零时，染料仍可依靠氢键和范德华力吸附到纤维上，直到纤维的正电荷（由吸附到纤维上的染料带上去的）与染液中的染料阳离子产生的斥力大于染料与纤维之间的氢键和范德华力时，染料才停止上染。随着染液温度的升高，当超过纤维的玻璃化温度（T_g）时，染料的上染速率急剧加大，易造成染色不匀。最后上染在纤维上的染料与纤维间主要以离子键结合而固着。反应式如下：

$$\text{腈纶—}COO^- + D^+ \rightarrow \text{腈纶—}COO\text{—}D$$

$$\text{腈纶—}SO_3^- + D^+ \rightarrow \text{腈纶—}SO_3\text{—}D$$

纤维中的酸性基团是阳离子染料的固着点，又称“染座”。它的种类和含量会影响染料的上染量（饱和值）、上染速率等性能。

用染料浓度较低（在染色饱和值以下）的染液染色时，残液中只剩余很少的染料。当纤维中酸性基团全部与染料阳离子结合后，再增加染液中的染料浓度，纤维上的染料浓度也不会再增加，这时染料达到饱和吸附。

2. 影响阳离子染料染色的因素

阳离子染料对腈纶纤维有较大亲和力，初染率较高，不少染料甚至在染深色时，只要染料浓度不超过染色饱和值，其上染百分率可达 97%～100%。但由于腈纶纤维与染料之间的结合力大，染料在纤维中的扩散性能差，移染性差，使得阳离子染料吸附快而扩散慢，容易产生染色不匀现象。

另外，阳离子染料染腈纶纤维，在玻璃化温度以下，上染速率很低。当染色温度超过玻璃化温度后，上染速率急剧增加，容易造成染色不匀。由于移染性差，阳离子染料初染时造成的染色不匀在以后的染色时较难改善，所以为获得均匀的染色效果，必须适当减慢上染速率。影响阳离子染料上染速率的因素除腈纶的种类及阳离子染料的配伍值以外，还有以下几个方面：

（1）温度

控制升温速率是达到匀染的有效方法。腈纶用阳离子染料染色时，在 75℃以下上染很慢，染料主要吸附于纤维表面，上染量也很少，只有 15%。当温度达到纤维的玻璃化温度（75～85℃）时，染料的上染速率开始增大，在 90℃以上时，上染速率几乎呈直线上升。因此，当染色温度在纤维的玻璃化温度以上时，应缓慢升温，一般每 2～4 min 升温 1℃，称为缓慢升温法。另一种方法是恒温染色法，就是始终在 85～95℃的恒温条件下进行染色，待大部分染料吸收后再升温至100℃染色。还可以采用分段升温染色法，就是在85～90℃时保温染色一段时间后，再继续升温至沸。

腈纶染色的最高温度一般可以在97～100℃。超过100℃的高温染色，在缩短染色时间，提高上染量，增加染料渗透性、移染性和提高染色牢度等方面有着显著的效果。但有些腈纶纤维，染色温度超过115℃后，会产生过度收缩，使手感变硬。因此，腈纶的染色温度不应超过115℃。染色后织物也不要骤然降温，否则会影响成品手感。

(2) 染液的pH值

染液的pH值会影响上染量和上染速率。染液中加酸，可以抑制腈纶中酸性基团的离解，降低纤维上的阴离子基团的数量，因而减少了染料阳离子的上染量，降低了上染速率。因此，染色时加酸能起缓染作用。pH值对上染速率的影响在含羧基的腈纶的染色中比较显著，而含磺酸基的腈纶的上染速率受染浴pH值的影响较小。所以，含强酸基团的纤维，染色时用酸要多些，而仅含弱酸性基团的纤维，染色时用酸可少些。

通常染浅色时的用酸量比染深色时要高，这样染液的pH值就会较低（pH值一般为3～4.5），便可以获得较好的匀染效果；染深色时用酸量可少些，使pH值提高（pH值一般为4～5），以获得很高的上染百分率。染液的pH值一般用醋酸调节，醋酸既可以降低pH值，又能提高染料的溶解度。在染液中同时加入醋酸钠和醋酸形成缓冲溶液。

(3) 电解质

在染液中加入电解质，如元明粉、食盐等，可降低阳离子染料的上染速率，具有缓染作用。电解质使纤维的动电层电位降低，减弱纤维对染料的吸附。电解质电离出的钠离子与染料阳离子竞染，由于钠离子在水中易于扩散，优先占据“染座”，然后逐渐被对纤维具有较大亲和力的染料阳离子代替，因此电解质可起缓染作用。

电解质的缓染作用随染色温度的升高而降低。电解质对配伍值K为1～1.5的染料无明显的缓染作用，对K值为3～5的染料有缓染作用。对含羧基的腈纶具有较好的缓染作用，而对含磺酸基的腈纶的缓染作用较小。电解质的用量不宜过多，否则容易使染料聚集甚至沉淀，降低得色量或形成色斑。染浅色时，电解质的用量可高些，为5%～10%（对织物质量），染深色时可不加。

(4) 缓染剂

阳离子染料染腈纶常加缓染剂，以降低上染速率，获得均匀的染色效果。缓染剂有阳离子缓染剂和阴离子缓染剂两类。

1) 阳离子缓染剂。阳离子缓染剂是阳离子染料染色最常用的缓染剂，大部分是阳离子表面活性剂，例如，1227表面活性剂（匀染剂TAN）、1631表面活性剂（匀染剂PAN）。阳离子缓染剂对腈纶有亲和力，染色时能和染料阳离子竞染从而降低染料的上染速率。但由于阳离子缓染剂会在纤维中占据一定染色位置，因而使上染百分率降低。缓染剂用量越高，缓染作用越明显，但上染百分率的降低也越多。阳离子缓染剂的用量根据所用染料的性质和浓度而定，在配伍值 K 较小，即上染快或染浅色时，可多加缓染剂；在配伍值 K 较大，即上染较慢或染中、深色时，缓染剂应少用；配伍值 K 大，即上染慢或染深浓色时，缓染剂可不加。

阳离子缓染剂对腈纶也存在着染色饱和值和饱和系数，与阳离子染料也存在配伍问题。实际使用时，染料和缓染剂的总用量不宜超过纤维的染色饱和值。

除上述阳离子缓染剂外，还有另一种阳离子缓染剂，如缓染剂 A。它的分子量较大，聚合度较高，只覆盖在纤维表面，不占据纤维中的“染座”，因而对腈纶的染色饱和值不产生影响，但缓染能力比阳离子表面活性剂更强。

2）阴离子缓染剂。阴离子缓染剂大都是芳烃的磺酸盐，可与阳离子染料在染浴中结合成溶解度较低的复合物，因而降低了染液中游离的阳离子染料的浓度，使染料的上染速率减慢，起到缓染作用。随着染色温度的提高，复合物又会逐渐分解，释放出染料阳离子，于是上染速率增加，这使总的上染速率较平稳。在使用阴离子缓染剂的同时还要在染液中加入非离子型的分散剂作为抗沉淀剂，以保持复合物在染液中的稳定分散。使用阴离子缓染剂，染料的上染率的降低比用阳离子缓染剂明显。

3. 阳离子染料的染色方法和染色工艺

腈纶有散纤维、丝束、毛条、膨体纱线、正规纱线和粗纺毛毯等不同形式，染色可在相应的染色设备上进行。散纤维、长丝束和腈纶条可在散毛染色机中染色，长丝束还可在连续轧染机中染色，腈纶膨体纱可在绞纱染色机上染色，正规纱可在筒子纱染色机中染色，腈纶织物可在绳状染色机、经轴染色机和卷染机上染色。

（1）浸染

阳离子染料浸染时，染液中一般含有染料、阳离子缓染剂、元明粉、醋酸、醋酸钠等。阳离子缓染剂的用量为 0～2%，元明粉的用量为 0～10%，醋酸为 1%～3%，醋酸钠为 0.5%～1%。染色时，从 50～60℃始染，加热升温至 70℃以后，缓慢升温至沸，沸染30～60 min。染浅色时，初染温度要低些，升温速率应慢些。染深色时，初染温度可高些，升温速率可适当加快。沸染时间可根据染料浓度来确定，染浅色可在 30 min 左右，染中、深色时，沸染时间要 45～60 min。沸染时间不能过短，否则会造成环染，降低上染百分率和染色牢度。

染色后应缓慢冷却降温（1～2℃/min）至 50℃，然后进行水洗后处理。降温要慢，否则会影响织物的手感。

工艺举例：

染液处方：

阳离子金黄 X—GL	0.28%
阳离子红 X—GRL	0.19%
阳离子红 X—GRRL	0.05%
醋酸	3%
醋酸钠	1%
匀染剂 1227	1%
元明粉	10%

始染温度 75℃，以 1℃/min 升至 90℃，保温 5 min，以 1℃/4 min 升温至 100℃，沸染 30 min 后，用 20～30 min 缓慢降温至 50℃出机。

(2) 卷染

卷染法染色与浸染相似。染液组成除染料外，还有醋酸、醋酸钠、元明粉、阳离子缓染剂。染料的溶解与染液的配制和浸染基本相同。卷染时，在 98～100℃的温度下染色 6～12 道。

染腈纶织物的卷染机应为等线速卷染机，织物所受的张力要尽量小，以免织物发生形变及影响手感。在实际生产中，卷染法在腈纶制品上的应用较少。

(3) 轧染

阳离子染料的轧染有两种方法，一种是汽蒸法，主要用于腈纶丝束、腈纶条；另一种是热溶法，主要用于涤腈等腈纶混纺织物。纯腈纶织物因受热容易变形，很少用轧染。下面主要介绍汽蒸法轧染。

工艺流程：浸轧染液→汽蒸→水洗→后处理。

如采用 100～103℃的饱和蒸汽进行汽蒸，染液中须加入促染剂以加快染料的上染速率，缩短汽蒸时间。促染剂有碳酸乙烯酯、碳酸丙烯酯、腈乙基胺类、尿素/甘油（1∶1）、间苯二酚等。如用 120℃的高温汽蒸，时间可缩短至 8 min，并可不用促染剂，而改用一般渗透剂。120℃高温汽蒸染色工艺如下：

染液处方：

阳离子染料	x g/L
醋酸	10 g/L
酒石酸	5 g/L
渗透剂 JFC	5 g/L
抗静电剂 SN	4 g/L

工艺流程和工艺条件：丝束喂入→浸轧染液（温度60℃，轧余率55%～60%）→汽蒸（温度120℃，时间5～8 min）→堆积槽水洗→卷曲→烘燥。

水洗：第一槽加非离子净洗剂，温度60～70℃；第二、第三槽均为70℃热水；第四槽加柔软剂，温度45～55℃。

四、腈纶织物的干整理

腈纶织物的干整理包括干热定形、柔软整理、起毛、刷毛、剪毛、蒸呢等。

1. 烘干和干热定形

腈纶织物的烘干，要避免使用烘筒式烘干机，该机经向张力大，织物容易变形，而且还会因摩擦产生极光现象，手感也偏硬。因此，最好采用热风拉幅烘干机或气垫式热风烘燥机，烘干后织物丰厚、手感柔软、尺寸稳定。烘干温度为85～90℃。

烘干后的织物可进行干热定形，腈纶织物的定形温度为120～140℃，时间为1～1.5min。热定形可以采用热风针铗链式热定形机。

2. 柔软整理

适用于腈纶织物的柔软剂一般都选用阳离子型，有柔软剂ES、柔软剂EST、柔软剂DH、DHG、DHF、有机硅柔软剂SI—10、柔软剂KS—3、柔软剂HC等。

腈纶织物进行柔软整理的方法有浸渍法和浸轧法两种。浸渍法的柔软剂用量为织物质量的0.5%～3.0%，于65～85℃浸渍处理15～30 min。浸轧法的柔软剂用量为5～15 g/L，浸轧温度为30～50℃，轧余率为60%～75%，轧后于90～100℃烘干。

3. 起毛、刷毛、剪毛

腈纶粗梳织物或绒毯的起毛比一般纯毛困难些，起毛次数要适当增加，纱线的温度要适当降低，防止起毛不匀。起毛设备可采用钢丝起毛机和刺果起毛机。如果要求织物的绒毛长，也可用直刺果起毛机进行湿起毛，起毛后绒面顺直、手感柔软、光泽自然。

4. 汽蒸定形（蒸呢）

腈纶织物的汽蒸定形又叫蒸呢。经过蒸呢后不但能使腈纶织物表面平整、形状和尺寸稳定，而且还能获得柔软而富有弹性的手感，以及清除生产中出现的极光，使织物光泽柔和。

蒸呢设备可用单辊筒蒸呢机、双辊筒蒸呢机和连续蒸呢机，避免采用罐式蒸呢机。单辊筒蒸呢机和双辊筒蒸呢机的蒸呢效果好，但系间歇式生产，产量较低，连续蒸呢机的生产效率较高。

腈纶织物蒸呢的工艺条件一般为：蒸汽压力 1.5～2 kg/cm²，织物上的温度 95～105℃，汽蒸时间 5～10 min。薄型织物的张力可大些，中厚型织物的张力可小些。汽蒸后的冷却越充分，定形效果越好，冷却时间一般为 10～15 min。蒸呢次数为一次或两次，两次蒸呢效果会更好。

五、腈纶纱线的染整

腈纶纱线有正规纱和膨体纱两种，腈纶膨体纱又称腈纶膨体绒线。腈纶正规纱的染整工艺过程为：筒子纱→精练→染色→柔软处理→脱水→烘干。腈纶膨体纱的染整工艺过程为：绞纱→膨化处理→精练→染色→柔软处理→脱水→烘干。

腈纶正规纱和腈纶膨体纱的染整工艺，除正规纱不必进行膨化处理外，其余基本相同。

腈纶纱线的染色和柔软处理，采用浸染法或浸渍法，其工艺可参照腈纶织物的染色和柔软整理。

1. 膨化处理

腈纶膨体纱的膨化处理有干热风膨化、热水膨化和汽蒸膨化三种。

(1) 干热风膨化

干热风膨化一般在绒线烘干机上进行，在温度 105～120℃下处理 10～30 min。此法尽管简便，但易使纱线泛黄，膨体效果也不够好，故实际生产中应用不多。

(2) 热水膨化

热水膨化可以在绞纱染色机上进行。先在绞纱染色机中放入清水，用醋酸或磷酸钠调节 pH 值至 6 或 8。绞纱穿入上下挂纱杆上。上下挂纱杆的距离要小于绞纱收缩后的距离，使绞纱可以自由收缩膨化。绞纱浸入沸水后，静置 10～15 min。开动循环泵，以 1℃/2min 降温至 75℃，再以 1℃/min 降温至 50℃出机。

热水膨化的优点是方法简单，不需要专用的膨化设备，而且可作为染前精练，但生产效率低。

(3) 汽蒸膨化

汽蒸膨化是较好的膨化方法，实际生产中采用较多。汽蒸膨化可在一般常压汽蒸箱内进行。膨化时，腈纶膨体纱穿于挂纱杆上，将挂纱杆推入蒸箱，通入直接蒸汽，于 96～100℃膨化汽蒸 10～20 min，关闭蒸汽，排汽降温后，出机。

如果汽蒸膨化采用高温真空汽蒸膨化机，效果会更好。由于处理前抽除了机内空气，减少了氧化作用，纤维泛黄现象下降。同时可使膨化作用匀透，纱线收缩后热定形作用好，可以提高服用时的抗变形能力。

2. 精练

腈纶正规纱可在筒子纱染色机上进行精练。净洗剂 0.5～1 g/L，温度 45～50℃，精练 30～45 min，温水冲洗。

腈纶膨体纱精练时，可在线带式洗线机上进行。该机由五格洗槽组成，在第一格洗槽中加入净洗剂 2.5 g/L。第一槽温度为 50～55℃，第二槽为 50℃，其余各槽皆为 30℃。精练后，各道轧辊压力应放松，以防纱线变形，影响膨体性能。

3. 脱水和烘干

腈纶纱可采用一般离心脱水机进行脱水，脱水后的含水率可以在 12%～14%。脱水时间不宜过长，以免纱线变形。在直径 1 200 mm 的脱水机脱水时，转速为 700 r/min，脱水 8 min。

腈纶正规纱由于采用了筒子纱染色，可以用热风烘干和高频烘干机烘干两种方法，高频烘干机烘干温度较低（60℃），对腈纶纱的影响很小，而且时间短、效率高，是腈纶纱线一种很好的烘干方式。

腈纶膨体纱的烘干，可以在一般的绒线烘干机上进行。如果采用挂线转动式烘线机，可以避免烘干印痕，效果更佳。腈纶纱线的烘干温度为 60～80℃，最高不能超过 90℃，烘干温度不宜过高，否则漂白纱线容易泛黄，染色纱线易变色。腈纶纱线烘干后的回潮率应控制在 0.5%～3%，公定标准回潮率为 2.0%。

第三节 锦纶产品的染整

在锦纶的各品种中，以锦纶 6 和锦纶 66 的产量最大，特别是锦纶 6，因制造成本低且染色性能优良，所以在我国发展很快。锦纶染整加工的制品多数是长丝针织物和机织物，还有锦纶条、锦纶丝。针织产品中有锦纶丝袜、弹力锦纶袜、手套和弹力锦纶衣裤等，机织产品以锦纶绸为代表。

锦纶是染色性能优良的一类纤维，由于大分子两端含有氨基和羧基，在分子链中还含有酰胺基团，使锦纶的上染性能和吸湿性能良好，在水中的膨化程度也远比涤纶高。而锦纶 6 比锦纶 66 的染色性能更好，这是由于锦纶 6 比锦纶 66 的氨基含量高一倍。由于具有以上这些性能，锦纶可以在常压下染色，而且很多类型的染料都能对锦纶染色。

锦纶制品染整加工前，应先了解纤维的来源、制造厂的牌号和规格，由于纤维制造工艺的不同，各厂的锦纶品质有高低之别。即使是同一厂生产的纤维，批号不同，也会因纺丝工艺的不一致、定形温度和捻度的微小差异，在染色后的织物上暴露出横档和色差。应通过试样，对纤维品质有问题的织物进行改染。

锦纶制品的染整加工过程要根据制品类型和要求来设置。锦纶散纤维、锦纶条、锦纶丝束等制品的染整工艺流程一般为：精练→染色或漂白→柔软处理→脱水→烘干。锦纶绸的染整工艺流程为：坯布准备→精练→染色→脱水→烘干→热定形→整理。

锦纶织物的练漂、染色加工有间歇式和连续式之分，但由于锦纶织物批量较小，以及锦纶纤维耐热性较涤纶差的特点，锦纶织物常采用的是间歇式加工，对于锦纶长丝织物多以平幅间歇式加工，而锦纶弹力丝织物则以绳状加工为主。

一、锦纶制品的前处理

锦纶制品前处理的目的是去除在纺丝或织造过程中加入的油剂、织造中上的浆料和沾污物，使织物更加洁净，并使织物具有必要的尺寸稳定性和表面平挺度，锦纶弹力丝织物的前处理还应使织物得到充分蓬松和收缩。

锦纶制品前处理主要加工过程为精练，对白度要求高的制品尚需进行漂白及增白处理。由于锦纶织物容易产生皱印，其前处理大都在卷染机上进行，而弹力丝织物因为要有蓬松感，则通常在溢流染色机上进行。

1. 精练

锦纶制品精练的目的是去除制品上的油剂和沾污物，由于所含杂质较少，一般采用较为缓和的方式进行。

（1）卷染机精练工艺

练液处方：

纯碱	2 g/L
洗涤剂 209	2.5 g/L

工艺流程和工艺条件：50℃、70℃、85℃各1道→95～98℃ 5道→60℃水洗2道→冷水1道。

（2）溢流染色机精练工艺

练液处方及工艺条件：

洗涤剂 209　　　　2～3 g/L
纯碱　　　　0.5 g/L
温度　　　　70℃
时间　　　　15～20 min

精练后用温水（40～45℃）冲洗，然后用冷水洗净。

2. 漂白

锦纶纤维本身具有一定白度，一般无须漂白处理。对于白度要求较高或鲜艳的浅色的品种可通过增白处理，来提高白度或增艳，必要时先进行漂白处理，有些已泛黄的锦纶则需进行漂白处理。

强氧化剂会损伤锦纶的强度，所以锦纶的漂白不宜用次氯酸钠和双氧水。亚氯酸钠对锦纶的影响较小，可以采用。还原剂对锦纶不起破坏作用，且具有一定的漂白作用，也可采用。

亚氯酸钠漂白液处方工艺条件：

亚氯酸钠　　　　0.5～1 g/L
硫酸铵　　　　3～5 g/L
温度　　　　70～80℃
时间　　　　30～60 min

锦纶制品的增白可用荧光增白剂 VBL 0.5 g/L，在 80℃温度浸渍 60 min；也可用荧光增白剂 DT 25 g/L 浸轧织物，经 80～90℃烘干，再在 180～200℃下热定形 15～30 s。

二、酸性染料染色

1. 染色原理

酸性染料上染锦纶的原理与羊毛相似。

由于锦纶纤维上的氨基含量有限，染料和锦纶以离子键结合有一定限度，存在染色饱和值。染色饱和值的大小取决于纤维中氨基的多少，它关系到染色深度和染料的最高用量。锦纶用强酸浴酸性染料染色，一般是染不深的，这是因为锦纶中氨基含量较少，锦纶 6 中氨基含量约为羊毛的 1/10，而锦纶 66 约为羊毛的 1/20，受染色饱和值的限制，难以染制深浓色。

锦纶用弱酸性染料染色，不受染色饱和值限制，得色较深。这是因为染料与锦纶发生离子键结合的同时，氢键和范德华力也在起着很重要的作用。

由于氨基含量比较少，所以当使用两只或两只以上染料拼色时，往往会发生竞染现象，因此在拼色时应选择配伍性较好的染料。

强酸浴酸性染料由于染色时染液的 pH 值较低，当 pH<3 时，锦纶纤维易于水解，使纤维遭受损伤，而且染色牢度也并不优良，故不宜采用。

2. 工艺因素分析

染液的 pH 值和染色温度是锦纶染色的主要工艺因素。

(1) pH 值

染液的 pH 值会对染料上染量产生很大影响。染液 pH 值比较高时，也就是在锦纶的等电点 pH 值以上时（锦纶 66 的等电点 pH 值为 6～7），染料很少上染。当 pH 值<6 时，NH_3^+ 逐渐增多，染料开始上染，但很快便达到饱和，如果继续降低染液的 pH 值，上染量无显著增加。当 pH 值<3 时，染料的上染量又急剧增加，发生超饱和吸附，这是因为此时酰胺基吸酸所造成的。但此时，纤维也易水解，强度下降很多，因此不宜采用。

综合以上分析，酸性染料染锦纶时，pH 值宜选择在 3～6。强酸性染料染色时，pH 值宜选择在 3～4；弱酸性染料染色时，pH 值宜选择在 4～6。

(2) 温度

酸性染料染锦纶时，温度对上染速率的影响很大。锦纶的玻璃化温度较低，一般锦纶 6 的玻璃化温度 T_g 为 45℃左右，锦纶 66 的 T_g 为 50℃左右，所以始染温度不宜超过 50℃。当温度升至 60～70℃时，染料开始解聚，纤维分子链段运动也加强，染料上染迅速，此时应严格控制升温速率。强酸性染料染色一般升温到 85～95℃，弱酸性染料和中性浴酸性染料通常在近沸的情况下染色。染浅色时，染色温度可略低些。染色温度提高，移染性和覆盖性也提高。

3. 匀染剂选择

弱酸性染料染锦纶，上染速率快，移染性差，染色时需加入匀染剂来改善成品匀染度。对于覆盖性差的酸性染料，匀染剂同时能改善织物上出现的横档、经柳病疵。但匀染剂如使用不当或用量过度，相反会引起色花和上染百分率下降。

作为锦纶染色的匀染剂主要有三类。一类是与纤维有亲和力的阴离子匀染剂，如净洗剂 LS、分散剂 NNO、可匀（Lyogen）P 等。阴离子匀染剂同染料争夺“染座”，从而减缓染料上染速率。随染色过程的进行，逐渐被与纤维亲和力大的染料阴离子置换下来。另一类是阳离子匀染剂。阳离子匀染剂能在低温染液中同染料阴离子形成结合物，随着染色温度的升高，结合物逐渐分解，释放出自由的染料阴离子缓慢上染。但阳离子匀染剂对染料的上染百分率有影响，并且在使用时，还需加入非离子表面活性剂，防止结合物沉淀。第三类是非离子匀染剂。此类匀染剂有匀染作用，并且可以提高移染性，但因为存在着浊点的问题，常和阴离子匀染剂配合使用。此类匀染剂有平平加 O 及渗透剂 JFC 等。

4. 固色处理

锦纶采用酸性染料染色，其湿处理牢度不高，对中、深色一般都要经固色处理，常用的固色剂是单宁酸、吐酒石（酒石酸氧化锑钾）。其固色作用是由于单宁酸与锦纶有一定亲和力，并可与吐酒石在纤维上反应，生成的单宁酸锑沉积在锦纶的表层，堵塞酸性染料再溶出的孔隙，从而减少褪色的可能性。它可使湿处理牢度提高 2 级，但色泽变得萎暗。现有锦纶染色专用的固色剂作为单宁的代用品，称为合成单宁，逐渐得到广泛应用。

5. 染色工艺

锦纶染色工艺有浸染和卷染两种。锦纶散纤维、锦纶条和锦纶丝常用的是浸染工艺，弹力锦纶织物也常采用浸染工艺；锦纶绸为防止产生绉印，常采用卷染工艺。

染色工艺流程：50℃入染 2 道→70℃染 2 道→100℃染 8 道，第 6、7 道加入硫酸铵溶液→70℃热水洗 1 道→50℃水洗 1 道→冷水上卷。

染色后可用单宁酸—吐酒石固色，如染色后还要经防水或涂层处理，则一般不再进行固色处理。

弱酸性染料染锦纶时，可与分散染料、中性染料拼色。

三、中性染料染色

中性染料染锦纶，湿处理牢度和日晒牢度较高，染色饱和值较高，能染制较深的色泽，染料之间较少竞染现象，拼色性能好，染色较方便。故中性染料是锦纶染色常用染料之一。

中性染料染锦纶的原理与染羊毛相似。上染开始时，染料带负电荷的络合离子与锦纶的氨基阳离子成离子键结合，同时，染料分子也可同纤维以氢键和范德华力结合。所以，中性染料对锦纶有很高的亲和力，上染百分率也很高，染色饱和值也较大。但由于染料分子中含金属离子，色泽也不够鲜艳。由于中性染料对锦纶的亲和力高，使得上染速率很快，但移染性却很差，容易造成染色不匀。所以为使染料均匀缓慢上染，染色时染液的 pH 值不宜太低，以近中性为宜，染深色时 pH 值为 7～7.5，染浅色时 pH 值为 7.5～8。此外，锦纶 6 比锦纶 66 的吸色能力强，染液的 pH 值要稍高一些，染浅色时染液的 pH 值不低于 8。为控制染料上染速率，使染色均匀，应严格掌握升温速率。

工艺流程：40℃入染 2 道→70℃染 2 道→98℃染 12 道→皂煮 4 道→60℃水洗 1 道→50℃水洗 1 道→冷水上卷。

中性染料染锦纶时，可以和直接染料、弱酸性染料拼染。

四、其他染料染色

1. 分散染料染色

分散染料染锦纶，染色方法简单，匀染性好，覆盖性也较好，色泽鲜艳，容易拼色，无竞染现象。但是难以染深色，而且湿处理牢度也较差，通常只用于染浅色。

分散染料染锦纶的原理同染涤纶基本一样。由于锦纶的吸湿性和在水中的膨化程度比涤纶好，玻璃化温度也较低，所以染色温度较低，采用常压沸染即可，不需要像涤纶那样采用高温高压法、热溶法或载体法染色。

锦纶用分散染料染色时，最好采用非离子型助剂或阴离子和非离子复合型助剂来加强染色匀染度。由于阴离子型分散剂容易被纤维吸附而降低染液的稳定性，故不宜采用。

工艺流程：50℃入染 4 道→逐步升温染 2 道→100℃染 5～7 道→80℃水洗 2 道→60℃水洗 1 道→冷水上卷。

分散染料也可和弱酸性染料或中性染料同浴染色，借以调整色光，增进匀染度。

2. 活性染料染色

活性染料染锦纶的色泽较鲜艳，湿处理牢度较好，而且活性染料还可以同其他类型染料拼混使用。但因锦纶纤维含反应基团少，染料上染百分率低，难以染深色，匀染性较差。

活性染料上染锦纶时，活性染料母体部分的磺酸基可与纤维中离子化的氨基形成离子键结合，而活性基也可与氨基形成共价键结合。由于活性染料能以酸性染料形式上染，故加酸可起促染作用。

活性染料染锦纶可以采用酸性、中性或先酸性后碱性的染色方法。降低染液的 pH 值，可增进纤维对染料的吸附，所以酸性条件下染色得色量高，但湿处理牢度较差。为提高湿处理牢度，可采用先酸性条件下上染后碱性条件下固色的染色方法。

（1）中性染色法

染色工艺：染液内含染料、匀染剂等，60℃始染，20 min 升温至沸，沸染 60 min，染后水洗、洗涤剂洗涤、再水洗。中性染色得色量低，仅限于染浅色。

(2) 酸性染色法

染色工艺：染液用醋酸调节 pH 值至 4 左右，其他与中性染色法相同。此条件下染色，活性染料可与弱酸性染料、中性染料拼色，不同类型的活性染料也可以相互拼色。

(3) 先酸性后碱性染色法

1) 酸性浴上染。

染液处方：

活性染料	x%
醋酸	2%
匀染剂	1%～2%

以醋酸调节 pH 值为 4～5，50～60℃始染，以 1℃/min 升温至沸，保持 20 min。

2) 碱性浴固色。

加纯碱 2.5～3 g/L，调 pH 值至 10～10.5，续染 60 min，然后后处理。

3. 活性分散染料染色

近年来有专用于锦纶的活性染料，如 Procion YI 染料，它实际上是活性分散染料，既有活性染料的结构特征（如含有 β-羟乙基砜硫酸酯活性基），而染料母体又具有不含水溶性基团的分散染料结构特征。

这类染料水溶性较低，匀染性好，对纤维的不均匀有良好的覆盖性，染色牢度较高，能染得较浓的颜色。但由于活性基团原料成本高，制造工艺又较复杂，因而品种比较少，限制了它的应用。

这类染料的结构特征要求染料在酸性或中性条件下，不与锦纶产生共价键结合，以便使染料对纤维有较好的吸收，而在碱性条件下起固色作用。

染色工艺：将活性分散染料与分散剂 1 g/L 调成浆状，溶化后加入染液中，加入醋酸 2 mL/L调节染液 pH 值至 3.5～4，从 40℃入染，缓慢升温（1℃/min）到 95℃，染 30～60 min，再加入纯碱 2.5～3 g/L，调整染液 pH 值到 10～10.5，继续染色 60 min，完成固色反应。最后水洗、出机。

五、锦纶织物的整理

锦纶织物具有柔和亮丽的光泽、柔软滑爽的手感等独特的风格，但也存在着悬垂性差、容易产生皱痕等缺点。为改善这些缺点，充分显示出锦纶织物的特有风格，必须进行整理。锦纶织物的整理方法应视织物品种及成品风格而定。一般可分为机械—物理整理、化学整理和特种整理三类。在化学整理中，常进行的是柔软整理。由于锦纶的缩水率低，一般不进行防缩防皱整理。为进一步提高其品质，锦纶织物可进行防油和易去污整理、阻燃整理、拒水整理等特种整理。

1. 机械整理

锦纶织物的特点是轻薄、柔软、易起皱、易摩擦起毛，根据这些特点，锦纶织物的机械整理必须按照织物的组织规格不同，合理选用相应的整理工艺和设备。

锦纶织物的机械整理有下列三种工艺流程：

轧水打卷→真空吸水→单滚筒烘燥机烘干→热定形。

轧水打卷→真空吸水→单滚筒烘燥机烘干→浸轧防水剂整理液→预烘→热定形。

轧水打卷→真空吸水→单滚筒烘燥机烘干→涂层整理→防水整理→热定形→电光或轧光整理。

锦纶低弹丝织物的整理工艺流程和设备选择如下：

离心脱水或真空吸水→开幅机开幅→悬挂式烘燥机或圆网烘燥机松式烘燥→热定形。

总之，锦纶织物的机械整理主要包括脱水、烘燥、热定形、轧光等。

（1）锦纶织物的热定形整理

锦纶织物普遍采用干热定形方式进行定形，其设备为热风针铗链式热定形机。锦纶织物的定形工艺条件应根据不同原料品种而定。锦纶 6 的玻璃化温度为 35～60℃，软化点为 180℃；锦纶 66 的玻璃化温度为 40～60℃，软化点温度为 235℃。由于两者的耐热性能不同，热定形的工艺条件也不同，锦纶 6 的定形温度比锦纶 66 要低。

（2）锦纶织物的轧光整理

锦纶织物的光泽较强，一般不需要进行轧光整理。但有些锦纶织物经印染加工后光泽不足，而有些则对光泽有更高要求，这两类织物需要进行轧光整理。锦纶织物的轧光整理一般在三辊轧光机上进行，其温度可控制在175℃左右，轧光时压力一般在 392 kN，布速可选择在 18～20 m/min。轧纹整理的温度可控制在 180℃，压力一般为 245 kN，布速可选择在 18 m/min左右。

2. 柔软整理

锦纶制品经过印染各道工序加工后，往往会产生手感僵硬、粗糙等不良后果，需通过化学柔软整理的方法加以改善，使锦纶制品的手感变得柔软、滑爽。

锦纶制品常采用的是表面活性剂中的阳离子型柔软剂、反应型柔软剂以及乳胶型柔软剂。表面活性剂中阴离子型柔软剂因不易被纤维吸附、耐用性差而不被采用；非离子型柔软剂对锦纶几乎无作用，也极少采用。高分子聚合物如聚乙烯、聚丙烯、有机硅乳液均可用于锦纶织物的柔软整理，特别是有机硅的乳液（属乳胶型柔软剂），不但会产生优良的柔软手感，还会有一定的防皱防水功能。常用于锦纶制品的柔软剂有柔软剂 RS、柔软剂 TR、柔软剂 QR、柔软剂 305、有机硅柔软剂 CGF—343、柔软剂 SI—10、柔软剂 HC 等。

锦纶制品的柔软整理有浸轧法和浸渍法两种。锦纶绸常用浸轧法，其整理工艺举例如下。

整理液处方：

柔软剂	20 g/L
渗透剂 JFC	1 g/L

工艺流程及工艺条件：二浸二轧（轧余率 70%～80%）→烘燥（热风拉幅温度为 100～120℃）→热定形（170℃，20 s）。

浸渍法常用于锦纶条、丝束、散纤维以及针织物、成衣等制品的柔软整理，其工艺举例如下。

整理液处方及工艺条件：

柔软剂 HC	4%
温度	40℃
时间	10 min

锦纶织物柔软整理常和拒水整理一起进行，但也有单独做柔软整理的。

第四节　涤棉混纺产品的染整

涤纶是合成纤维的主要品种之一，它具有断裂强度大、抗皱性能好、不易缩水、穿着挺括、洗后易干等优点，但存在着吸湿性和透气性差、易产生静电、易沾污等服用性能差的缺点。而棉纤维的吸湿性和透气性较好，穿着舒适，但抗皱性差，容易缩水。将涤纶和棉以一定比例混纺，既能保持涤纶的优点，又可改善穿着不舒适的缺点，使涤棉混纺织物具有耐穿、耐用、挺爽、免烫、易干、穿着舒适等特点，因此深受消费者欢迎。

涤纶和棉的混纺比例，通常采用的是 65∶35，也有少数其他比例的织物，如以棉为主的品种，涤棉混纺的比例为 45∶55 或 40∶60，也有 50∶50。这类织物习惯上称为低比例涤棉。涤棉混纺比例不同，产品风格也不同。涤纶含量减少，回弹性下降，产品棉型感增强。

涤纶和棉是两种性质不同的纤维，因而对染整加工的要求也不同。因此在考虑染整加工的工艺时，两者都要兼顾，且不同的混纺比例应有不同的工艺。如在涤棉混纺织物的前处理过程中，棉纤维需要通过高温碱煮才能去掉纤维素共生物，而高温碱煮会对涤纶造成损伤；棉纤维对氧化剂较敏感，而涤纶对常用氧化剂较稳定，因此在确定前处理工艺时应兼顾到两者性质的差别。

由于涤棉混纺织物的前处理和染色是湿热处理过程，而且处理温度较高，因而有定形作用。如果进行绳状加工，易产生皱痕，且不易去除，因此通常采用平幅状态进行加工。但如果加工前先进行热定形，也可以进行绳状加工。

一、涤棉混纺织物的前处理

涤棉混纺织物的前处理工序一般包括烧毛、退浆、精练、漂白、丝光和热定形等。各工序的安排因织物的品种和要求以及设备情况不同而有所不同。

目前，涤棉混纺织物的练漂工序安排各有其优缺点，当前还没有一种标准工艺。具体的工艺设计应以各企业的设备情况及织物的质量和风格要求而定。

1. 烧毛

涤棉混纺织物烧毛的目的除了使织物光洁美观外，还能改善织物起毛起球现象，而且对提高织物的弹性和悬垂性以及改善织物的手感也有一定作用。涤纶是热塑性纤维，其燃烧温度较高（为 485℃），软化点和熔点较低（熔点为 250～265℃，软化点为 230～240℃）。为了获得良好的燃烧效果，不致因燃烧而引起涤纶纤维不稳定的热变化，烧毛时布面绒毛的温度应高于 485℃，而布身温度要求低于 180℃，这给烧毛带来一定难度。为此要选用良好的烧毛设备，并严格控制工艺条件。

涤棉混纺织物应采用专用气体烧毛机，其设备特点如下：

（1）烧毛火口

烧毛火口采用辐射式火口及可转向火口。辐射式火口燃烧完全，可防止“铅笔道”现象发生，并保证涤棉混纺织物在高温、快速条件下烧毛。可转向火口有三种烧毛方式可供选择，对不同的涤棉织物可选择弱烧毛、正常烧毛、强烧毛三种方式进行烧毛。

（2）冷却装置

要使烧毛时织物的布身温度低于 180℃，并且使织物干态落布温度不超过 50℃，可以采取以下措施。

1）在火口上方安装冷水滚筒，使织物包绕在冷水辊上进行烧毛。或在火口后面安装吹风装置，向织物表面喷吹冷风冷却。

2）在出布装置前安装三只冷水滚筒或冷风装置，使织物冷却落布。

2. 退浆

涤棉混纺织物织造时，经纱要上浆。目前多采用淀粉和PVA、CMC的混合浆。由于采用的是混合浆，且常以PVA为主，所以一般不采用酶退浆。常用的是碱退浆，也有用氧化剂退浆的。

（1）碱退浆

热碱能使PVA和其他浆料剧烈溶胀、软化，使浆料与纤维的黏着变松，再通过有效水洗就可获得较好的退浆效果。此法可以利用丝光的回收碱，成本低，但退浆率并不高。

工艺流程：织物浸轧退浆液（烧碱5～10 g/L，洗涤剂1～2 g/L，温度80℃）→堆置或汽蒸（30～60 min）→热水洗（80～85℃）→冷水洗。

热水冲洗时，水量要充分，以免脱落后的浆料又被重新吸附到织物上，对后续加工不利。

（2）氧化剂退浆

氧化剂退浆可以用双氧水法，其退浆工艺流程如下：

浸轧双氧水退浆液（35% H_2O_2 8～10 mL/L，NaOH 4～6 g/L，润湿剂2～4 g/L）→汽蒸10～20 min→热水洗→冷水洗。

3. 精练

涤棉混纺织物通过精练，可以去除棉纤维中的天然杂质以及涤纶纤维上的油剂和残存的浆料。通过精练，可以提高织物的毛细管效应和白度，减轻漂白的负担。因涤纶的耐碱性差，因此要严格控制烧碱的用量和反应温度，使精练在获得较好的效果的同时，将涤纶的损伤限制在最低。

涤棉混纺织物的精练工艺，目前采用两种方法。一种是用低浓度碱液、高温汽蒸；另一种是用较高浓度的碱液、热堆置。

其参考工艺如下：

（1）浸轧精练液（烧碱8～10 g/L，渗透剂5～10 g/L）→汽蒸（90～100℃，30～60 min）→热水洗→冷水洗。

（2）浸轧精练液（烧碱12～15 g/L，渗透剂5～10 g/L）→堆置（70～75℃，60～90 min）→热水洗→冷水洗。

4. 漂白

涤棉混纺织物漂白的目的是去除棉纤维中的天然色素及部分残留的天然杂质。由于涤纶对常用氧化剂的稳定性好，所以同样可以采用次氯酸钠、过氧化氢和亚氯酸钠漂白剂。

（1）次氯酸钠漂白（氯漂）

氯漂由于去除天然杂质的能力差，因此在漂白前要求精练的效果好。但由于涤纶的耐碱性差，精练条件比较温和，很难达到较好的精练效果，所以涤棉混纺织物一般不用次氯酸钠漂白。对于深色产品，如果经过适度精练，也可以用次氯酸钠漂白；对于浅色产品，如果经过碱煮、氯漂后，再进行一次氧漂，也可以用次氯酸钠漂白。

（2）亚氯酸钠漂白（亚漂）

亚漂的去杂能力较强，对棉纤维的损伤较小，白度良好，而且对涤纶也有漂白作用，因此特别适用于涤棉混纺织物的漂白，但由于对设备有腐蚀以及产生的气体对人体有危害，因此使用不广泛。在涤棉混纺织物的前处理中，如果用亚氯酸钠进行漂白，可不进行精练。

（3）过氧化氢漂白（氧漂）

氧漂白度好，没有环境污染，对设备腐蚀小，成本较亚漂低，因此在涤棉混纺织物中被广泛采用。由于其去杂能力较亚漂差，可预先用淡碱液轻度精练来弥补。

涤棉混纺织物漂白的传统工艺大体可分为以下三种：

1）漂白涤棉混纺产品：亚—氧双漂工艺，碱煮、氧—氧双漂工艺。

2）漂白中、浅色涤棉混纺产品：亚漂工艺，碱煮、氯—氧双漂工艺。

3）漂白深色涤棉混纺产品：碱煮、氧漂工艺，碱煮、氯漂工艺。

5. 丝光

涤棉混纺织物的丝光主要是针对棉纤维而进行的，其工艺基本可参照棉织物的丝光。涤棉混纺织物的染色为提高其匀染度，一定要用布铗丝光机。

根据涤纶纤维耐碱较差的特性，涤棉混纺织物的丝光工艺条件要在棉织物丝光的基础上适当变动。例如，冲碱和去碱箱温度不能超过 80℃，去碱箱中直接蒸汽管要关闭，否则会引起涤纶水解而影响织物强度；丝光后布上带碱应尽量少，布面的 pH 值应控制在 7 左右，以免热定形时造成对纤维的损伤；丝光扩幅应尽可能大，如落布门幅过窄，会给热定形处理带来困难。

由于涤纶纤维对油污有吸附作用，所以涤棉混纺织物丝光时的碱液槽、水洗槽要清洁。

涤棉混纺织物的丝光一般安排在退煮漂之后进行，可获得良好的丝光效果，而且可消除煮漂过程中产生的皱痕。由于丝光会影响织物的白度，对于漂白产品来说，丝光后应进行一次复漂。

6. 热定形

涤棉混纺织物的热定形主要针对的是涤纶纤维，其工艺条件基本上可参照涤纶织物的热定形。但由于棉纤维的存在，其工艺条件还是要做适当改变。对涤棉混纺织物来说，因涤纶是短纤维，而且与棉纤维混纺，其干热收缩率比涤纶长丝织物要低，因此，只要采用与后续加工的温度相同或稍高一些的温度进行热定形，就能达到较好的热定形效果。涤棉混纺织物如果在定形后进行热溶染色，可采用比热溶温度低10℃的定形温度。总之，涤棉混纺织物合理的定形温度为190～210℃，时间在30 s左右。

7. 增白

涤棉混纺织物的漂白产品以及印花和色织物中白地面积较大的产品，为了进一步提高白度，均需经过增白处理。由于涤纶和棉的性质不同，所以涤棉混纺织物增白时分别使用适于涤纶和棉的增白剂。

涤纶组分的增白通常安排在热定形之前，采用轧染增白工艺，其工艺可以参照涤纶织物的增白。在增白中为减少焙烘这道工序，可以用热定形来代替，热定形工艺条件为180～200℃，时间为20～30 s。

涤纶增白后，沾染在棉纤维上的涤纶荧光增白剂会影响棉纤维的白度，必须洗去。如果丝光工序安排在涤纶增白之后，可以借丝光将增白剂洗去，不必另行安排洗涤过程；否则，涤纶增白后应经平洗机洗涤。

棉组分的增白，常与双氧水漂白同时进行。棉增白时一般用荧光增白剂VBL 1～2 g/L。

8. 短流程前处理工艺

涤棉混纺织物前处理练漂工序为退浆、精练、漂白三步。常规三步法的前处理工艺稳妥、重演性好，但工艺流程长、设备多、时间长、效率低、能耗高、成本较大。短流程前处理工艺缩短了工艺流程，节约了能源，降低了成本，而且能保证产品质量，因此是前处理工序的发展方向。

所谓短流程前处理工艺，就是将常规前处理三步工序变为二步或一步。二步法工艺又有两种方法，一种是将退浆、精练合并，然后漂白；另一种是先退浆，然后将精练、漂白合并。

二、涤棉混纺织物的染色

涤棉混纺织物的染色需要兼顾两种纤维。因涤纶和棉纤维的染色性能相差很大，往往需要不同的染料染色，涤纶用分散染料染色，棉纤维则可用直接染料、还原染料、可溶性还原染料、活性染料、硫化染料、不溶性偶氮染料等其中之一染色。两种染料染色，可得到单色或双色效果，但要注意它们的相容性。两种染料的染色工艺可分为二浴法、一浴二步法、一浴一步法三种，具体使用时应根据色泽要求、设备情况、染化料情况等因素从中选择。涤棉混纺织物也可用一种染料染两种纤维，如聚酯士林染料、可溶性还原染料、活性分散染料等，但染色效果不理想，实际生产中使用不多。

1. 分散染料染色

采用分散染料单染涤纶工艺，主要用于染淡色或银丝产品。染淡色时，虽只染其中一种纤维，但看上去近似均一色。

涤棉混纺织物用分散染料染色的方法、工艺和染涤纶基本一样。但无论是热溶法还是高温高压法染色，分散染料对棉都有一定的沾污，如果沾污严重，还原清洗都无法去除，且沾色后颜色萎暗，染色牢度很差。所以应对分散染料进行筛选，对棉纤维有严重沾污的分散染料，不能使用。

涤棉混纺织物用分散染料染色后，为了剥除沾色和洗除浮色，后处理要进行还原清洗。对于沾色很轻微的或影响不大的，可只进行皂洗处理。

2. 分散—活性染料染色

涤棉混纺织物用分散—活性染料染色，色泽鲜艳度高，染色牢度较好，近年来国内外应用较广。对批量较大的涤棉混纺织物的染色，以采用热溶轧染为主，而对涤棉针织物大都采用喷射染色。涤棉混纺织物热溶轧染法工艺如下：

（1）分散—活性一浴法

本法染涤棉的工艺一般有两种，一种是热溶轧蒸法，另一种是热溶固色法。热溶轧蒸法其实采用的是一浴二步法，工艺流程：浸轧分散—活性染料液→红外线预烘→烘干→热溶→轧碱→汽蒸→水洗→烘干。

热溶固色法采用的是一浴一步法，工艺流程：浸轧染液→烘干→热溶→后处理。它可以在中性、弱碱性或弱酸性条件下固色，在弱碱性条件下固色要求以小苏打为碱剂，选用耐高温的活性染料；在弱酸性条件下固色要求用膦酸基型活性染料。我国生产的商品名称为P型的活性染料，用此工艺染色的产品鲜艳度和色牢度好，但因为要采用特殊的分散染料和活性染料而应用较少。

（2）分散—活性二浴法

先用分散染料染涤纶，后用活性染料染棉纤维，这是分散—活性二浴法染色的一般工艺。其工艺流程为：浸轧分散染料染液→红外线预烘→热风烘干→热溶固色→水洗→皂洗→水洗→烘干→套染活性染料。其中分散染料的染色和活性染料套染可按常规工艺进行。

分散—活性二浴法染涤棉混纺织物的染色工艺流程长、工艺复杂，但工艺较易控制、重演性好，主要用于染翠蓝、大红等色泽，以弥补还原染料的色谱缺少。

3. 分散—还原染料染色

分散—还原染料染色有一浴法和二浴法两种工艺。

（1）分散—还原一浴法

一浴法工艺流程短，能减少能源消耗，降低成本。此工艺适用于染中、浅色，染料浓度一般不超过 60g/L。染深浓色时，染液内染料量较多，容易造成色差，且得色量较低，所以一般用得较少。

工艺流程：浸轧分散—还原染料液（一浸一轧两次）→红外线预烘→热风烘干→热溶→浸轧还原液→还原汽蒸（100℃，60 s）→水洗→室温浸轧氧化液→皂洗→热水洗→冷水洗→烘干。

（2）分散—还原二浴法

二浴法的染料利用率比一浴法高，匀染度较好，工艺容易控制，染色病疵容易发现和纠正，较适合染深浓色泽，但此工艺流程长，能源消耗大、成本高。

涤棉混纺织物用分散—还原染料二浴法染色时，先用分散染料经高温高压法或热溶法染色，再用卷染、浸染或悬浮体轧染还原染料。在套染还原染料时，同时还会对织物进行还原汽蒸和皂洗，所以分散染料染色后不必进行还原清洗。

由于涤棉混纺织物批量较大，所以实际生产中较多采用的是分散染料用热溶法染色、还原染料用悬浮体轧染法进行套染的方法。还原染料浸轧过程可按染棉常规工艺进行，但还原液中的保险粉、烧碱用量要略有增加，还原染料也要选用熨烫牢度较好的品种，以免热定形时产生色变。

4. 分散—可溶性还原染料染色

可溶性还原染料虽然价格昂贵，但它对涤纶和棉纤维都能上染，而且色泽均匀明亮、色谱齐全、牢度优良。所以涤棉混纺织物的浅色，如浅棕、米黄、银灰、浅橄榄绿等色泽，可以单独使用可溶性还原染料或分散染料一浴进行染色。分散—可溶性还原染料一浴染色可采用热溶—亚硝酸钠法进行固色，其工艺流程如下：

浸轧分散—可溶性还原染料液→红外线预烘→热风烘干→热溶浸轧亚硝酸钠→给酸显色→透风→冷流水洗→皂洗→水洗→烘干。

染液中加硫酸铵使可溶性还原染料水解，经空气氧化显色；在给酸显色过程中加硫酸使染料充分显色。染液也可加适量尿素。

5. 分散—不溶性偶氮染料染色

分散—不溶性偶氮染料染色可以采用二浴法，主要染大红、橙红、紫酱、棕、深蓝和黑色等浓艳色泽。常用的色酚有 AS、AS—D、AS—G 等；色基有大红 G、红 B、红 KB、红 RC、紫酱 GP、蓝 VB、黑 RB、黑 LB 等。二浴法染色一般先浸轧分散染液，热溶固着，经还原清洗后，再按不溶性偶氮染料的常规工艺套染棉。对于黑 RB、黑 LB 等耐升华牢度较好的色基，也可先染棉，后染涤纶。

6. 分散—硫化染料染色

分散—硫化染色工艺主要用于染黑色，其黑色的乌亮度较其他染料高，但存在着环保和储存脆损问题。分散—硫化染色工艺常在卷染机上进行，工艺流程如下：

（1）高温高压法卷染分散黑。

（2）卷染机套染硫化黑：热水 2 道（80～85℃），加硫化黑 12%和硫化碱 10%→沸染 8 道→热水洗 2 道→流动冷水洗 4 道→皂洗 4 道→热洗 2 道→冷水上卷。

三、涤棉混纺织物的整理

涤棉混纺织物具有穿着舒适、挺括耐穿、手感滑爽、易洗快干等优良性能，但经过前处理、染色及印花加工后，织物变得幅宽不均匀、手感粗糙、外观欠佳。为了使涤棉混纺织物恢复原有特性并进一步提高其品质，通常要利用物理—机械方法、化学方法或物理—机械和化学联合方法进行整理。涤棉混纺织物的整理要满足两种不同纤维的需要，因此整理种类多、要求高，具体包括一般性整理和防皱（树脂）整理。

1. 一般性整理

涤棉混纺织物的一般性整理包括手感整理、外观整理和定形整理，具体有拉幅、机械预缩、硬挺、柔软、轧光、电光、轧纹和增白整理。对于这些整理，在实际生产中要根据织物的类型、风格要求等合理地选用。

涤棉混纺织物的一般性整理工艺和棉织物相似，但由于涤纶纤维的存在，也有所差异。机械预缩整理和轧光、电光、轧纹整理的工艺基本和棉织物一样，其中轧光、电光、轧纹整理的温度应不低于 180℃，一般为 180～200℃，车速也要比棉织物整理的慢一些。

因为涤纶的存在，涤棉混纺织物的拉幅整理需要在高温条件下进行，所以实际上是热定形。

涤棉混纺织物的硬挺整理采用的是合成浆料，一般的棉用浆料满足不了需要。合成浆料虽然价格较高，但在水溶液中的稳定性、耐洗性、防霉性和耐腐性较强，因此还是得到广泛应用。合成浆料有聚乙烯醇、聚丙烯酰胺和热塑性或热固性合成树脂等，涤棉混纺织物以聚乙烯醇作为整理剂，可获得更为挺括和滑爽的手感，整理剂则宜采用适当混合比例的全醇解和部分醇解的聚乙烯醇浆液。此外，还可采用某些热塑性树脂的乳液作为整理剂，其整理效果随所用聚合物性质不同而不同。例如，聚丙烯酸乙酯能赋予织物手感柔软而丰满的效果，聚丙烯酸乙酯50%和聚甲基丙烯酸甲酯50%的混合物可赋予织物硬挺的手感。

涤棉混纺织物的硬挺整理常和拉幅定形结合在一起，在浆液中也常加入柔软剂以改善综合性手感。

涤棉混纺织物的柔软整理较少单独进行，常和硬挺整理、增白整理、树脂整理或拒水整理等同时进行。可使用的柔软剂类型较多，主要有阳离子型柔软剂、非离子型柔软剂、反应型柔软剂和乳胶型柔软剂，如柔软剂 C、柔软剂 PEN、柔软剂 DNS、柔软剂 FAC—5、柔软剂 FAC—1、柔软剂 PE、柔软剂 EG 等，其中反应型柔软剂对涤棉混纺织物还有拒水作用。柔软整理的工艺流程和工艺条件如下：

二浸二轧（轧液率 70%～80%）→热风拉幅烘干（100～120℃）→热定形（190℃，20～30 s）。整理液中加入柔软剂 1%～3%。

2. 防皱（树脂）整理

（1）耐久压烫整理

涤棉混纺织物的防缩防皱性能较好，但随着人们对服用品穿着要求的提高，也对涤棉混纺织物提出了具有更高的免熨烫性能的要求，从而发展成为耐久压烫整理（简称 PP 整理）。耐久压烫整理的特点是织物成衣后挺括、平整、不起皱，同时保持经久耐洗的高水平的免烫性能和优良洗可穿性能。由于耐久压烫整理时整理剂的用量较大，因此对棉纤维强度的影响很大，而涤纶纤维与棉纤维的混纺使织物强度下降得到了回升，因此耐久压烫整理广泛应用在涤棉混纺织物上，但在棉织物上还有局限性。

耐久压烫整理的方法有两种，即预焙烘法和延迟焙烘法。

（2）耐久性轧光或轧花整理

涤棉油光防水织物光泽明亮、手感滑爽、轻薄耐用，是风雨衣、运动服和防寒衣的极佳面料，近年来在国际上较为流行。

为赋予涤棉油光防水织物以极强的耐久性的光泽，需进行耐久性的轧光或轧花整理。此类织物需将轧光或轧花整理和防皱整理、防水整理结合起来，才能达到良好的效果，通常可进行一次或两次摩擦轧光，也可采用电光加摩擦轧光的方法。整理剂的作用是提高光泽的耐久性，通常用6MD混合树脂或轧花树脂。

第五节　锦棉混纺织物的染整

锦纶纤维弹性好、手感柔软、强度高、质轻耐磨，吸湿性也较好，但易起毛起球和勾丝；棉纤维吸湿性强、透气性好，穿着舒适，但耐磨性及抗皱性差，容易缩水。将锦纶和棉纤维进行混纺或交织，能使织物既具备两种纤维的优点又可改善各自的缺点，使锦棉混纺织物具有挺括舒适、滑爽丰满的优良的服用性能。

锦纶纤维和棉纤维是两种性质不同的纤维，对染整加工的要求也不同，因此在安排染整加工工艺时，两者都要兼顾到。棉纤维含有纤维素共生物，因此锦棉混纺织物需进行退浆、精练和漂白，因而前处理工艺流程较锦纶织物长。锦纶的耐碱性不太好，精练用碱的浓度及方法要选择好。锦纶大分子容易被强氧化剂破坏，因此锦棉混纺织物在进行漂白时要选用适宜的漂白剂。棉纤维的耐酸性较差，在采用酸性染料染色时要考虑染液pH值的控制。高温碱煮容易使锦纶脆化泛黄、手感变硬，而且还会出现不同程度的收缩，因此前处理的工艺要控制好。

锦棉混纺织物的前处理和染色加工，如果按织物的不同加工状态，可分为绳状加工和平幅加工；如果按加工方式，可分为连续汽蒸加工、浸渍加工（间歇式加工）和冷轧卷（堆）加工。由于前处理和染色是湿热处理过程，而且温度较高，对锦纶有定形作用，因此，如果进行绳状加工，锦棉混纺织物易产生皱痕，且不易去除。在实际生产过程中，锦棉混纺织物的前处理和染色多以平幅加工状态进行。如果采用绳状加工，则加工前必须进行热定形，使绳状加工不易产生皱痕。

锦棉混纺织物的染整加工过程要根据织物品种和要求来设置。一般工艺流程如下：

坯布准备→退浆→精练→（漂白→）（丝光→）热定形→磨毛→染色→热定形→特种整理→成品检验。

上述工艺流程中的退浆、精练、漂白三个工序要根据织物品种和要求以及各厂设备情况合理安排，以上次序安排仅是其中之一。漂白和丝光工序应根据织物的要求来决定是否设置，一般的染色织物不需要进行漂白处理。磨毛加工一般设置在染色加工前，虽属前处理范畴，但其实是整理作用，所以将相关内容放在后整理中介绍。

一、锦棉混纺织物的前处理

锦棉混纺织物的前处理过程一般包括退浆、精练、漂白、丝光和热定形等。

1. 退浆、精练和漂白

（1）退浆

锦棉织物的经纱要上浆，一般采用水溶性的聚丙烯酸浆料或改性聚丙烯酸浆料，其退浆方式为碱退浆或氧化剂退浆。

1）碱退浆。碱退浆有间歇法退浆、冷轧卷（堆）法退浆和连续法退浆三种。其工艺如下：

①间歇法退浆。用洗涤剂 1～2 g/L，螯合分散剂 0.5～1 g/L，纯碱 1～2 g/L 的退浆液在 85℃下处理 20 min，然后用 80～85℃热水洗，再用冷水洗。

②冷轧卷（堆）法退浆。在室温下浸轧用高效精练剂 1～3 g/L、螯合分散剂 0～2 g/L、纯碱 1～2 g/L 组成的退浆液，堆置 2～4 h，然后用 85℃热水洗，再用冷水洗。

③连续法退浆。用上述退浆液配方在连续平洗机中以 85～90℃洗涤 2～10 min。

2）氧化剂退浆。用双氧水进行退浆。其工艺如下：

①工艺流程：浸轧退浆液→汽蒸→热水洗→冷水洗。

②工艺处方：

双氧水	4～6 g/L
烧碱	8～10 g/L
润湿剂	2～4 g/L

③工艺条件：浸轧温度，室温；汽蒸温度，100～102℃；汽蒸时间，1～2 min；热水温度，80～85℃。

（2）精练

锦棉织物通过精练可以去除棉纤维中的天然杂质、锦纶纤维上的油剂以及残存的浆料。通过精练，可以提高锦棉织物的毛细管效应和白度，减轻漂白的负担。因锦纶的耐碱性不是很好，因此需要严格控制烧碱的用量和精练温度。锦棉织物的精练可以采用轧蒸法，其工艺如下：

工艺流程：干布→浸轧精练液（60～65℃，轧余率约 80%）→汽蒸（102℃，20 min）→6 格平洗槽洗涤（80～85℃，流动热水）。

工艺处方：

100%烧碱　　　　　　　　20 g/L

渗透剂+净洗剂　　　　　6 g/L

(3) 漂白

对于浅色或全白的锦棉织物需要进行漂白加工，其余色泽的锦棉织物无须此加工。由于锦纶纤维不耐强氧化剂，因此次氯酸钠漂白不适用于锦棉织物。亚氯酸钠漂白是适用的，但因为存在着环境污染以及对设备的腐蚀等问题，通常设备不能使用，因此，在实际生产中应用不多。锦棉织物通常采用的是过氧化氢漂白，但由于过氧化氢的氧化性也较强，对锦纶纤维有损伤，因此要控制好过氧化氢漂白的工艺条件，使锦棉织物的损伤保持在最低程度。

锦棉织物的漂白产品以及印花和色织织物中白地面积较大的产品，为了进一步提高白度，均需要经过增白处理。锦纶和棉纤维可以采用同一种增白剂进行增白，如荧光增白剂VBL，荧光工艺处方如下：

双氧水　　　　　　　　4～6 g/L

烧碱　　　　　　　　　8～10 g/L

润湿剂　　　　　　　　2～4 g/L

工艺条件：浸轧温度，室温；汽蒸温度，100～102℃；汽蒸时间，1～2 min；热水温度，80～85℃。

(4) 短流程前处理

锦棉织物的短流程前处理，就是将常规的退浆、精练二步工艺变为退练一步工艺，或将常规的退浆、精练、漂白三步工艺变为退练漂一步工艺。

1) 退练一步工艺。退浆、精练合一后，织物的精练效果能达到一般要求，但浆料不易洗净，因此要加大水洗。

退练处理可采用冷轧卷（堆）法、绳状溢流前处理法、卷染机前处理法、平幅连续汽蒸法，尤以冷轧卷（堆）法、平幅连续汽蒸法使用较多，下面介绍这两种方法的工艺。

①冷轧卷（堆）法。其反应温度低，反应条件温和，但处理效果不很理想。如果处理时加大液量，延长堆放时间及补加短蒸工序，可以改善其精练效果。由于堆置时要产生压皱印，短蒸设备不适宜采用履带箱。冷轧卷（堆）法退练的工艺如下：

工艺流程：浸轧工作液→上卷→慢转（16～20 h）→浸轧短蒸液→汽蒸（102℃，1 min）→85℃水洗2格→95℃水洗2格。

工作液处方：

烧碱　　　　　　　　　40 g/L

双氧水　　　　　　　　7～8 g/L

硅酸钠　　　　　　　　4 g/L

高效精练剂　　　　　　10 g/L

短蒸液处方：

双氧水　　　　　　　　5～6 g/L

硅酸钠　　　　　　　　4 g/L

高效精练剂　　　　　　8 g/L

②连续汽蒸法。该法的工艺要求高，但生产周期短，质量较稳定。

工艺流程：干布→浸轧工作液（60～65℃，轧余率约 80%）→汽蒸（100℃，45 min）→6 格平洗槽平洗（80～85℃流动热水）。

工作液处方：

烧碱　　　　　　　　　25～30 g/L

高效精练剂　　　　　　5 g/L

亚硫酸钠　　　　　　　2 g/L

2）退练漂一步工艺。对于需要漂白的锦棉织物，也可以采用退浆、精练、漂白一步法的工艺进行前处理。其工艺举例如下：

工艺流程：浸轧工作液（室温，轧余率约 80%）→汽蒸（100～120℃，30 min）→U 形槽和 3 格平洗（80～85℃，流动热水）→第 4 格平洗槽流动冷水洗→烘干。

工作液处方：

烧碱　　　　　　　　　5 g/L

双氧水　　　　　　　　3 g/L

水玻璃　　　　　　　　6 g/L

渗透剂　　　　　　　　4 g/L

耐碱双氧水稳定剂 KRD－3　4 g/L

2. 丝光

锦棉织物的丝光主要针对棉纤维而进行，其工艺可参照棉织物的丝光。锦棉织物丝光时碱液的浓度（二槽）控制在 200 g/L 左右，冲碱和去碱箱温度不能超过 80℃，去碱箱直接蒸汽管要关闭，否则易使锦纶脆化泛黄、手感粗糙。丝光后布上的 pH 值应控制在 7 左右。丝光扩幅应尽可能大，否则会对热定形加工带来困难。

锦棉织物的丝光安排在退练漂之后、热定形之前进行，可获得良好的丝光效果，而且可消除退练漂过程中产生的皱痕。

3. 热定形

锦棉织物染色前应通过预定形来保证织物在染色期间的平整性和尺寸稳定性，从而减少染疵。

锦棉织物的预定形主要针对的是锦纶纤维，因为锦纶纤维在高温松弛条件下容易发生收缩，因此锦棉织物在绳状染色时容易产生皱印。通过染色前的预定形可以改善锦棉织物的尺寸不稳定性，避免皱印的产生。

锦棉织物的预定形温度控制在 170～175℃，时间为 20～30 s。定形温度和时间对锦棉织物的染色性能影响较大，因此要严格控制。如果定形温度不均匀、不稳定或偏高以及时间过长都会影响织物的染色匀染性和染料吸收率。

二、锦棉混纺织物的染色

锦棉织物的染色同时要兼顾两种纤维，因此给染色带来了一定难度。锦纶纤维对分散、酸性、直接、酸性媒染、酸性含媒、不溶性偶氮、还原、活性和活性分散等染料都有一定亲和力。如果用直接、还原、活性和不溶性偶氮染料对棉进行染色，那么同时锦纶纤维也有不同程度的上染。锦纶纤维的沾染，会使锦纶的色光发生不同程度的变化，从而导致两种纤维的色相不一致，造成明显的闪色现象。因此，染料的选择和工艺的控制对锦棉织物的染色是很重要的。在实际生产中，要合理地选用染料及严格控制工艺条件。

锦棉织物中的锦纶组分可用酸性染料、中性染料、直接染料、分散染料等染色，棉组分则可用活性染料、直接染料等套染。锦纶和棉的染色性能有相似之处，所以也可以用同一种染料染两种纤维，如活性染料、直接染料、活性分散染料、还原染料、不溶性偶氮染料等。

锦棉织物的染色有浸染、卷染、轧染、冷轧卷（堆）等方法，而且有一浴法和二浴法之分。浸染设备从目前情况看，主要采用溢流染色机，也可以采用喷射染色机或绳状染色机。

1. 单一染料染色

（1）活性染料染色

活性染料在碱性条件下染锦棉织物，锦纶纤维的得色量极低，颜色很浅，表明活性染料染棉的工艺不太适合染锦棉织物。由于在酸性条件下，锦纶纤维中离子化的氨基可以和活性染料母体部分的磺酸基形成离子键结合，而在碱性条件下，活性染料活性基可与锦纶纤维中的氨基形成共价键结合。

（2）直接染料染色

锦棉织物用直接染料染色，因锦纶纤维在水中的溶胀程度较低，而直接染料的分子较大，在锦纶纤维中的扩散性能较差，故得色率较低，颜色较浅，匀染性较差。可通过提高温度和延长时间来提高锦纶的得色率，从而减轻闪色现象。

2. 两种染料一浴法染色

（1）活性和中性染料一浴法染色

活性和中性染料同浴染色，需设法减少相互干扰。采用这种方法应选择在碱性条件下很少上染锦纶的活性染料，如 M 型活性染料。如果活性染料对锦纶的亲和力较大，应在染浴中加入适量锦纶防染剂。可以先在碱性条件下染色，使活性染料固色，后加酸调 pH 值至弱酸性，使中性染料最后充分上染锦纶。

锦棉织物采用以上工艺染色后，色相一致，匀染性较好，色光稳定，重现性好。

（2）酸性和直接染料一浴法染色

酸性和直接染料同浴染色时，也要防止直接染料对锦纶的上染，因此要加入高质量的锦纶防染剂。采用这种方法染色时，常在弱酸性条件下进行，对直接染料上染棉纤维有一定影响，且染色牢度不理想，染后需进行固色，因此，这种染色方法不常被采用。

（3）中性和直接染料一浴法染色

这种方法是用中性染料染锦纶，直接染料染棉，适宜于深浓色泽的染色。其工艺流程及操作如下：

每隔 5 min 分别加入六偏磷酸钠、平平加 O、锦纶防染剂、直接染料、中性染料、1/2 元明粉，40℃入染，以 1℃/min 升温至沸，加入 1/2 元明粉，保温 30 min 后降温。染色后水洗、皂洗、水洗。

此方法染色的优点是工艺流程短，重现性好，操作简便，成本较低。但染色牢度略差，染色后需进行固色。

3. 两种染料二浴法染色

此方法的染色工艺流程长、操作复杂，但染后质量稳定、闪色现象少、重演性好、工艺易控制，是目前锦棉织物染色的常用方法。

（1）酸性和活性染料二浴法染色

酸性和活性染料二浴法染色，一般是用活性染料先染棉，后用酸性染料套染锦纶。常用浸染方式进行，因此主要选用具有双活性基的活性染料，例如，M 型活性染料，其固色率高（可达 85%～95%），对锦纶纤维上染很少，耐酸强度较好。

酸性染料的染色一般控制在弱酸性条件下进行。强酸性条件下染色虽然匀染性好，色泽鲜艳，但对锦纶纤维和活性染料都会产生不良影响，因此不被采用。在弱酸性条件下染锦纶，升温过程要缓慢，并在染液中加入匀染剂，使染料的上染速率缓慢而均匀。

活性染料染棉和酸性染料染锦纶可按常规工艺进行。活性染料染色后需充分皂洗，以除去织物上的浮色以及锦纶上的沾色，并提高染色牢度。

（2）中性和活性染料二浴法染色

因为中性染料在碱性条件下容易断键而使锦纶纤维上的染料脱落，因而也采用先用活性染料染棉、后用中性染料套染锦纶的方式进行染色。活性染料染棉的情况与酸性—活性二浴法一样。中性染料染锦纶染色饱和值高，适合于染深浓色泽，但色泽不够鲜艳，覆盖性、匀染性较差，因此在染液中要加入匀染剂，并缓慢升温以保证染色均匀。中性染料套染锦纶可按常规工艺进行。

三、锦棉混纺织物的整理

锦棉织物具有手感滑爽、透气透湿、挺括耐穿、质轻耐磨等优良服用性能，但经过前处理、染色或印花加工后，织物存在幅宽不均匀、外观欠佳、有皱痕等问题。为改善织物尺寸稳定性，消除皱痕，并进一步提高其品质，锦棉织物需要进行一系列的有效整理。因为同时要满足两种纤维的不同需要，因此整理的种类多、要求高。在实际生产中，企业要根据织物的不同需求来合理选用各种整理方法。

锦棉织物的整理一般包括机械整理、磨毛整理和特种整理。磨毛整理一般安排在染色前进行，主要是因为已染色的织物磨毛后会对锦纶纤维的色光产生影响。特种整理中常采用的是防水整理和防污整理。

国内锦棉织物开始大批量生产的时间较短，但发展很快，其整理技术也在不断创新，尤其是对各类整理剂的研究、开发、生产正向着更优质的方向发展，可以预计，今后对锦棉织物的整理质量和水平也会越来越高。

1. 机械整理

锦棉织物的机械整理包括脱水、烘燥、热定形和机械预缩等。

脱水方式有离心脱水机脱水、轧水机轧水、真空吸水三类。采用绳状方式染色的织物，可用离心脱水机脱水，但脱水后要用开幅机开幅。平幅染色的织物可以采用轧水机轧水或轧水后真空吸水等方式脱水。

锦棉织物的烘燥不宜采用烘筒烘燥机，因烘筒烘燥容易将绒毛压倒，从而会使锦棉织物失去应有的风格。锦棉织物采用热风拉幅烘燥机烘燥，效果较好。

锦棉织物的热定形采用热风针铗链热定形机。如果在前处理中已进行了预定形，则第二次热定形温度可适当降低，可以拉幅为主，以免影响锦棉织物的手感。

锦棉织物成品缩水率要求在0.5%以下。如果前处理和染色采用的是连续浸轧方式或是在卷染机上处理的，那么织物所受的张力较大，成品就会产生缩水现象，因而需要进行机械预缩整理以保证使织物达到要求的缩水率。如果是在溢流染色机上处理的，织物在处理过程所受的张力很小，已经有了预缩，所以可不进行机械预缩整理。机械预缩一般采用三辊橡胶毯预缩整理机。

2. 磨毛整理

磨毛整理是一种用机械方法使织物表面产生绒毛的加工过程，它是通过磨料（如砂粒）磨削织物表面的经纬纱线，使表面形成细密、整齐的绒毛，从而赋予织物柔软、厚实和舒适的手感。磨毛是起绒工艺中较弱的一种，是形成锦棉织物独特风格的关键工序。

（1）磨毛原理

磨毛是通过高速运转的砂磨辊上的磨粒与织物紧密接触，由其中比较突出和锋利的磨粒将纱线中的表面纤维拉出割断，形成单纤维状态。随着磨毛的继续进行，将单纤维磨削成绒毛，而且原来卷曲的纱线也被磨削成扁平状。绒毛产生以后，逐渐掩盖了织物表面的织纹，使织物表面呈现出细密、整齐的绒面。在磨毛过程中，砂皮上的磨料因摩擦和滑动而产生大量热量，容易引起锦纶纤维熔融，所以要用冷却水对砂磨辊进行冷却。

（2）磨毛设备

磨毛机通常由进布、磨毛、刷毛、吸尘和落布等部分组成。砂磨辊或砂磨带是磨毛部分的关键装置，由不同粒度的砂皮所包覆。砂皮上的磨料的主要成分为碳化硅或三氧化二铝，磨料的分布是随机的。磨料的粒度号数越大越细。磨毛后的织物必须经刷毛辊除去毛屑，并梳理织物表面绒毛的毛向。锦棉织物的磨毛常采用多辊式磨毛机。

（3）磨毛工艺条件

影响磨毛质量的因素主要有织物的组织规格、磨料的粒度、砂磨辊和织物运动速度、织物在砂磨辊上的包角、砂磨的次数、压辊与砂磨辊之间的间隙和织物的张力等。

1）磨料粒度。号数越高的磨料（号数高，磨料细）磨出的绒毛越短，织物的手感越柔软，强力损失越小。锦棉织物一般选择100#～180#的磨料粒度。

2）砂磨辊和织物的运行速度。磨毛时，砂磨辊的转速大大超过织物的运行速度，两者的差速越大，形成的绒毛越短、越密，手感越柔软、丰满，但强力下降也越大。对薄型织物，砂磨辊速度可控制在800～900 r/min；对厚型织物，砂磨辊速度可控制在1 000 r/min，织物的速度为7～10 m/min。

3）织物在砂磨辊上的包角。磨毛时，织物的包角越大，绒毛越细密，效果越好，但强力损伤越大。必须按照产品要求，合理调整织物的包角。

4）砂磨辊与压辊间隙。磨毛时，砂磨辊与压辊两者的间隙越小，绒毛越短密，手感也越柔软，但间隙不能过小，否则织物强力损坏过大。一般两者的间隙以大于织物厚度 0.1～0.3 mm 为好。

影响磨毛质量的工艺因素是相互联系的，在实际生产中，应根据织物的风格和性能合理地进行调整。

3. 拒水整理和拒油整理

锦棉织物的拒水和拒油两项功能是经常并存的，因此，对锦棉织物进行整理时，可采用一浴法工艺，效果比较好。

拒水整理剂的选择对整理效果影响很大。在各类拒水整理剂中，氟系拒水剂有以下优异性能：

（1）拒水效果优秀。

（2）耐久性能好。

（3）具有拒油效果。

由于锦棉织物的拒水效果要求保持时间长，因而常采用氟系拒水拒油整理剂，但此整理剂的成本较高，因而也可以加入其他的整理剂，一方面可以降低成本，另一方面可以起柔软作用。

参考文献

[1] 范雪荣. 纺织品染整工艺学 [M]. 北京：中国纺织出版社，2006

[2] 王菊生. 染整工艺原理（第一、二、三、四分册）[M]. 北京：纺织工业出版社，1982

[3] 朱世林. 纤维素纤维制品的染整 [M]. 北京：中国纺织出版社，2002

[4] 周庭森. 蛋白质纤维制品的染整 [M]. 北京：中国纺织出版社，2002

[5] 范雪荣，王强. 针织物染整技术 [M]. 北京：中国纺织出版社，2004

[6] 罗巨涛. 合成纤维及混纺纤维制品的染整 [M]. 北京：中国纺织出版社，2002

[7] 罗巨涛. 染整助剂及其应用 [M]. 北京：中国纺织出版社，2002

[8] 郑光洪，蒋学军，杜宗良. 印染概论 [M]. 北京：中国纺织出版社，2005

[9] 郑光洪. 染料化学 [M]. 北京：中国纺织出版社，2001